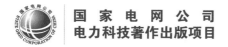

国家电网公司
电力科技著作出版项目

新型电力系统直流输电换流阀技术丛书

大功率IGBT驱动器设计与应用

贺之渊　客金坤　等◎编著

中国电力出版社
CHINA ELECTRIC POWER PRESS

内 容 提 要

　　为充分展现新型电力系统直流输电换流阀相关技术创新与工程应用，特组织国内直流输电权威研究机构专家团队和工程技术专家联合编写《新型电力系统直流输电换流阀技术丛书》。丛书包括《大功率 IGBT 驱动器设计与应用》《高压直流可控换相换流阀工程技术》《柔性直流输电换流阀设计与应用》《柔性直流输电换流阀试验技术》4 个分册。

　　本册为《大功率 IGBT 驱动器设计与应用》，共 7 章，分别为概述、IGBT 模块电气特性、驱动器设计、IGBT 多器件驱动控制技术、驱动器可靠性设计、驱动器试验及测试、大功率 IGBT 驱动器应用案例。本书系统、深入地阐述了 IGBT 及其驱动器的技术发展，以及 IGBT 驱动器的设计、性能提升等，相关的研究成果已经过多个工程的批量应用和验证，能够为 IGBT 驱动器的设计、可靠性提升、试验及测试提供丰富的理论基础和技术支撑。

　　本书可供从事大功率电力电子技术领域 IGBT 应用及 IGBT 驱动器电路开发、设计、测试及应用的工程技术人员在工作中参考使用，也可以作为高等院校相关专业师生的学习用书。

图书在版编目（CIP）数据

　　大功率 IGBT 驱动器设计与应用 / 贺之渊等编著.
北京 ：中国电力出版社, 2024. 12. -- (新型电力系统直流输电换流阀技术丛书). -- ISBN 978-7-5198-9157-2

　　Ⅰ. TM02

　　中国国家版本馆 CIP 数据核字第 2024C21J85 号

出版发行：中国电力出版社
地　　址：北京市东城区北京站西街 19 号（邮政编码 100005）
网　　址：http://www.cepp.sgcc.com.cn
责任编辑：赵　杨（010-63412287）
责任校对：黄　蓓　马　宁
装帧设计：张俊霞
责任印制：石　雷

印　　刷：北京九天鸿程印刷有限责任公司
版　　次：2024 年 12 月第一版
印　　次：2024 年 12 月北京第一次印刷
开　　本：710 毫米×1000 毫米　16 开本
印　　张：19.5
字　　数：360 千字
定　　价：118.00 元

总　序　言

当前，我国传统电力系统正向清洁低碳、安全可控、灵活高效、开放互动、智能友好的新型电力系统演进。习近平总书记在党的二十大报告中强调"加快规划建设新型能源体系"。《2030年前碳达峰行动方案》提出"构建新能源占比逐渐提高的新型电力系统，推动清洁电力资源大范围优化配置"。新型电力系统是构建新型能源体系和实现"双碳"目标的关键载体。当前新型电力系统的建设已取得阶段式进展，但由于风电、光伏等新能源发电固有的分散性、波动性等特点，大规模新能源的可靠送出与高效消纳需要直流输电技术支撑。

高压直流输电技术包含传统直流输电技术和柔性直流输电技术。传统直流是基于晶闸管换流阀的输电技术，换流阀由上百级晶闸管串联，输送功率大、损耗低、可靠性高、成本低；柔性直流输电技术采用全控器件绝缘栅双极型晶体管（insulated gate bipolar transistor，IGBT）和电压源换流器实现交流电压幅值和相位灵活调控，在新能源孤岛外送、多端互联、直流组网等场景，可大幅提升电网的调节能力和系统稳定性，具有技术优势。传统直流换流阀由可主动导通、不可主动关断的半控器件构成，存在容易发生换相失败的缺陷。这一缺陷所带来的风险长期困扰着直流输电技术的发展，制约了中西部地区清洁能源向东部负荷中心大规模输送能力的进一步提升。随着海上风电的发展，对柔性直流换流阀也提出了高功率、紧凑化的需求。

针对构建新型电力系统面临的上述问题，国家电网有限公司依托国家重点研发计划项目"海上柔直换流阀轻型化关键技术及装备研制""高压大功率可关断器件驱动芯片关键技术""多馈入高压直流输电系统换相失败防御技术"，分别开展了柔性直流输电换流阀、大功率 IGBT 驱动技术及可控换相换流阀的研究，提出了柔性直流电网构建，探索了直流电网的工程应用模式，支撑了张北可再生能源柔性直流电网示范工程建设，为高比例可再生能源并网和输送等问题提供了全新的解决方案；研究了 IGBT 栅极电荷与开关动态过程的量化关系，突破了 IGBT 开关轨迹动态调控、无盲区故障检测与精准保护、大电流安全关断等关键技术，为适应新型电力系统的新型直流输电换流阀技术的研究奠定基础；原创性地提出可控换相换流阀（controllable line commutated converter，CLCC）技术，该技术采用全、半控器件混联的并联双支路结构，彻底解决换流阀换相失败的技术难题。2023 年 6 月，全球首创并具备完全自主知识产权 CLCC 技术的±500kV 葛洲坝—上海南桥高压直流输电改造工程正式投运，实现了直流输电技术的又一次里程碑式跨越，充分彰显了我国电力工业的创新研发能力。

为总结和传播直流输电换流阀的技术研发成果，中国电力科学研究院有限公司（简称中国电科院）与国网上海市电力公司超高压分公司、华北电力大学等单位组织编写了《新型电力系统直流输电换流阀技术丛书》。本丛书共 4 册，从大功率 IGBT 驱动器设计与应用、高压直流可控换相换流阀工程技术、柔性直流输电换流阀设计与应用、柔性直流输电换流阀试验技术四个方面，全面翔实地介绍了直流输电换流阀的相关理论、设备、试验与工程技术。丛书的编写体现科学性，同时注重实用性，希望能够对直流输电领域的研究、设计和工程实践提供借鉴。

本丛书形成的过程中，国内电力领域的科研单位、高等院校、工程应用单位和出版单位都给予了大力的帮助和支持，在此深表感谢。

我国直流输电技术已经在关键技术领域实现引领，伴随着国产功率器件和关键设备的技术提升，以及传统电力系统电力电子化、数字化、智能化的逐步推进，未来直流输电技术将向着关键设备全产业链国产化、状态感知、数字孪生、可靠性评估与寿命预测等领域继续深入推进。相信本丛书将为科研人员、高校师生和工程技术人员的学习提供有益帮助。

贺之渊

2024 年 10 月

序　言　1

　　IGBT 是全控半导体器件，已经成为电能变换与传输的核心器件。近年来，高压大功率 IGBT 广泛应用于轨道牵引、新能源发电、柔性直流输电、静止无功发生器、有源电力滤波器、统一潮流控制器等领域。

　　如果把 IGBT 比作一把"锁"，那么 IGBT 驱动器就是打开这把锁的"钥匙"。在低压小功率的应用场合，工程技术人员往往采用简单的模拟驱动电路或驱动 IC 用于自身的系统设计，把驱动器和 IGBT 作为一个开关来对待，不太关注驱动器是如何工作的，此类驱动器的设计灵活度和控制保护性能较差。

　　在高压大功率场合，大功率 IGBT 模块的工作状态直接影响电力电子装置的整机性能，系统对器件的损耗和利用率要求高，需实现 IGBT 的精细化使用；在复杂应用场景中需要系统—装备—器件等多级保护紧密配合，驱动器作为第一道保护，需快速辨识各类故障并进行精准保护。

　　在某些应用场合，由于单只 IGBT 模块的电压/电流容量不能满足应用需求，IGBT 模块需要串并联使用，需要驱动器实现可靠的均压、均流调控。如何设计相应的驱动器，使大功率 IGBT 模块智能、灵活、安全可靠的工作，是工程技术人员必须面对和考虑的问题。

　　中国电科院自 2008 年起，准确把握 IGBT 驱动技术发展趋势，瞄准更为先进的高压大功率 IGBT 数字驱动技术，进行了大量 IGBT 数字驱动器的研究和开发工作，研制出适配多类型 IGBT 的数字驱动器系列产品。由国网智研院开发的具有完全自主知识产权的高压大功率 IGBT 数字型驱动器，技术水平达到国际领先，成功打破国外垄断。目前该成果已成功应用于渝鄂直流背靠背联网工程、张北柔性直流电网试验示范工程等多个电力领域重点工程项目，运行效果良好。

　　为总结和推广高压大功率 IGBT 数字驱动技术研发和工程应用成果，项目团队组织编写了《新型电力系统直流输电换流阀技术丛书　大功率 IGBT 驱动器设计与应用》一书。该书理论联系实际，没有过多的公式推导，着眼于工程实际需求，图文并茂地介绍了大功率 IGBT 驱动器设计相关的理论、设计依据、试验验证方法及具体的工程应用案例。其出版将促进我国大功率 IGBT 半导体器件驱动技术的发展，为广大工程技术人员在大功率 IGBT 驱动应用领域打开一扇新的大门。

2024 年 10 月

序　言　2

　　IGBT 是构建新型电力系统的高压大容量电力电子装备的核心器件，是支撑高比例清洁能源消纳、新型电力系统安全运行的关键基础，是实现国家"双碳"目标的重要保障。在直流输电相关技术领域，如柔性直流输电技术、高压直流断路器、DC/DC 变换器等，都依赖于 IGBT 作为最基本功率单元；随着直流输电相关设备的功率越来越大，IGBT 器件的应用工况越来越接近器件的极限值。IGBT 的特性是否得到好的应用直接关系到整个直流输电系统的可靠性。要保证 IGBT 稳定可靠地工作，驱动器起到了至关重要的作用。IGBT 驱动器是实现 IGBT 器件正常开通、关断，以及器件在各种异常工况下可靠保护的电路，是 IGBT 器件应用的核心。

　　国家电网有限公司和中国南方电网有限责任公司建设的厦门柔性直流输电工程、渝鄂直流背靠背联网工程、张北柔性直流电网试验示范工程、乌东德送电广东广西特高压多端柔性直流示范工程、白鹤滩—江苏±800kV 特高压直流输电工程等重点工程批量应用了高压大功率 IGBT 驱动器。为了更好地提升高压大功率 IGBT 驱动器技术，国家电网有限公司组织了中国电科院、中电普瑞工程有限公司等单位，以及多个国内知名高校组成联合团队，共同承担了多项国家级科技项目，针对高压大功率 IGBT 驱动器的特性需求、电路设计、控制策略、可靠性提升、测试方案及工程应用开展系统深入的研究，为高压大功率 IGBT 驱动器工程应用提供有力技术支撑。

　　本书编写团队由大量 IGBT 驱动领域的知名专家和学者组成，在 IGBT 驱动器的功能需求、技术研发、系统设计、工程应用等方面拥有丰富的经验。本书全面翔实地介绍了高压大功率 IGBT 驱动器的相关理论、工程技术和应用，其中不乏工程教训和亲身体会才得到的真知灼见。对于高压大功率 IGBT 驱动器的研究、设计和工程实践等具有重要的借鉴作用。未来，随着电力电子技术的进一步发展，对于高压大功率 IGBT 驱动器的需求将更加迫切，该技术的应用前景非常广阔。

我向读者竭诚推荐《新型电力系统直流输电换流阀技术丛书　大功率 IGBT 驱动器设计与应用》，相信本书将为该领域科研人员、高校师生和工程技术人员的学习提供有益的帮助。

2024 年 10 月

前　言

　　随着人类社会的飞速发展，生态环境恶化、温室效应加剧、能源短缺等问题日益突出，加快构建新型电力系统已经成为国际共识。2020年9月22日，中国国家主席习近平在第七十五届联合国大会一般性辩论上宣布："中国将提高国家自主贡献力度，采取更加有力的政策和措施，二氧化碳排放力争于2030年前达到峰值，努力争取 2060 年前实现碳中和。"世界主要国家和地区高度重视新能源技术发展，不断加大投入力度。新能源技术创新与颠覆性能源技术突破已经成为持续改变世界能源格局、开启全球各国碳中和行动的关键手段。

　　构建以新能源为主体的新型电力系统、实现大规模新能源并网是电力系统发展的新契机和新阶段，直流输电是目前作为解决高电压、大容量、长距离送电与异步联网的重要手段，而换流阀是直流输电系统的核心设备，在高压直流输电工程中至关重要，关系到整个电网的安全稳定运行。高压直流换流阀被誉为直流输电工程的"心脏"。

　　为充分展现新型电力系统直流输电换流阀相关技术创新与工程应用，特组织国内直流输电权威研究机构专家团队和工程技术专家联合编写《新型电力系统直流输电换流阀技术丛书》。丛书包括《大功率 IGBT 驱动器设计与应用》《高压直流可控换相换流阀工程技术》《柔性直流输电换流阀设计与应用》《柔性直流输电换流阀试验技术》4 个分册。丛书以 IGBT 及驱动器的设计、性能等理论和技术应用为支撑，系统总结了张北可再生能源柔性直流电网示范工程、乌东德电站送电广东广西特高压多端直流示范工程（简称昆柳龙多端柔性直流工程）、葛洲坝—上海南桥高压直流输电系统改造工程等具有首创和自主知识产权的国际领先的直流输电换流阀新技术，从根本上解决了常规直流系统换相失败等问题，为优化电力资源配置、推动能源清洁低碳转型和新型电力系统建设提供了技术支撑和工程示范。

本册为《大功率 IGBT 驱动器设计与应用》。新能源发电的大力发展，带动了大功率电力电子装置的蓬勃发展，同时对大功率电力电子装备的成本、体积、效率及可靠性提出了更高的要求，而装备的可靠性与其内部功率器件的可靠性密切相关。

本书结合国内外 IGBT 及驱动器的技术发展，对大功率 IGBT 驱动技术及应用进行了系统深入的介绍。IGBT 已成为应用最广泛的功率半导体器件，是构建新型电力系统的高压大容量电力电子装备的核心器件。IGBT 驱动器作为 IGBT 的控制和保护单元，是连接低压控制系统和 IGBT 的关键枢纽，其性能直接影响电能变换装备的效率和可靠性。驱动器通过控制栅极电荷调节 IGBT 动态特性，并承担故障检测和保护功能，相当于 IGBT 的"大脑"。自 1982 年诞生之日起，IGBT 作为一种复合全控型电压驱动式功率半导体器件，发展至今已经过 7 次迭代升级，已成为功率半导体的主流发展方向。因其具有高耐压和通流能力、低饱和压降、驱动功率小、较高的开关频率等特点，被广泛应用于智能电网、新能源发电、轨道牵引及国防军工等领域的大功率电力电子装备中，为世界公认的电力电子第三次技术革命的代表性产品，是工业控制及自动化领域的核心元器件。大功率 IGBT 通常指电压等级在几百伏、电流等级在几百安以上的 IGBT，它在现代电力电子技术中占据着重要地位，被视为电力电子装备中的"CPU"，其控制、保护及测试技术得到了深入和广泛的研究。IGBT 驱动器安装在电能变换装置的高压侧，是连接低压控制系统和 IGBT 的关键枢纽，其性能直接影响电能变换装备的效率和可靠性。驱动器通过控制栅极电荷调节 IGBT 动态特性，并承担故障检测和保护功能，相当于 IGBT 的"大脑"。

本书结合国内外 IGBT 及驱动器的技术发展，以及本书编著人员十几年的研究成果，对大功率 IGBT 驱动技术及应用进行系统深入的介绍。全书共 7 章，第 1 章为概述，主要介绍 IGBT 及驱动器的发展现状及典型应用；第 2 章为 IGBT 模块电气特性，主要介绍二极管和 IGBT 的特性、IGBT 模块数据手册参数解析，以及损耗、散热、杂散电感、死区计算和失效分析；第 3 章为驱动器设计，围绕信号隔离、栅极驱动特性、隔离电源、栅极驱动电路、检测与保护电路、通信功能、安装样式等驱动器设计关键环节进行了介绍；第 4 章为 IGBT 多器件驱动控制技术，针对 IGBT 在串、并联应用中的动静态均压、动静态均流的应用设计进行了介绍；第 5 章为驱动器可靠性设计，主要介绍了电路可靠性设计、驱动器绝缘设计、元器件、冗余设计、热设计、EMC 设计、PCB 布线设计及软件可靠性设计；第 6 章为驱动器试验及测试，主要介绍了驱动器的功能试验、动态特性试验、保护特性试验、环境试验、电磁兼容试验、功率运行试验；第 7 章为大功率 IGBT 驱动器应用案例，结合大功率 IGBT 驱动器在不同行业的应用案例进行了具体分析。

本书由贺之渊统稿、审阅与修改。第 1 章由池浦田编写，第 2 章由许京涛、漆良波编写，第 3 章由白建成、关兆亮、李霄编写，第 4 章由尹毅博编写，第 5 章由许航宇、关兆亮编写，第 6 章由冯静波、关兆亮编写，第 7 章由冯静波、许航宇、池浦田、漆良波编写，客金坤参与第 1、3～5 章的编写，付江铎完成了本书部分内容的修订和编排，程锦辉、黄学全完成了本书的部分绘图工作，本书在编写中参阅了近些年国内外业界的大量成果，在此一并表示感谢。

大功率 IGBT 及驱动器技术发展日新月异，在大功率 IGBT 驱动技术领域已取得的很多具备实用价值的成果无法在本书中全部囊括，难免挂一漏万。加之作者水平有限、时间仓促，书中难免存在疏漏与不足之处，恳请广大专家和读者批评指正。

作　者
2024 年 10 月

目　　录

总序言
序言 1
序言 2
前言

1　概述 …………………………………………………………………… 1

　　1.1　IGBT 简介 ……………………………………………………… 1

　　1.2　IGBT 驱动器简介 …………………………………………… 20

　　1.3　典型应用 ……………………………………………………… 36

2　IGBT 模块电气特性 ………………………………………………… 42

　　2.1　二极管特性 …………………………………………………… 42

　　2.2　IGBT 特性 …………………………………………………… 45

　　2.3　IGBT 模块数据手册参数解析 ……………………………… 52

　　2.4　损耗计算 ……………………………………………………… 68

　　2.5　散热计算 ……………………………………………………… 74

　　2.6　杂散电感 ……………………………………………………… 77

　　2.7　死区计算 ……………………………………………………… 79

　　2.8　失效分析 ……………………………………………………… 82

3　驱动器设计 …………………………………………………………… 97

　　3.1　信号隔离 ……………………………………………………… 98

　　3.2　栅极驱动特性研究 ………………………………………… 105

　　3.3　隔离电源 …………………………………………………… 115

3.4 栅极驱动电路 ··· 126

3.5 检测与保护电路 ··· 139

3.6 通信功能 ·· 158

3.7 安装样式 ·· 164

4 IGBT 多器件驱动控制技术 ······························ 166

4.1 串联 ··· 167

4.2 并联 ··· 174

5 驱动器可靠性设计 ·· 186

5.1 电路可靠性设计 ··· 186

5.2 驱动器绝缘设计 ··· 187

5.3 元器件 ·· 189

5.4 冗余设计 ·· 191

5.5 热设计 ·· 193

5.6 EMC 设计 ··· 202

5.7 PCB 布线设计 ··· 206

5.8 软件可靠性技术 ··· 208

6 驱动器试验及测试 ·· 211

6.1 功能试验 ·· 211

6.2 动态特性试验 ·· 219

6.3 保护特性试验 ·· 226

6.4 环境试验 ·· 235

6.5 电磁兼容试验 ·· 238

6.6 功率运行试验 ·· 242

7 大功率 IGBT 驱动器应用案例 ·························· 258

7.1 柔性直流输电换流阀驱动器案例 ······················ 258

7.2 直流断路器驱动器案例 ···································· 262

7.3 三电平变流器驱动器案例 ································· 265

7.4 其他应用 ·· 270

7.5 高压直流工程驱动器发生问题分析 ···················· 274

参考文献 ·· 281

索引 ··· 286

1　概　　述

本章结合 IGBT 的发展现状，特别是对大功率 IGBT 器件的电气特性及国内外主流厂家的命名规则及模块参数进行了详细阐述。针对 IGBT 驱动的技术发展路线及国内外驱动器的发展现状进行了介绍，并且对 IGBT 驱动技术的未来发展趋势进行了展望。最后对于高压大功率 IGBT 驱动器在不同行业的典型应用进行了介绍。

1.1　IGBT　简　介

近年来，IGBT 已经成为应用最广泛的功率半导体器件，是构建新型电力系统的高压大容量电力电子装备的核心器件，是支撑高比例清洁能源消纳、新型电力系统安全运行的关键基础，是实现"双碳"目标的重要保障。高压大功率 IGBT 已广泛应用于轨道牵引、新能源发电、柔性直流输电工程、静止无功发生器（static var generator，SVG）、有源电力滤波器（active power filter，APF）、统一潮流控制器（unified power flow controller，UPFC）等领域。IGBT 的应用领域如图 1-1 所示。

IGBT 是由金属氧化物半导体场效应晶体管（metal oxide semiconductor field effect transistor，MOSFET）和双极型晶体管（bipolar junction transistor，BJT）复合而成的高效功率晶体管，具有隔离型的栅极结构，而栅极本体基本上又能等效为一个 MOSFET。因此，IGBT 结合了双极型晶体管高载流能力、高阻断电压的优势，以及 MOSFET 的近乎零功耗的控制优势。图 1-2 为 IGBT 等效原理图，IGBT 等效由 BJT 和 MOSFET 级联构成。

1.1.1　IGBT 的发展现状

1982 年，通用电气公司和美国无线电公司为解决 MOSFET 在高压应用时导

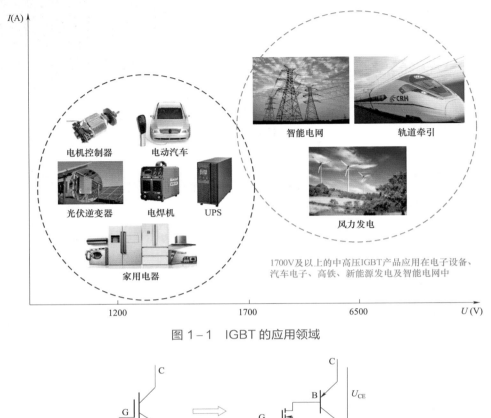

图 1-1　IGBT 的应用领域

图 1-2　IGBT 等效原理图

通损耗与耐压水平的矛盾，提出了 IGBT 的结构。为更进一步改善 IGBT 的性能，研究人员针对 IGBT 的三个重要结构，即 MOS 结构、N 型基区（包括 N+缓冲层）和 P+集电极区，考虑了能够提高器件电特性参数的改进方法，尤其是在改善正向饱和压降 U_{CEsat} 和关断时间 T_{off} 之间的折中关系方面。自 IGBT 这个概念提出以来，IGBT 已历经 40 余年的飞速发展，各大功率半导体公司、科研机构及高校机构投入巨额资金开展 IGBT 的开发研究。随着芯片封测工艺及设备的不断提高及更新，IGBT 的电性能参数也日趋完善。

　　商用 IGBT 的体结构设计技术的发展经历了从穿通（punch through，PT）到非穿通（non punch through，NPT），再到软穿通（soft punch through，SPT）的过程，IGBT 的三种结构如图 1-3 所示。而在穿通结构之前，IGBT 的体结构是基于厚晶圆扩散工艺的非穿通结构，背部空穴的注入效率很高，由于器件内部的寄生晶闸管结构，IGBT 在工作时容易发生闩锁，因此很难实现商用。随着外延技术的发展，引入了 N 型缓冲层形成穿通结构，降低了背部空穴注入效率，并实现了批量应用，但由于外延工艺的特点，限制了高压 IGBT 的发展，其最高电压等级为 1700V。随着区熔薄晶圆技术发展，基于 N 型衬底的非穿通结构 IGBT 推动了电压等级不断提高，并通过空穴注入效率控制技术使 IGBT（真空回流焊）具有正温度系数，能够较好地实现并联应用，提高了应用功率等级。随着电压等级不断提高，芯片衬底厚度也迅速增加，并最终导致通态压降增大。为了优化通态压降与耐压的关系，局部穿通结构应运而生，ABB 公司称之为软穿通，英飞凌科技公司（Infineon，简称英飞凌）称之为电场截止（field stop，FS），三菱电机株式会社（mitsubishi electric corporation，简称三菱）称之为弱穿通（light punch through，LPT），IXYS（IXYS Corporation，简称艾塞斯）称之为超薄穿通（extremely light punch through，XPT），以及其他的薄穿通（thin punch through，TPT）和受控穿通（controlled punch through，CPT）等各种不同的命名。在相同的耐压能力下，软穿通结构可比非穿通结构的芯片厚度降低 30%，同时还保持了非穿通结构的正温度系数的特点。

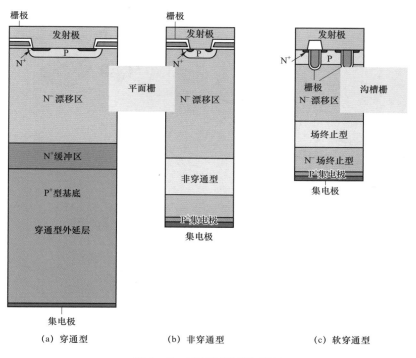

图 1-3　IGBT 的三种结构

从调速系统、低功耗自冷压缩机到机车牵引,作为大功率半导体器件的 IGBT 在过去的几十年中占据了主导地位。IGBT 的电压等级从 300V 到 6500V,电流等级从 0A 到 3600A,频率范围扩大至 100kHz 以上。除了最常用的印刷电路板(printed circuits board, PCB)级的 TO、SMD 封装的 IGBT 分立器件,还包括高压大功率的集成 IGBT 模块。

不同厂家都拥有不同的 IGBT 命名方式,但通常来说,IGBT 的封装系列和型式是能够对应的,以英飞凌的 IGBT 产品为例,600~1700V,100A 以内的 IGBT 封装包括 EasyPIM、EasyPACK、EconoPIM、EconoPACK、PressFIT;450A 以内的 IGBT 封装包括 34、62mm,EconoDUAL、EconoPACK+;1200~6500V、450~3600A 的 IGBT 封装包括 PrimePACK、IHM、IHV,常见 IGBT 封装形式对应的电压、电流等级如图 1-4 所示。

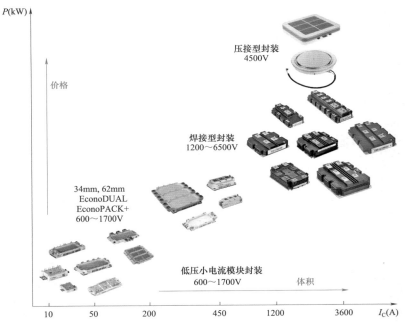

图 1-4 常见 IGBT 封装形式对应的电压、电流等级

不同生产厂家 IGBT 产品的电压、电流范围及封装形式如表 1-1 所示。

表 1-1   不同生产厂家 IGBT 产品的电压、电流范围及封装形式

封装形式(mm)	生产厂家	电压范围(V)	电流范围(A)	外形
34	全部	600~1700	50~150	

续表

封装形式（mm）	生产厂家	电压范围（V）	电流范围（A）	外形
62	全部	600～1700	200～400	
SEMIX	赛米控、富士	1200～1700	200～600	
EconoDUAL	英飞凌、富士、三菱	1200～1700	225～600	
EconoPACK＋	英飞凌、富士、赛米控	1200～1700	225～450	
PrimePACK	英飞凌、富士、中车	1200～1700	450～1800	
IHM	英飞凌、富士、三菱、ABB 公司、中车	1200～6500	450～3600	
PressPACK/StakPAK	ABB 公司、英飞凌、东芝集团、西码半导体公司、中车	4500	2000～3000	

1.1.2　高压大功率 IGBT 概述

高压大功率 IGBT 通常是指 1.7kV 及以上电压等级的 IGBT。高压大功率 IGBT 的电压、电流等级分别达到 1.7kV/3.6kA、3.3kV/1.5kA、4.5kV/3kA 和 6.5kV/750A。

高压大功率 IGBT 的封装形式分为焊接型及压接型两种封装形式。其中，焊接型 IGBT 通过键合线使内部芯片与电极形成电气连接，仅可实现单面散热，封装结构虽在一定程度上限制了功率等级，但生产成本低、所占空间更小，是目前应用最广泛的半导体功率器件，广泛应用于新能源发电、轨道牵引等领域。压接型 IGBT 结合了 IGBT 和可关断晶闸管（gate turn-off thyristor，GTO）两者的优点，具有功率密度大、寄生电感低、双面散热、失效短路等特点，近年来双面压接型的 IGBT 封装工艺越来越成熟，但对内部各种封装材料的加工精度要求极高，进而导致较高的生产成本，同时需配合夹具使用，所占空间较大，目前主要应用于柔性直流输电换流阀、直流断路器等超高功率场合。

焊接型 IGBT 主要包括 IGBT 芯片（表面镀有一层铝金属层）、续流二极管（free wheeling diode，FWD）芯片、芯片键合线、芯片焊料层、铜键合技术（direct bonding copper，DBC）层、底板焊料层及铜基板等部分，其结构剖面图如图 1-5 所示。

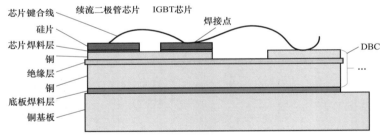

图 1-5　焊接型 IGBT 模块结构剖面图

国际上各个厂家对焊接型 IGBT 的命名方式各有不同，ABB 公司称为 HiPak 系列，包括 190×140mm、130×40mm、140×70mm 三种封装形式；英飞凌为 IHM、IHV、XHP、EconoDUAL、Prime PACK 系列，产品覆盖 1200～6500V。图 1-6 为高压大功率焊接型 IGBT。

压接型 IGBT 结构与焊接型 IGBT 的结构差别很大，而且压接型 IGBT 封装结构还分为凸台式和弹簧式，但弹簧式压接型封装结构的专利由 ABB 公司所持有，因此其他公司如东芝集团（Toshiba）、西码半导体公司（WEST CODE）和丹尼克斯（Dynex）等公司全部采用与晶闸管类似的凸台式封装结构。目前国际上商业化的压接型 IGBT 器件主要有 ABB 公司的 StakPAK 系列、英飞凌的 4.5kV

沟槽栅 IGBT 芯片的全新直接压接型 PressPACK 系列、东芝的栅极注入增强型晶体管（injection enhanced gate transistor，IEGT）系列、西码公司的 PressPACK IGBT 系列，4 种系列器件的最高电压、电流等级达到 4.5kV/3kA，国内的株洲中车时代电气股份有限公司（简称中车）、国网智研院同样拥有上述电压、电流等级的压接型 IGBT 产品。图 1−7 为压接型 IGBT 内部组成示意图。

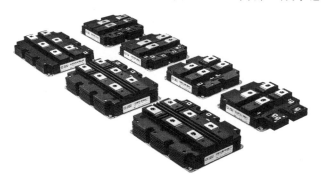

图 1−6　高压大功率焊接型 IGBT（图片来源：株洲中车时代电气网站）

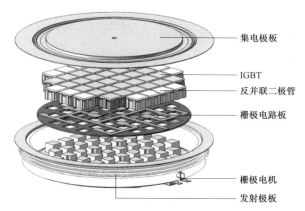

集电极板

IGBT
反并联二极管

栅极电路板

栅极电机

发射极板

图 1−7　压接型 IGBT 内部组成示意图

　　图 1−8 为 ABB 公司研发的 StakPAK 4.5kV/3kA 电流等级的压装器件，该器件内部共包括 6 个子模组，每个子模组由 8 个 IGBT 芯片和 4 个 FWD 芯片并联组成，器件内部共 48 个 IGBT 芯片和 24 个 FWD 芯片。

　　图 1−9 为英飞凌研发的全新压接型 IGBT 及其封装设计，陶瓷封装内的惰性气体可保证长寿命。该封装经过专门的设计还能在系统失效，实现"失效时的安全"性能和极其稳健的外壳抗破裂性能。由于采用低温烧结技术（low temperature sintering，LTS）工艺，该芯片子单元结构的电气数据在很宽安装压力范围内也能保持稳定。该芯片子单元的机械强度相比裸片大幅提高。

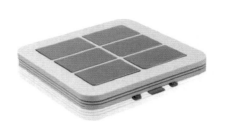

图 1-8　ABB 公司研发的 StakPAK
4.5kV/3kA 电流等级的压装器件

图 1-9　英飞凌研发的全新
压接型 IGBT 及其封装设计

东芝集团研发的 IEGT 结构图如图 1-10 所示，该器件内部没有续流二极管芯片，只有 42 个 IEGT 芯片，单个芯片的电流约为 71.4A。

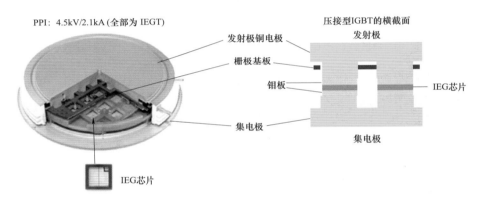

图 1-10　东芝集团研发的 IEGT 结构图

西码半导体公司也研发出 4.5kV/3kA 的 PressPACK IGBT，如图 1-11 所示。同样需要指出的是，PressPACK IGBT 内部只有 IGBT 芯片，没有续流二极管芯片。

图 1-11　西码半导体公司研发的压接型 IGBT

国内进行压接型 IGBT 研发的主要有中车、国网智研院以及华北电力大学等。

中车研发的压接型 IGBT 如图 1−12 所示，采用第四代 DMOS＋芯片，具有低导通压降、低开关损耗、软关断特性等特点。该系列产品采用双面焊接和柔性压接技术，具有高压大容量、高可靠性、高过载能力等特点，满足复杂高压电磁环境适应性及高可靠运行的要求。

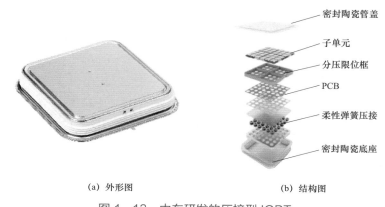

密封陶瓷管盖

子单元

分压限位框

PCB

柔性弹簧压接

密封陶瓷底座

(a) 外形图　　　　　　　　(b) 结构图

图 1−12　中车研发的压接型 IGBT

目前，世界各大功率半导体公司对 IGBT 的研发热潮日益高涨，研究步伐和技术革新日益加快，IGBT 芯片的设计与生产厂家有 ABB 公司、英飞凌、东芝集团、西码半导体公司、中车等，厂家主要集中在欧、美、日等国家。因为种种原因，国内在 IGBT 技术研发方面虽然起步较早，但进展缓慢，特别是在 IGBT 产业化方面尚处于起步阶段，作为全球最大的 IGBT 应用市场，IGBT 模块主要依赖进口。

在模块封装技术方面，国内基本掌握了传统的焊接型封装技术，其中中低压 IGBT 模块封装厂家较多，高压 IGBT 模块封装主要集中在中国中车股份有限公司下属的南车与北车两家公司。国外公司基于传统封装技术相继研发出多种先进封装技术，能够大幅提高模块的功率密度、散热性能与长期可靠性，并初步实现了商业应用。

（1）ABB 公司。ABB 公司目前生产的 IGBT 和二极管的电压范围为 1200～6500V，具备完善的 SPT 技术。SPT 技术的特点是控制良好，具有软开关和非常大的安全工作区（safe operation area，SOA），以及有利于可靠并联运行的正温度系数。目前正在推出新一代芯片，称为 SPT＋。SPT＋保留了 SPT 的所有特性，但允许集射极饱和压降 U_{CEsat} 降低 20%～30%，具体取决于电压等级。

1）IGBT 命名规则。ABB 公司 IGBT 的命名规则如图 1−13 所示，其中前 3

位字母代表功率模块类型，5SM 为单纯的 IGBT，5SN 则代表具有反并联二极管的 IGBT 模块；第 4 位字母代表了配置情况，A 为单管，D 为双管，E 为斩波模块（Chopper），G 为半桥；第 5～8 位数字代表了 IGBT 的电流等级；第 9 位字母代表 IGBT 的封装形式；第 10～11 位数字代表了 IGBT 的电压等级，例如 17 代表 1700V，以此类推；第 12 位数字代表为封装变量，默认为 0，代表标准封装；第 13 位数字，代表了 IGBT 的工艺，1 代表 SPT，3 代表 SPT＋或者 SPT＋＋；4 代表 TSPT＋；最后两位数字代表产品的版本号。

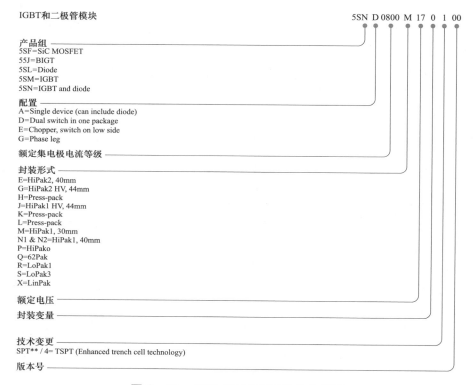

图 1-13　ABB 公司 IGBT 的命名规则

2）IGBT 模块参数。ABB 公司的 HiPak 系列 IGBT 技术参数如表 1-2 所示。

表 1-2　　　　　　　　　ABB 公司的 HiPak 系列 IGBT 技术参数

产品型号	集射极电压 U_{CE}（V）	集电极电流 I_C（A）	内部配置	尺寸（mm）	封装
5SND 0800M170100	1700	2×800	双模块	130×140	HiPakl
5SNE 0800M170100	1700	800	斩波模块	130×140	HiPakl
5SNA WOON 170100	1700	1600	单模块	130×140	HiPakl

产品型号	集射极电压 U_{CE}（V）	集电极电流 I_C（A）	内部配置	尺寸（mm）	封装
5SNA 1800E170100	1700	1800	单模块	190×140	HiPak2
5SNA 2400E170100	1700	2400	单模块	190×140	HiPak2
5SNA 2400E170305*	1700	2400	单模块	190×140	HiPak2
5SNA 2000J170300*	1700	2000	单模块	190×140	HiPakl HV
5SLA 2000J170300*	1700	2000	单二极管	190×140	HiPakl HV
5SNA 3600E170300*	1700	3600	单模块	190×140	HiPak2
5SLA 3600E170300*	1700	3600	单模块	190×140	HiPak2
5SNA 1500E250300*#	2500	1500	单模块	190×140	HiPak2
5SNG 0250P330305*	3300	2×250	半桥模块	140×70	HiPakO HV
5SLG 0500P330300*	3300	2×500	二极管桥	140×70	HiPakO HV
5SND 0500N330300*	3300	2×500	双模块	130×160	HiPakl
5SNA 0800N330100	3300	800	单模块	130×140	HiPakl
5SNE 0800E330100	3300	800	斩波模块	190×140	HiPak2
5SNA 1000N330300*	3300	1000	单模块	130×140	HiPakl
5SLD 1000N330300*	3300	2×1000	双二极管	130×140	HiPakl
5SLD 1200J330100	3300	2×1200	双二极管	130×140	HiPakl HV
5SNA 1200E330100	3300	1200	单模块	190×140	HiPak2
5SNA 1200G330100	3300	1200	单模块	190×140	HiPak2 HV
5SNA 1500E330305*	3300	1500	单模块	190×140	HiPak2
5SNG 0150P450300	4500	2×150	半桥模块	140×70	HiPakO HV
5SLG 0600P450300	4500	2×600	二极管桥	140×70	HiPakO HV
5SLD 0650J450300	4500	2×650	双二极管	130×140	HiPakl HV
5SNA 0650J450300	4500	650	单模块	130×140	HiPakl HV
5SNA 0800J450300	4500	800	单模块	130×140	HiPakl HV
5SLD 1200J450350	4500	2×1200	双二极管	130×140	HiPakl HV
5SNA 1200G450300	4500	1200	单模块	190×140	HiPak2 HV
5SNA 1200G450350+	4500	1200	单模块	190×140	HiPak2 HV
5SNA 0400J650100	6500	400	单模块	130×140	HiPakl HV
5SNA 0500J650300	6500	500	单模块	130×140	HiPakl HV
5SLD 0600J650100	6500	2×600	双二极管	130×140	HiPakl HV
5SNA 0600G650100	6500	600	单模块	190×140	HiPak2 HV
5SNA 0750G650300	6500	750	单模块	190×140	HiPak2 HV

（2）英飞凌。英飞凌于 1999 年 4 月 1 日在德国慕尼黑正式成立。目前，英飞凌已为世界上第三大 IGBT 生产商及唯一拥有 8in IGBT 器件生产线的厂家，且其技术已发展到 12in。作为少数几家掌握 IGBT 芯片核心技术的公司，其 IGBT 芯片产量居全球首位，一些电力半导体厂家均从英飞凌购买 IGBT 芯片用于封装 IGBT 模块。英飞凌的超薄 IGBT 芯片加工技术对其他厂家也是一个巨大的技术挑战。在全球功率半导体市场，英飞凌连续 9 年名列榜首。如今，英飞凌 IGBT 模块在中国工业应用领域的市场份额遥居第一位。其中，通用变频器市场份额超过 55%，中高压变频器市场份额超过 80%，逆变电焊机市场份额超过 50%，感应加热市场份额超过 80%，运输领域市场份额超过 70%。

1）IGBT 命名规则。英飞凌 IGBT 的命名规则如图 1-14 所示。其中，前两位字母代表模块的拓扑，第 3～5 位数字代表电流等级，第 6 位字母代表功能，第 7～8 位数字代表电压等级，第 9 位字母和第 10 位数字代表模块的机械结构。第 11 位字母和第 12 位数字代表所用的 IGBT 芯片类型，第 13 位字母代表模块的特殊性，最后三位为 1 位字母和 2 位数字组合，代表设计变更的版本记录。

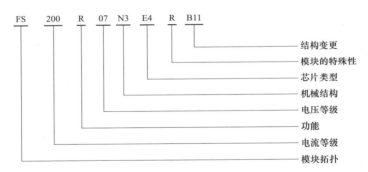

图 1-14　英飞凌 IGBT 的命名规则

2）IGBT 模块参数。英飞凌的 IGBT 技术参数如表 1-3 所示。

表 1-3　　　　　　　　　　英飞凌的 IGBT 技术参数

产品型号	集射极电压 U_{CE}（V）	集电极电流 I_C（A）	内部配置	封装	门极电阻 R_G（Ω）	门极内阻 R_{Gint}（Ω）
FD1000R33HE3-K	3300	1000	斩波模块	IHM B	0.71	0.63
DD1000S33HE3	3300	1000	二极管	IHV B	—	—
DD500S33HE3	3300	500	二极管	IHV B	—	—
FF450R33T3E3_B5	3300	450	双模块	XHP™ 3	—	1.3
FF450R33T3E3	3300	450	双模块	XHP™ 3	—	1.3
FZ2400R33HE4	3300	2400	单开关	IHM B		0.5

续表

产品型号	集射极电压 U_{CE}（V）	集电极电流 I_C（A）	内部配置	封装	门极电阻 R_G（Ω）	门极内阻 R_{Gint}（Ω）
FZ1600R33HE4	3300	1600	单开关	IHM B	—	0.75
FZ825R33HE4D	3300	825	单开关	IHM B	—	1.5
FZ1400R33HE4	3300	1400	单开关	IHM B	0.8	0.75
FZ1500R33HE3	3300	1500	单开关	IHV B	0.47	0.42
FD1000R33HL3-K	3300	1000	斩波模块	IHM B	0.75	0.63
FZ1000R33HL3	3300	1000	单开关	IHV B	0.75	0.63
FZ1200R33HE3	3300	1200	单开关	IHV B	0.62	0.44
FZ1000R33HE3	3300	1000	单开关	IHV B	0.71	0.63
FZ1500R33HL3	3300	1500	单开关	IHV B	0.51	0.42
FD800R33KF2C	3300	800	斩波模块	IHV	1.4	0.63
FZ1800R45HL4_S7	4500	1800	单开关	IHV B	0.75	0.29
FZ1200R45HL3	4500	1200	单开关	IHV B	1.3	0.42
FZ1200R45HL3_S7	4500	1200	单开关	IHV B	1.3	0.42
FZ1500R45KL3_B5	4500	1500	单开关	IHV	0.68	0.75
FZ1000R45KL3_B5	4500	1000	单开关	IHV	1	1.125
FZ1800R45HL4	4500	1800	单开关	IHV B	0.75	0.29
FD800R45KL3-K_B5	4500	1200	斩波模块	IHV	1	1.1
DD1200S45KL3_B5	4500	1200	二极管	IHV	—	—
DD800S45KL3_B5	4500	800	二极管	IHV	—	—
DD400S45KL3_B5	4500	400	二极管	IHV	—	—
FZ1200R45KL3_B5	4500	1200	单开关	IHV	0.68	0.75
FZ800R45KL3_B5	4500	800	单开关	IHV	1	1.125
FD250R65KE3-K	6500	250	斩波模块	IHV	3	2.25
FD500R65KE3-K	6500	500	斩波模块	IHV	1.5	1.125
DD750S65K3	6500	750	二极管	IHV	—	—
DD500S65K3	6500	500	二极管	IHV	—	—
DD600S65K3	6500	600	二极管	IHV	—	—
DD250S65K3	6500	250	二极管	IHV	—	—
FF225R65T3E3	6500	225	双模块	XHP™ 3	4.7	0.67
FZ500R65KE3	6500	500	单开关	IHV	1.5	1.125
FZ250R65KE3D	6500	250	单开关	IHV	3	2.25
FZ750R65KE3	6500	750	单开关	IHV	1	0.75
FZ600R65KE3	6500	600	单开关	IHV	1.3	0.75
FZ400R65KE3	6500	400	单开关	IHV	1.9	1.1

（3）东芝集团。东芝集团从 20 世纪 80 年代起在全球范围率先实现 IGBT 商业化，在 20 世纪 90 年代率先实现了压接型的 IGBT 商业化，通过栅极注入增强技术，降低了 IGBT 的静态损耗，并且以栅极注入增强技术的首字母注册了东芝集团专属的 IGBT 名称——IEGT，IEGT 可以理解为是东芝集团 IGBT 的专有名称。

在高压大功率 IGBT 中，由于发射极侧漂移层（n 型层）载流子浓度较低，所以很难获得低 U_{CEsat} 特性。IEGT 开发用于获得高耐受电压（通常为 1200V 或更高）下的低 U_{CEsat} 性能，它有一个沟槽栅结构，拉出栅电极将变薄，结果使得载流子聚集在薄栅电极的正下方，这就增加了发射极侧的载流子浓度，高的载流子密度降低了漂移层的电阻，使 U_{CEsat} 降低。

东芝集团的 IEGT 大功率器件目前主要有两种类型：一类是应用在风力发电、高压直流输电的压接型产品；另一类是主要应用于风力发电和电力机车的模块封装产品。IEGT 基于优异的产品性能，被广泛应用于各种大功率驱动设备及柔性直流输电场景，涵盖高铁、电力机车、地铁/轻轨、冶金、柔性直流输电、天然气管道输送等产业。

1）IEGT 命名规则。东芝集团的 IEGT 命名规格如图 1-15 所示，其中第一部分的 2 位字母代表封装形式，ST 代表 IEGT 为压接型封装；第二部分的 4 位

(a) 压接型

图 1-15 东芝集团的 IEGT 命名规则（一）

MG 1200 FXF 1 U S 53
　　1　　　2　　　3　　4　5　6　7

塑料外壳模块 IEGT 示例

1. 塑料外壳模块IEGT（PMI）

2. 集电极额定电流

例）1200：1200A

3. 额定电压

字母	电压（V）
V	1700
FXF	3300
GXH	4500

4. 元件数

例）1：单个

5. 电路配置

6. 芯片类型

· S：N 沟道

7. 序列号

(b) 焊接型

图 1-15　东芝集团的 IEGT 命名规则（二）

数字代表 IEGT 的电流等级；第 3 部分的 3 位字母代表 IEGT 的电压等级，V 代表 1700V，FXF 代表 3300V，GXH 代表 4500V；后续部分根据器件是否为压接式或者塑料外壳模块，分别代表不同的器件配置信息。

　　2）IEGT 模块参数。东芝集团的 IEGT 技术参数如表 1-4 所示。

表 1-4　　　　　　　　　　东芝集团的 IEGT 技术参数

产品型号	集射极电压 U_{CE}（V）	集电极电流 I_C（A）	集射极饱和压降 U_{CEsat}（最大值）（V）	二极管压降 U_F（最大值）（V）	开通损耗 E_{ON}（典型值）（J）	关断损耗 E_{OFF}（典型值）（J）	反向恢复损耗 E_{RR}（典型值）（J）
3000GXHH32	4500	3000	—	3.6	—	—	5.6
ST1500GXH24	4500	1500	4.0	4.2	8.0	7.0	3.5
ST2000GXH31	4500	2000	3.2	3.5	12	12.5	3.7
ST2000GXH32	4500	2000	3.3	3.4	8.4	13.2	3.5
ST2100GXH24A	4500	2100	4.0	—	15	12	—
ST3000GXH31A	4500	3000	3.2	—	12	20	—
ST3000GXH35A	4500	3000	3.05	—	8.0	20.0	—
ST750GXH24	4500	750	4.0	—	6.0	3.7	1.6

（4）西码半导体公司（WESTCODE）。西码半导体公司被公认为世界上最重要的高功率半导体制造商之一。西码半导体公司晶闸管产品线的范围从 3.2kV 到 6.5kV，硅直径从 38mm 到 100mm，特别适用于高功率转换器，如中压直流驱动器、中压软启动器、励磁和转换开关。西码半导体公司产品线还包括硅二极管、GTO 晶闸管、快速恢复二极管和快速关断晶闸管。西码半导体公司被 IXYS 公司收购，并继续在英国奇彭纳姆生产。IXYS/WESTCODE 产品线包括 IGBT、大电流功率 MOSFET、晶闸管和二极管模块、整流桥等。

1）IGBT 命名规则。西码半导体公司 IGBT 的命名规则如图 1-16 所示，其中第 1 位字母，默认为 T，代表 IGBT 的封装为压接型；第 2～5 位四位数字，代表 IGBT 的电流等级，单位为安；第 6 位字母，代表 IGBT 的电极直径，分别用 Q、N、V、H、T、E、A、D、G、B 代表 38、47、63、66、75、85、96、110、125、132，单位为毫米；第 7 位字母，代表了 IGBT 的多种方形裸晶的构建描述，有 B、D、F 三种；第 8～9 数字，乘以 100，代表 IGBT 的电压等级，单位为伏；最后一位字母，代表 IGBT 的内部封装，A 为反向导通型，E 为不对称型，G 为 IGBT 和二极管的比例为 2:1 的逆导型。

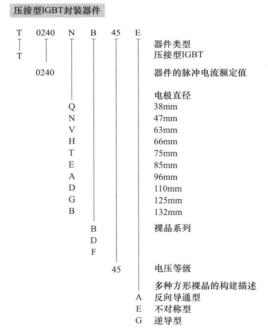

图 1-16　西码半导体公司 IGBT 的命名规则

2）IGBT 模块参数。西码半导体公司的 IGBT 技术参数如表 1-5 所示。

表 1-5　　　　　　　　　　西码半导体公司的 IGBT 技术参数

产品型号	集射极电压 U_{CE}（V）	集电极电流 I_C（A）	集射极饱和压降 U_{CEsat}（V）	开通损耗 E_{ON}（J）	关断损耗 E_{OFF}（J）	二极管正向导通压降 U_F（$I_F=I_C$）（V）
T0600NC17A	1700	600	3.0	0.29	0.50	2.25
T0840NC17E	1700	840	3.0	0.41	0.70	N/A
T0960VC17G	1700	960	3.0	0.47	0.80	2.05
T1440VC17E	1700	1440	3.0	0.70	1.20	N/A
T1680TC17G	1700	1680	3.0	0.82	1.40	2.05
T0140QC33G	3300	140	3.35	0.37	0.38	3.0
T0285NC33E	3300	285	3.4	0.73	0.75	N/A
T0425VC33G	3300	425	3.4	1.1	1.12	3.0
T0640VC33E	3300	640	3.4	1.65	1.68	N/A
T0710TC33A	3300	710	3.4	1.83	1.87	3.3
T1000TC33E	3300	1000	3.4	2.6	2.7	N/A
T1000EC33G	3300	1000	3.4	2.6	2.7	3.0
T1500EC33E	3300	1500	3.4	3.9	4.05	N/A
T2000GC33G	3300	2000	3.4	5.2	5.4	3.0
T0115QC45G	4500	115	3.5	0.83	0.48	3.45
T0240NB45E	4500	240	3.6	1.5	1.0	N/A
T0340VB45G	4500	340	3.5	2.2	1.3	3.45
T0510VB45E	4500	510	3.5	3.3	2.2	N/A
T0600TB45A	4500	600	3.7	3.6	2.5	3.7
T0800TB45E	4500	800	3.5	5	3.5	N/A
T0800EB45G	4500	800	3.5	5	3.5	3.5
T0900EB45A	4500	900	3.6	5.4	3.8	3.9
T1200EB45E	4500	1200	3.6	7	5.5	N/A
T1600GB45G	4500	1600	3.5	12	8.7	3.45
T1800GB45A	4500	1800	3.6	11	10.5	3.9
T2000BB45G	4500	2000	3.5	14	12.5	3.55
T2400GB45E	4500	2400	3.6	14	13	N/A
T2960BB45E	4500	3000	3.6	11.5	17.5	N/A
T0258HF65G	6500	258	4.8	1.8	1.45	3.45
T0385HF65E	6500	385	4.8	2.7	2.2	N/A
T0600AF65G	6500	600	4.8	4.2	3.4	3.5

续表

产品型号	集射极电压 U_{CE}（V）	集电极电流 I_C（A）	集射极饱和压降 U_{CEsat}（V）	开通损耗 E_{ON}（J）	关断损耗 E_{OFF}（J）	二极管正向导通压降 U_F（$I_F=I_C$）（V）
T0900AF65E	6500	900	4.8	6.3	5.1	N/A
T0900DF65A	6500	900	4.8	6.3	5.1	3.4
T1290BF65A	6500	1290	4.8	9.0	7.3	3.6
T1375DF65E	6500	1375	4.8	9.6	7.8	N/A
T1890BF65E	6500	1890	4.8	13.2	10.6	N/A

（5）中车。中车是目前国内最大的高压大功率 IGBT 生产商，现已建成全球第二条、国内首条 8in IGBT 芯片专业生产线，具备年产 12 万片芯片，并配套形成年产 100 万只 IGBT 模块的自动化封装测试能力，芯片与模块电压范围实现 650～6500V 的全覆盖。高压系列 IGBT 采用中车第四代 DMOS＋芯片，具有低导通压降、软关断特性、正温度系数和易并联等特点。该系列产品涵盖 3300～6500V 电压范围，封装和电路结构灵活多变，适用于各种并联应用场景。产品采用高热匹配的 AlSiC 基板和 AlN 衬板材料封装而成，在热循环、功率循环、机械冲击等可靠性方面具有明显优势，可满足车辆频繁启停和长距离可靠性运行的要求，批量应用于电力机车、高速动车组、地铁等轨道交通领域，以及其他大功率变频器装置领域。

1）IGBT 命名规则。中车高压 IGBT 命名规则如图 1—17 所示。

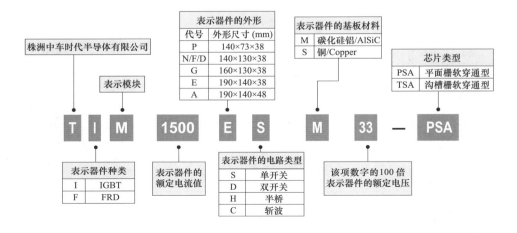

(a) 高压IGBT模块产品

图 1—17 中车高压 IGBT 命名规则图（一）

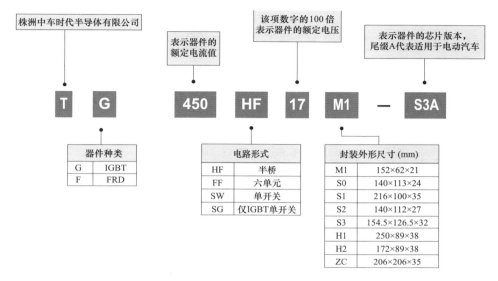

(b) 中低压及压接型 IGBT 模块产品

图 1-17　中车高压 IGBT 命名规则图（二）

2）IGBT 模块参数。中车 IGBT 的技术参数如表 1-6 所示。

表 1-6　　　　　　　　　　　中车 IGBT 的技术参数

产品型号	集射极电压 U_{CE}（V）	集射极电流 I_C（A）	集射极饱和压降 U_{CEsat}（V）	开关损耗 E_{SW}（mJ）	尺寸（mm）
TIM750ASM65－PSA011	6500	750	3.0	14280	190×140×48
TIM800XSM45－PSA011	4500	800	2.4	9429	140×130×48
TIM1200ASM45－PSA011	4500	1200	2.3	14060	190×140×48
TIM1200ESM45－PSA011	4500	1200	2.3	14060	190×140×38
TIM250PHM33－PSA011	3300	250	2.5	1375	140×73×38
TG450HF33X1－TSA011	3300	450	2.3	2030	144×100×40
TIM500GDM33－PSA011	3300	500	2.4	2850	160×130×38
TIM1000NSM33－PSA011	3300	1000	2.4	5770	140×130×38
TIM1000ECM33－PSA011	3300	1000	2.1	6500	190×140×38
TIM1500ESM33－PSA011	3300	1500	2.1	9300	190×140×38
TIM1500E2SM33－PSA011	3300	1500	2.5	8170	190×140×38
TIM1800E2SM33－PSA011	3300	1800	2.5	9532	190×140×38

1.2 IGBT 驱动器简介

IGBT 及其驱动器是大功率电力电子变流器的核心,是构建现代能源体系的关键技术。驱动器安装在电能变换装置的高压侧,是连接低压控制系统和 IGBT 的关键枢纽,其性能直接影响电能变换装备的效率和可靠性。驱动器通过控制栅极电荷调节 IGBT 动态特性,并承担故障检测和保护功能,相当于 IGBT 的"大脑"。IGBT 及 IGBT 驱动器实物和电气安装示意图如图 1-18 所示,IGBT 驱动器功能示意如图 1-19 所示。

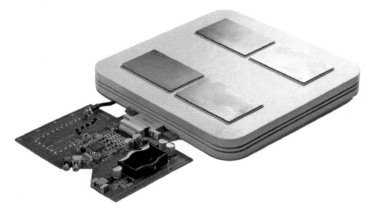

图 1-18 IGBT 及 IGBT 驱动器实物和电气安装示意图

图 1-19 IGBT 驱动器功能示意图

高压大功率 IGBT 模块的工作状态直接影响电力电子装置的整机性能,而驱动电路直接决定着高压大功率 IGBT 模块能否安全工作。优良的栅极驱动需要具备以下功能:① 良好的开通、关断特性,能够兼顾开关损耗与关断尖峰的抑制;

② 全面的保护功能，包括过电压、过电流（短路）及过温的检测与保护能力；
③ 电气绝缘性能，能够实现强电与弱电及强电与强电间的隔离；④ 较强的抗电磁干扰能力等。

1.2.1　IGBT 驱动器技术路线

IGBT 驱动器问世早期，基本都采用分立元件搭建的非隔离型模拟驱动电路，但是由于其分布参数较多，极难排查，存在抗干扰能力差、稳定性差等缺点，造成当 IGBT 处于高电压大电流情况时，极易出现 IGBT 模块工作性能不稳定甚至器件烧毁的情况，不适宜用于大功率电路。因而诞生了隔离型模拟驱动电路，隔离型模拟驱动电路采用光耦、变压器隔离原理，两种皆可增强驱动电路的抗干扰能力。光耦隔离驱动采用光耦合器进行隔离，其隔离耐压高，占空比任意可调，但是传输延迟大，且光耦器开关速度慢，造成驱动脉冲的上升、下降沿时间变长，降低驱动脉冲信号精度。变压器隔离驱动采用变压器进行隔离，变压器磁芯饱和的问题制约着输入信号占空比的大小，传统的脉冲变压器隔离技术要求占空比小于 50%。随之产生的集成芯片驱动电路，渐渐成为市场主流，其不仅能为 IGBT 模块提供驱动能力，还兼有低压、过电压、短路和过温等保护功能，可提高 IGBT 工作可靠性及安全性。

变压器隔离型模拟驱动器在高压大功率应用领域存在一定缺陷：① 采用固定单一栅极电阻进行 IGBT 的开通关断控制，其不具备开关瞬态动态特性复杂调控能力，并且每次调整都需要手动焊接更换栅极电阻，工程应用灵活性差；② 仅能依据 IGBT 退饱和状态进行故障检测，且耐高压阻容分压电路无法测量低电压，导致故障保护灵敏度差；③ 仅能采用硬件滤波与吸收电路进行电磁防护，高共模干扰与强电磁脉冲下的防护能力弱，无法满足高压大容量输电领域对 IGBT 器件驱动的应用要求。

随着数字技术的迭代与发展，IGBT 驱动技术逐渐发展为模拟驱动和数字驱动两种技术。IGBT 模拟驱动技术基于模拟电路采用预设控制保护逻辑，从而实现 IGBT 驱动和保护功能不同。IGBT 数字驱动技术通过可编程逻辑芯片实时设置控制和保护参数，针对应用器件特性的不同，可以灵活地为其定制化设计控制和保护策略，在 IGBT 器件特性优化、过电流和短路保护等方面具有优势。

1.2.2　国外驱动技术发展现状

在 IGBT 模拟驱动技术及驱动器研制方面，国外开展了大量研究且研制了大量成熟产品。美国博通（Broadcom）公司首先推出采用光隔离的模拟驱动，美国德州仪器（TI）及德国的英飞凌在 2015 年前后推出了基于容隔离/无核变压器隔离技术隔离驱动芯片的驱动器，此外还包括三菱公司 M5796 系列、IR 公司的 IR2110 系列、赛米控公司 SKYPER 系列驱动等，但上述产品电压等级（适配 1700V 及以下 IGBT）均无法满足高压输电应用需求。

荷兰帕沃英蒂格盛有限公司（Power Integrations，PI）作为 IGBT 驱动行业的国际巨头，其在中高压领域驱动技术方面具备雄厚的技术积累，并开发了一系列适配不同电压等级的驱动器，但其产品均属于模拟驱动技术路线，不能够对 IGBT 运行工况进行动态的监测与灵活控制，更不能对 IGBT 提供定制化设计与保护。

在 IGBT 数字驱动技术方面，德国 InPower 公司在 21 世纪初，采用可编程器件，结合分立器件进行驱动器的数字电路设计，实现对功率器件复杂逻辑控制。英国 Amantys 公司则更近一步，将驱动控制软件化，即通过软件界面直接修改或定义驱动器的参数。ABB 公司和德国西门子公司（Siemens）在其高端电力电子装备产品中也都应用了自主研发的 IGBT 数字驱动器。表 1−7 为国外从事 IGBT 驱动芯片及驱动器研制的主要机构。

表 1−7　　　国外从事 IGBT 驱动芯片及驱动器研制的主要机构

序号	公司	产品特性	应用情况
1	英飞凌	可用于 1700V IGBT，基于无核变压器的 14A 峰值电流的栅极驱动芯片	低压领域应用
2	美国德州仪器（TI）	可用于 1700V IGBT，采用电容隔离方案实现最高 17A 拉/灌电流能力、共模抑制比 150V/ns、隔离电压 5.7kV	低压领域应用
3	荷兰帕沃英蒂格盛有限公司（PI）	研发集成信号变压器和功率变压器的 IGBT 驱动核，实现驱动器紧凑化设计	中高压领域应用
4	德国 InPower 公司	采用可编程器件，结合外围电路进行驱动器的数字化设计，实现对功率器件复杂逻辑控制	中高压领域应用
5	英国 Amantys 公司	一种新型的用于监测及控制功率器件的软硬件平台	中高压领域应用
6	ABB 公司/西门子公司	可用于 1700～4500V IGBT	不对外销售

（1）荷兰帕沃英蒂格盛有限公司（PI）。荷兰帕沃英蒂格盛有限公司（PI）致力于发展 IGBT 栅极驱动，已有 30 年的历史，拥有多项专利权，在国际市场被广泛认可，2016 年被美国 PI 公司收购，成为中大功率驱动器领域全球技术及市场的领导者，利用其独有的高集成度 SCALE 技术，使驱动器所使用元件比其他常见驱动器减少 85%，其系列产品示意图如图 1−20 所示。栅极驱动 IC、驱动核与即插即用驱动器可用于 600～6500V 的高压大功率 IGBT 模块，具备完备的保护功能，其中包含有源钳位、电源监控、软启动、短路保护等功能，甚至适用于驱动开关频率较高的宽禁带半导体器件。

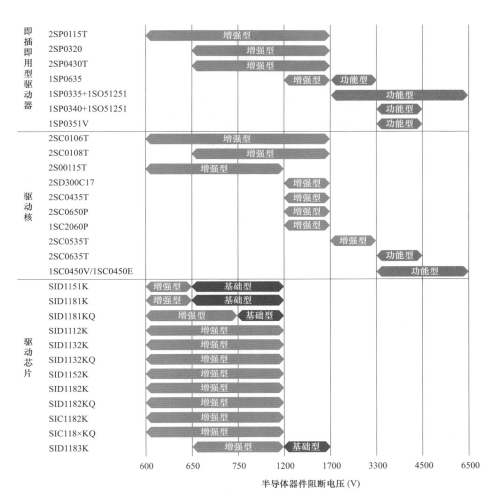

图 1-20　PI 的驱动器、驱动核以及驱动芯片系列产品示意图

其最新推出的基于 SCALE - 2 技术的即插即用双通道栅极驱动器 2SP0430（如图 1 - 21 所示），使用了高集成度专用集成电路（application-specific integrated circuit，ASIC），适用于 1200V 和 1700V 且封装为 PrimePACK™ 3 + 的 IGBT 功率模块，可为一次侧和二次侧提供 5000V 或 9100V 额定绝缘电压，支持两电平和三电平应用，峰值栅极输出电流可达±30A，具备一次侧欠电压保护（undervoltage lockout，UVLO）、短路保护、动态高级有源钳位（dynamic advanced active clamping，DAAC）等功能，允许在 IGBT 关断状态下维持较高直流母线电压的时间长达 60s。采用高度自动化的三防漆双面涂覆技术，使用高级丙烯酸清漆，在生产线末端进行光学检测，并完成各项环境测试和认证，可应用于船舶、海上风电、采矿和油气等严苛环境下。

图 1-21　SCALE-2 系列即插即用驱动器 2SP0430

（2）英飞凌。英飞凌是生产 IGBT 与驱动模块全球领先的公司之一，利用数十年的专业知识和技术发展凝练出一系列用于硅和宽禁带功率器件的驱动器，其产品系列涵盖多种驱动电路结构、电压等级、绝缘级别、保护功能和封装，适用于任何功率器件和终端应用。英飞凌栅极驱动提供 0.1～10A 的一系列典型的输出电流选项，适用于任何功率器件型号。快速短路保护、可编程的死区时间、直通短路保护及有源关断等全面的栅极驱动保护功能，使得这些驱动适用于包括 CoolGaN™ 和 CoolSiC™ 在内的所有功率器件。英飞凌栅极驱动还具备集成自举二极管、使能、故障报告、输入过滤器、运算放大器（operational amplifier，OPAMP）和退饱和（desaturation）保护等更先进的功能。有源米勒钳位和独立的拉/灌电流输出引脚功能，有助于提高设计的灵活性。英飞凌 EiceDRIVER™ 系列栅极驱动提供了先进的功能，如可编程的死区时间、直通短路保护、有源米勒箝位、有源关断、短路电流钳位、软关断、两电平关断等，让客户更容易驱动所有功率器件和功率模块。针对电气隔离需求，英飞凌既提供基础型隔离产品，也提供增强型隔离产品。

EDS20I12SV 构成的驱动板卡如图 1-22 所示，EiceDRIVER™ 系列的产品中 1EDS-SRCEiceDRIVER™ Safe（1EDS20I12SV）支持转换速率控制（slew rate control），其特性是：整个开通过程分为 3 个阶段——预升压（preboost）、开通（turn-on）、U_{CC2} 钳位（clamping phase）；开通（turn-on）过程中可以 11 级实

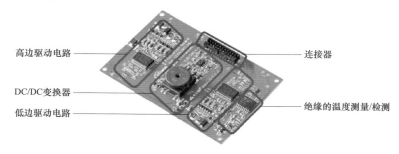

高边驱动电路　　　　　　　　　　　　　　　　　连接器

DC/DC变换器

低边驱动电路　　　　　　　　　　　　　　　　　绝缘的温度测量/检测

图 1-22　EDS20I12SV 构成的驱动板卡

时地调节和精确地控制栅极电流，灵活控制开通速度，降低损耗并抑制 dI_C/dt 和电磁干扰（electro magnetic interference，EMI）；集成了两电平关断、软关断、退饱和检测、电流检测等功能。

（3）德国赛米控丹佛斯公司。德国赛米控丹佛斯公司是全球领先的功率模块和系统制造商之一，其开发的新型 ASIC 芯片组具有高集成度，可在整个生命周期内提供安全的 IGBT 栅极控制，并通过隔离故障通道，快速解决短路问题，而软关断和过电压反馈可避免危险的过电压问题，多电平逆变器（multilevel inverters，MLI）或并联 IGBT 拓扑结构通过可调故障处理技术进行管理。德国赛米控丹佛斯公司提供两种不同的 IGBT 驱动系列，可涵盖任何应用。可使用适配板针对各类模块优化 SKHI 和 SKYPER 系列的驱动核心。SKYPER Prime 等驱动提供技术完善的即插即用解决方案，可在实际应用中节省时间和成本。SKYPER 系列的单通道输出功率为 1～4W，涵盖 30kW～2MW 全功率范围的逆变器。混合信号 ASIC 芯片组保证在整个温度范围内都有最低的误差。凭借优化的接口和可调滤波器设置，SKYPER 系列在噪声干扰严重的环境中也可安全运行。德国赛米控丹佛斯公司的适配板可利用各种 IGBT 模块构建广泛的逆变器平台。最新的亮点是有 SKYPER 12 驱动核，以及采用电气和光学接口的即插即用型驱动 SKYPER Prime，如图 1-23 所示。SKYPER 12 PVR 属于最新款的驱动核，能够提供 20A 输出峰值电流，并允许在 1500V 下实现极其紧凑的设计。其功能和鲁棒性使其非常适合用于太阳能应用。SKYPER Prime 提供集成式绝缘直流母线和温度测量能力，还能帮助客户大幅降低系统成本。

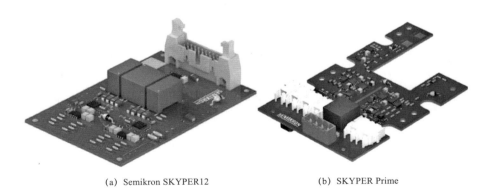

(a) Semikron SKYPER12　　　　　　(b) SKYPER Prime

图 1-23　Semikron SKYPER12 和 SKYPER Prime 驱动产品
（图片来自 Semikron Danfoss 网站）

（4）德国 InPower 公司。德国 InPower 公司是一家位于德国和捷克的电力电子领域创新企业，其在支持具有挑战性的栅极驱动领域拥有近 20 年的历史，相关产品成功应用于轨道牵引、新能源发电、直流输电、工业电源、工业驱动和感应加热等领域。德国 InPower 公司坚持数字驱动技术路线，采用数字控制的 IGBT 栅极驱动器，结合智能开关和最佳的分级保护，通过软件编程改变运行特性，为高可靠性和低开关损耗开辟了道路。德国 InPower 公司研发的典型驱动产品如图 1-24 所示，其技术特点如下：基于可编程数字控制技术实现软件定义所有功能；通过数字可调的栅极电阻及持续获取的 di/dt，优化栅极电流和开关特性，增强驱动能力，减少开关损耗；数字滤波技术保证不需要的信号不会影响整个系统；所有的参数可以很容易地通过可交换文件进行改变，用户不需要为这种优化进行任何软件编程技能学习；具有增强的保护功能，包括四级数字退饱和保护、两级 di/dt 保护、有源钳位及多步软关断等。这种数字技术在可靠性和灵活性方面具有很强的优势。

图 1-24　德国 InPower 公司研发的典型驱动产品（图片来自德国 InPower 公司网站）

（5）英国 Amantys 公司。英国 Amantys 公司主推产品是带有状态监控功能的高可靠性栅极驱动器，该公司目前已经推向市场的产品有如下技术特点：远程修改配置栅极电阻阻值；在线实时状态监控功率器件的关键参数；增强的保护功能（带有快速一类短路保护功能的三级阈值退饱和保护、两级阈值有源钳位、有源反馈钳位、多重软关断）。英国 Amantys 公司正在开发的名为 Adaptive Drive 的新型驱动技术，是一种基于 dI_C/dt 和 dU_{CE}/dt 采样的灵活的有源栅极控制技术。该技术将开通和关断过程划分为多个阶段，通过编程按需要对不同阶段的栅极电流进行灵活控制，从而在保证 IGBT 安全开关快速工作的前提下，实现降低损耗的目的。英国 Amantys 公司研发的驱动产品如图 1-25 所示。

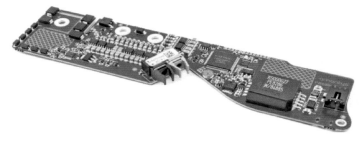

图 1-25　英国 Amantys 公司研发的驱动产品（图片来自英国 Amantys 公司网站）

（6）其他厂家。ABB 公司、西门子公司（Siemenz）、三菱电机（Mitsubishi Electric）、富士电机（Fuji Electric）、思创（Astrol）、科瑞（Cree）、罗姆（Rohm）、安华高（Avago）、德纳股份有限公司与加拿大魁北克水电有限公司的合资公司（Dana TM4）等公司也都围绕不同领域，各自拥有较为先进的驱动器产品。

1.2.3　国内驱动技术发展现状

国内相关研究起步较晚，且相关研究主要针对模拟型驱动技术，主要企业及其研制的产品如下：北京的落木源电子公司（简称落木源）研制了 TX-KA 系列等多种驱动器，其产品主要偏向于厚膜电路。深圳的青铜剑科技股份有限公司（简称青铜剑）研制了 Q-Driver 系列驱动器，基本做法是采用驱动核配合外围电路实现对模块的驱动与保护功能，驱动核一般采用专门的驱动芯片，配合特定的外围电路，可以实现器件过电压、短路及电源欠电压的检测与保护。比亚迪股份有限公司也研制了 IGBT 驱动器，其主要运用于比亚迪股份有限公司生产的电动汽车。为了抑制关断尖峰电压，这些产品普遍采用有源钳位电路，同时采用高频变压器实现了信号和功率的传输，也可以实现上管和下管互锁、死区设定等功能。但此类驱动器设计灵活度和通用性较低，其都以中、小功率驱动应用为主，针对大功率的驱动较少。

在数字驱动技术方向，国网智研院进行了大量 IGBT 数字驱动器研究和开发工作，由国网智研院独立开发的具有完全自主知识产权的高压 IGBT 数字型驱动器，技术水平达到国际领先，成功打破国外垄断。目前该成果已成功应用于渝鄂直流背靠背联网工程、张北柔性直流电网试验示范工程等多个电力领域重点工程项目，运行效果良好。此外，该研究成果也已在风力发电、矿用变频器、粒子加速器脉冲电源等不同领域开展推广应用。近年来已经实现了对进口产品的替代。同时，杭州飞仕得科技有限公司开展了 IGBT 数字驱动技术研究，形成了系列产品，应用于风力发电、光伏发电、矿用变频、新能源汽车、储能、输配电、轨道交通等多个高可靠性领域。

1. 国网智研院

国网智研院自 2008 年起，准确把握 IGBT 驱动发展趋势，瞄准更为先进的高压大功率 IGBT 数字驱动技术，抽调全院在 IGBT 理论研究、仿真、试验及工程应用具有丰富经验的科研试验骨干人员，组建了 IGBT 数字驱动技术攻关团队。团队依托国家科技重大专项及国家重点研发计划、国家电网有限公司科技项目等，先后攻克了动态特性均衡调控、多类故障精确保护、严苛电磁环境耐受等关键技术难题，在设计方法、电路实现、大电流关断、故障保护、电磁防护、试验方法等方面开展了深入研究，研制出适配多类型 IGBT 的数字驱动器系列产品。产品通过了第三方环境试验、电磁兼容试验、软硬件可靠性测试等型式试验。

针对 100 万 kW 柔性直流换流阀 IGBT 模块工作的电压和电流临近安全工作区极限、电磁环境极为恶劣等应用需求，IGBT 数字驱动技术攻关团队攻克了有源米勒钳位、复合电磁屏蔽、谐振软开关和恒定导通时间频率调制技术等高压大功率 IGBT 驱动核心技术，研制了适配 3300V/1500A 焊接型 IGBT 模块的驱动器产品，解决了 IGBT 数字驱动在强电磁环境下电磁兼容设计和温升控制的难题。针对 IGBT 高压大电流的产品应用，国网智研院陆续推出了适配 4500V/2000A 和 4500V/3000A 压接型 IGBT 模块的数字驱动器产品，形成了覆盖 1700～6500V 的全系列 IGBT 数字驱动器，如图 1-26 所示。

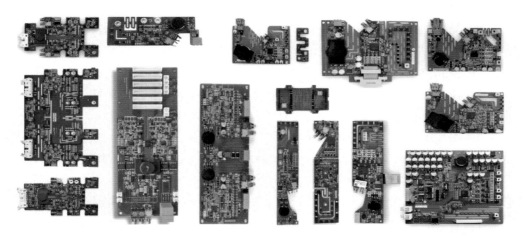

图 1-26 国网智研院 IGBT 数字化驱动器系列产品

2. 青铜剑

青铜剑由清华大学和剑桥大学博士团队于 2009 年创立，以 IGBT 驱动技术和电量传感技术为核心，为新能源、智能电网、电动汽车、轨道交通、节能环保、国防军工等领域提供电力电子核心元器件产品和解决方案服务。其采用模拟式驱动技术路线，重点开发驱动核，在模仿国外产品的基础上进行了改良，如在 Concept 公司研发的 2SC0435T 型号驱动器基础上开发了 2QD0435T17-C 型号驱动器作为可替代版本。在驱动核基础之上，开发了型号分别为 1QP0635V33C、2QP0115T、2QP0320T 的即插即用型驱动器，专为 EconoDUAL、Prime PACK 及 3300V IHM 的封装 IGBT 设计，具有完整隔离 DC/DC，可完全兼容 PI 的 1SP0635、2SP0115T、2SP0320 驱动电源欠电压保护功能、退饱和检测短路保护功能及有源钳位过电压保护功能。青铜剑 IGBT 驱动系列产品如图 1-27 所示。

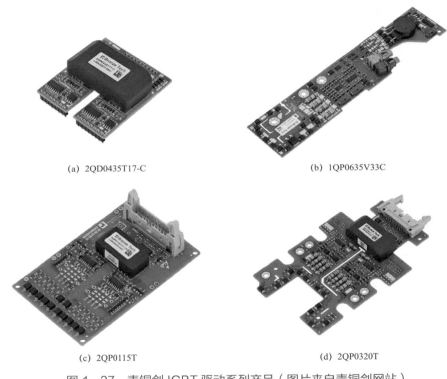

(a) 2QD0435T17-C

(b) 1QP0635V33C

(c) 2QP0115T

(d) 2QP0320T

图 1-27　青铜剑 IGBT 驱动系列产品（图片来自青铜剑网站）

3. 飞仕得

杭州飞仕得科技有限公司（简称飞仕得）致力于研制智能的深度定制驱动器，针对不同工况优化 IGBT 驱动器，基于数字控驱动配置，扩展模组使用工况边界，提升模块利用率与可靠性，以满足客户多样化需求。飞仕得驱动器集成了硬件电路和智能的故障管理算法，实现了"不会坏"的驱动、"会交流"的驱动，助力变流器长期高可靠运行与大数据化管理，现已大规模应用于新能源、舰船推进、电力系统、大功率牵引等诸多严苛的领域。飞仕得 IGBT 驱动产品如图 1–28 所示。

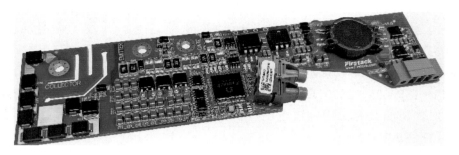

图 1–28　飞仕得 IGBT 驱动产品（图片来自飞仕得网站）

4. 落木源

落木源成立于 2003 年，专注于研发、生产绝缘栅器件（IGBT/MOSFET）隔离驱动模块，该公司依托北京高校及科研院所，技术力量雄厚，拥有多项专利，现有各类驱动器产品共 7 个系列，其中 5 个 K 系列的驱动器、1 个 D 系列的驱动板、1 个 P 系列的驱动电源。TX–KA 系列产品采用光电耦合器隔离，多种型号覆盖低、中、高端应用，其中型号 KA102 驱动器具有完善的三段式短路保护，可驱动 1700V/2000A 的 IGBT 模块，型号 K841 驱动器可完全替代富士 EXB841 驱动器，K57962 驱动器可完全替代三菱 M57962 驱动器。TX–KB 系列产品采用变压器隔离，工作频率可达到 200kHz，适用于 600～1200V/300～600A 的 IGBT 模块。TX–KC 系列产品采用变压器隔离，内置自给电源，用户无需另外提供隔离电源。TX–KD 系列经济型驱动器，采用变压器隔离，内置自给电源，不具保护功能，有单管驱动器、半桥驱动器、双正激驱动器、同步整流驱动器等十余种型号，使用方便，一般适用于中小功率等级的 MOSFET 和 IGBT。TX–KE 系列产品采用调制技术，变压器隔离，内置自给电源，占空比为 0～100%，工作频率为 0～100kHz，最大驱动 1700V/400A 的 IGBT 模块。TX–D 系列产品为驱动板产品，集成了驱动器、外围元器件及辅助电源，配合用户的主控板和功率器件，构成完整的电源系统，最大可驱动 1700V/2000A 的 IGBT 全桥电路。TX–P 系列产品为专为驱动器配套的电源产品，包含 AC/DC 和 DC/DC 隔离电源。落木源典型驱动器产品如图 1–29 所示。

5. 其他厂家

赛晶科技集团有限公司、广州金升阳科技有限公司、北京普尔盛电子技术有限公司等国内制造商按照行业应用特点，都拥有自主研发的 IGBT 驱动器系列产品。

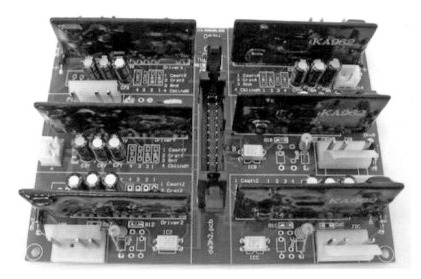

图 1-29　落木源典型驱动器产品

1.2.4　IGBT 驱动器未来发展趋势

电力电子装备是可再生能源及下一代电网基础设施和电力牵引系统的关键支撑技术。一般认为，未来电力电子装备的发展方向在于提高转化效率，减轻质量以及降低成本，确保系统更安全可靠运行。

实现上述目标的一种途径是采用电力电子装置的多物理场设计优化。考虑最新半导体器件和材料提供的电、磁、热及机械方面的优势，设计出效率更高、控制方式更灵活的拓扑、热管理系统、电源模块及各种无源组件。

另外一种途径是探索新的控制检测功能。随着电力电子装备功率密度的增加，控制检测功能的作用越来越重要。在传统意义上，控制检测功能包括电压和电流控制、扭矩控制、热控制及相关的组件级控制等系统级的检测和控制措施。而上述第二种途径发展的关键是将传感电路、控制功能和改进的有源栅极驱动拓扑集成到智能栅极驱动器中。

（1）未来驱动器的核心需求。随着宽禁带半导体功率器件的兴起，如碳化硅 SiC 和氮化镓 GaN 具有更高的电子漂移速度、更高的电热稳定性及更好的耐辐射性能，它们的开关速度为更高效和紧凑化的换流器提供了巨大的潜力，但同时也需要更稳定可靠的驱动器去提供开关控制，以避免产生电磁干扰或者危险操作。因此，未来的栅极驱动器应向具有智能化、高度集成化的控制保护系统进行转变。而这一转变的关键目标包括以下几点：

1）更快的器件开关速度。优化的半导体结构和新材料使得电压上升和下降时间减小，从而减少损耗。

2）更高的器件利用率。传统的驱动器没有充分利用现有器件的电气和散热方面的潜力，而智能驱动器则可以更充分地利用好这方面的能力。

3）更好的电磁兼容性能。对换流器成本及体积的需求推动了电磁兼容优化设计的需求。

4）关键状态的检测和处理。通过改进检测和处理方法，半导体开关可以被优化为更接近其安全工作区域。

5）寿命预测和增强。对器件相关敏感参数的实时检测可以实现对操作参数的优化。

智能栅极驱动器可以通过有效利用各种半导体材料的独特特性和集成技术，应用更高效的实时计算和控制能力，以及创新的检测和保护功能来实现上述目标。

（2）未来驱动器的基本功能。下一代大功率电力电子器件改变了驱动器的一些基本功能，例如更好的抗共模干扰（common-mode immunity，CMI）能力及更高的输出带宽需求。

1）抗共模干扰能力。现代半导体器件的开关速度越来越快，导致漏—源电压瞬态（$\mathrm{d}u/\mathrm{d}t$）越来越高。因此，在设计驱动器时必须考虑提高共模抗扰度。这可以通过提高共模干扰通道的恢复能力或阻抗，或降低高压侧栅极驱动器的耦合电容来实现。虽然目前的栅极驱动器电源在设计上尽量减少了耦合电容，但 $\mathrm{d}u/\mathrm{d}t$ 的增加会导致更高的共模干扰电流（I_{CM}）。此外，栅极驱动器内部控制单元和传感电路的功率需求增加，也使现有的商业解决方案变得力不从心。以现有的驱动中采用的驱动变压器耦合电容及传统硅器件和新兴碳化硅器件为例，采用以下公式可以看出两者共模干扰电流的区别

$$I_{\mathrm{CM,max}} = C_{\mathrm{coupling}} \cdot \frac{\mathrm{d}u}{\mathrm{d}t} \tag{1-1}$$

对于传统硅器件（Infineon FF3MR12KM1P，$\mathrm{d}u/\mathrm{d}t = 16\mathrm{kV/\mu s}$）

$$I_{\mathrm{CM,Si,max}} = 7.5 \times 16 = 120\ (\mathrm{mA}) \tag{1-2}$$

对于碳化硅器件（Wolfspeed C3M0075120K，$\mathrm{d}u/\mathrm{d}t = 125\mathrm{kV/\mu s}$）

$$I_{\mathrm{CM,SiC,max}} = 7.5 \times 125 = 0.94\ (\mathrm{A}) \tag{1-3}$$

除了更高的共模干扰电流振幅，开关频率增加导致共模噪声的均方根值也增加。因此，在设计门驱动器的电源传递和通信路径时必须特别注意。

2）更高带宽。相对于硅器件，较低或没有外部栅级电阻及较少的栅极电荷会导致较短的栅极充电时间和对振荡的较小衰减。因此，必须实施更为专用的

栅极回路，并优化阻抗，以确保在临界开关转换过程中半导体器件的稳定运行。一般而言，更快的开关转换会导致更大的 du/dt，反过来在半导体器件的寄生电容中会引起更大的电流。如果栅极回路的寄生电感过大，可能导致在开关过程中激发振荡。由于在半导体器件中栅极电流和负载电流路径部分重合，快速变化的电位引起的扰动也可能导致器件误开通。

为了防止栅极寄生电感在器件开关过程中所带来的过电压导致半导体器件损坏，必须充分考虑栅回路的阻抗。因此，在采用宽禁带半导体器件的情况下，在设计栅驱动器的布局和栅极回路阻抗时需要特别小心。

在新一代宽禁带半导体器件中，特别是在使用碳化硅（SiC）和氮化镓（GaN）等材料的功率器件中，由于其更高的开关速度和特性，栅极回路的设计显得尤为关键。高开关速度可能导致更高的 du/dt，进而引发更大的寄生电容电流。因此，确保合适的栅回路阻抗设计对于防止误导通和过电压非常重要，以此保证半导体器件的可靠性。

（3）未来驱动器的智能化趋势。现代半导体和功率模块表现出的卓越特性很难通过传统的驱动集成电路和拓扑结构充分发挥。为了解决传统驱动的局限性，近年来，研究人员对相关技术特性已经开展了研究，图1-30展示了驱动智能化发展趋势。相关技术特性如下：

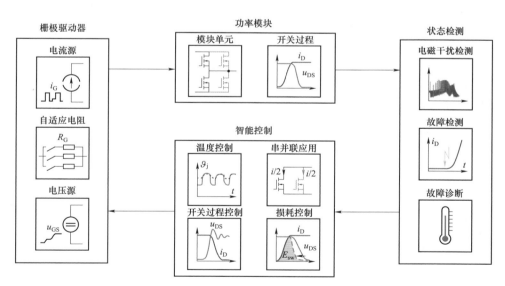

图1-30　驱动智能化发展趋势

1）器件的利用率和串/并联连接。为了提高其电流承载能力，往往将 IGBT 并联使用，此外使用多个小封装 IGBT 的生产成本比单个大封装 IGBT 低。这一点不仅针对若干离散元件，对于单个半导体器件中的若干个裸芯片（bare die）而言也是如此。IGBT 并联连接的一个缺点是不均匀分布的损耗导致不同的温升，因此导致不同的使用寿命。此外，必须对模块进行降额设计以确保每个 IGBT 都能保持在其安全工作区域内。并联 IGBT 的不同损耗可能是由于不同的组件特性或换流电路的电学寄生参数的不对称性引起的。使用传统的门驱动器无法精确控制各个 IGBT 的损耗。使用智能栅极驱动器，可以允许每个单独的 IGBT 在其性能极限内运行，并消除对负载电流能力进行降额的需要。对于制造商来说，当一个 IGBT 器件生产完成后可获得其组件特性。通过模拟测试开关电路，可以确定开关电路的寄生参数。利用这些数据，可以使用开环方法来平衡并联 IGBT 的温度。例如，在一些应用中，驱动器分别驱动并联 IGBT 的每个门极，并延迟相应的门极信号几十纳秒，以实现所有器件具有相同的开关损耗。也可以使用闭环的方式来平衡各个 IGBT 的损耗。通过测量电流不匹配度，驱动器相应地调整栅极信号的延迟。这种闭环控制的特点是必须针对反馈信号随时调整门极驱动电路。

除了对并联器件的电流平衡控制，对于串联器件，电压平衡控制在需要额定电压超过单个器件的中高压换流器中起着重要作用。

制造过程中对芯片和封装的公差会导致功率半导体串联应用时各器件具有不同的电压上升和下降时间。目前存在多种解决方案可在 IGBT 和宽禁带器件的开关转换期间实现主动电压平衡。一类方法是引入一种改进的主动钳位电路，利用状态反馈信号调整串联 IGBT 的各个栅极驱动信号之间的延迟，以提供同步关断，从而改善电压均衡。此外，可以应用数字栅极驱动器在关断期间对串联 IGBT 的电压斜率进行采样。关断过程本身分为多个阶段，对每个阶段串联 IGBT 的关断速度进行比较，以调整后续阶段的驱动速度。最终实现同步关断和较理想的分压。

另一类方法是采用带有主动电压控制的 IGBT 串联控制。通过主动电压控制，控制每个 IGBT 的集电极—发射极电压及电压斜率本身至预定义值。由于串联中的每个 IGBT 都被控制到相同的波形，因此实现了良好的平衡，从而实现了串联。或者使用电流源栅极驱动器的方法，使用恒定的栅极电流或额外的栅极电流注入，以最小化器件的电压波形之间的差异。

2）栅极电压开关电压过冲优化。传统的推挽驱动器通常按最严苛的工况设计栅极电阻。这虽然能够保证器件开关过程中电压过冲在安全工作区域内，但也浪费了现代功率半导体的潜力，因为它们在部分负载范围内具有更快的开关能力、更低的开关损耗。在当前数字驱动器应用中，器件的开关过程可以改变栅极电阻。与传统推挽驱动器相比，开关损耗最多降低了 69%，且不超过安全工作区域所规定的范围。另外一些驱动器制造商采用了控制栅源电压的方法以影响器件过冲的栅极驱动器，也能够有效限制开关过冲并降低开关损耗。

3）开环电压和电流暂态控制。通过对 $\mathrm{d}u/\mathrm{d}t$ 控制，可以限制功率半导体器件的电压上升或下降的速率到特定值。对 $\mathrm{d}u/\mathrm{d}t$ 的绝对值进行限制有助于提高电压源变流器连接的电磁元件（如绕组绝缘）的寿命。此外，使用 $\mathrm{d}i/\mathrm{d}t$ 控制，可以控制半桥结构中二极管的反向恢复电流。电流和电压上升时间确定了在开关期间功率半导体器件的损耗。此外，通过影响开关瞬态，可以根据具体的应用和标准调整电磁干扰等级。

通过栅极控制和 $\mathrm{d}i/\mathrm{d}t$ 控制，可以在变流器中主动控制功率半导体开关及反并联二极管的开关损耗和应力。然而，为了得到期望的控制效果，必须对开关过程和二极管进行测量。通过测量得到的数据，采用数字控制器控制栅驱动器的输出，从而应用开环控制确保所需的栅极电压和 $\mathrm{d}i/\mathrm{d}t$。开环控制方法适用于几乎所有功率半导体开关的任何开关速度级别。

4）电磁干扰控制。电磁干扰可以通过控制二极管中的过冲、斜率特性和反向恢复效应来进行调整。一般而言，电磁兼容性（electro magnetic compatibility，EMC）是通过限制电磁干扰的产生及减弱其传播来实现的。通过在电源路径中使用滤波器或通过屏蔽和分区增加敏感电路的自恢复来实现减弱。在依赖稳定的高带宽通信、低质量和体积的应用中，需要在冷却能力和电磁兼容性滤波器尺寸之间取得平衡，因为高效和快速的开关所引起的电磁干扰在更宽的频率范围内，从而影响滤波器的大小。在变流器运行过程中可以动态调整损耗和电磁干扰。控制模式可以分为闭环和开环控制。

一般来说，很难在变流器开关过程中测量宽禁带变流器的电磁干扰，并为闭环控制提供反馈。作为一种替代方案，可以通过低成本传感器为闭环控制器提供下一次开关的反馈，从而建立一种半开环控制。未来的研究可能会产生在亚纳秒区域具有延迟的集成反馈回路，这对于在高电压环境中闭环控制 SiC 器件提供了一种可能性。

5）检测和诊断。对电力电子系统可靠性和寿命的更高要求，导致产生对高度准确且具有空间分辨率的温度和退化信息的需求。为了实现这一点，驱动器可以同时充当传感器和评估单元。通过对模块集成传感器的评估及温度和退化敏感参数的提取，驱动器可以确定温度和退化信息。驱动器集成的计算单元可以进一步处理本地传感器信息，以确定整个功率模块中实时空间分辨的应变和退化效应。由此产生的状态监测系统结合老化模型，可以预测所考虑组件的剩余寿命。

6）动态热控制。电力电子系统的可靠性和寿命与电力电子模块中由于发热引起的应变密切相关。通过积极减少热循环，例如通过应用主动热管理和控制概念，是提高电力电子模块的可靠性和寿命的有效方法。

栅极驱动器对开关损耗的操控能力为主动降低热循环提供了有效的控制。

具有动态可调栅极电阻的驱动电路可以适时增加或减少开关损耗,从而减少热循环,进而延长功率模块的使用寿命。

7)缓解绝缘劣化。优化的开关电路是充分发挥宽禁带器件开关能力的关键因素。为此,要将回路电感降至最低,以实现更高的开关速度并减小电压过冲。然而,由高开关速度引起的陡峭电压瞬变被认为会缩短电机、变压器和电感器的寿命。智能驱动器提供可变的门极驱动,能够动态影响功率半导体的开关过程。因此,它们允许根据工作点选择开通关断波形,以实现尽可能低的损耗,同时将电压陡度限制在连接设备的要求内。

8)器件保护。在内部或外部故障的情况下,例如对于输出短路,保护是必要的。低感性的开关电路和宽禁带半导体器件的低电阻导致设备电流在内部故障情况下迅速增加。具有小于 100ns 的过电流检测时间的智能驱动器可以保护功率器件免受过载条件的影响。此外,驱动器的软关断功能可防止在清除故障事件期间发生过电压情况。智能驱动器的保护功能还包括防止 IGBT 寄生导通的预防措施。尽管与 Si 器件相比,米勒电容要小得多,但由于宽禁带(wide bandgap,WBG)器件的高电压和电流瞬变及较低的阈值电压,寄生导通的风险增加。因此,在 IGBT 的关断状态下,驱动器必须能够提供安全的栅极驱动,例如提供负压和低电感、低电阻的栅极回路。

1.3 典型应用

IGBT 驱动器作为电力电子装备的核心单元,在新能源发电、直流输电、轨道牵引领域中大量应用。中国现已成为全球最大的能源消费市场,高压大功率 IGBT 及驱动器的需求量每年超过 1000 亿元,并以每年超过 20%的速度递增。以下就上述行业的应用进行介绍说明。

1.3.1 柔性直流输电

柔性直流输电是继交流输电、常规直流输电之后的新一代输电技术,该技术的出现,为新能源发电并网、大型城市中心负荷供电、孤岛供电、多端直流联网和高压大容量直流输电提供了一个崭新的解决方案,是构建智能电网的重要技术手段。模块化多电平换流器(modular multilevel converter,MMC)已成为柔性直流输电系统的首选换流器,其拓扑结构如图 1-31 所示。它由多个结构相同的子模块(sub-module,SM)级联构成。子模块的结构可以分为半桥型、全桥型和双钳位型子模块型三种。半桥型 MMC 子模块,其中最主要的器件是 2个 IGBT。依托该技术,国家电网有限公司已建成多个柔性直流输电工程,最大单站容量达到 3000MW，最高电压等级达到±500kV，在运的柔性直流换流站数量达到 15 个。张北柔性直流电网试验示范工程换流阀如图 1-32 所示，子模块如图 1-33 所示，所用的 4500V/3000A 即插即用式 IGBT 驱动器如图 1-34 所示。

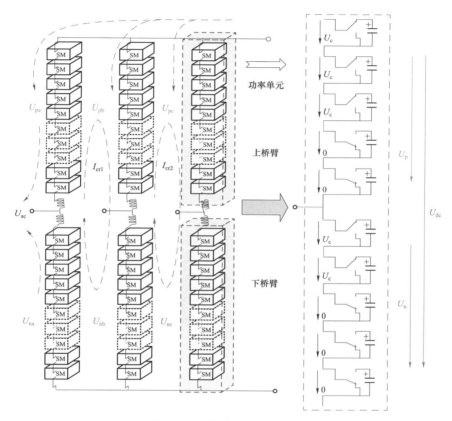

图 1-31　换流器拓扑结构图

图 1-32　张北柔性直流电网试验示范工程换流阀

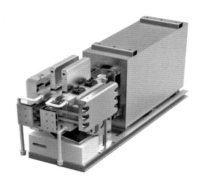

图 1-33 张北柔性直流电网试验示范工程子模块

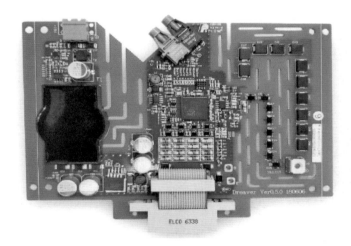

图 1-34 张北柔性直流电网试验示范工程所用的 4500V/3000A 即插即用式 IGBT 驱动器

1.3.2 新能源发电

近年来，新能源发电快速发展，风能、太阳能、潮汐能等各类新能源发电产业日益壮大，而风能由于资源丰富、技术成熟，是目前最具规模化开发前景的可再生资源。作为发电机和电网的接口，风机变流器是整个风电设备机组中的核心部件，是机组电气性能、变换效率决定因素之一。根据拓扑应用的不同，风机变流器主要分为两种类型：一类是两电平多并联型，多用于低压变流系统；另一类是三电平多并联型，多用于中低压变流系统。风机变流器拓扑类型如图 1-35 所示。

为了提升变流器的容量，兼顾变流器的成本，风机变流器往往采用小功率 IGBT 模块多并联方式实现功率提升。通过 3～6 并联的技术方案，可以有效提升风机的最大输出功率，满足当下风机变流器大功率，特别是海上大功率风机发展的技术需求。图 1-36 为飞仕得提供的 6 并联驱动器方案。

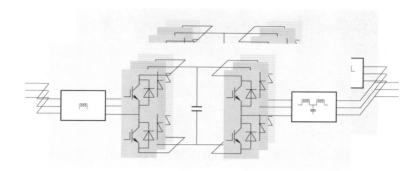

（a）两电平级联拓扑

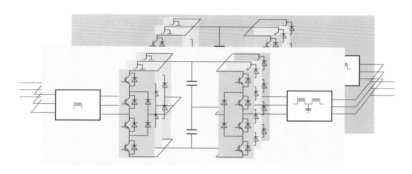

（b）三电平级联拓扑

图 1-35　风机变流器拓扑类型

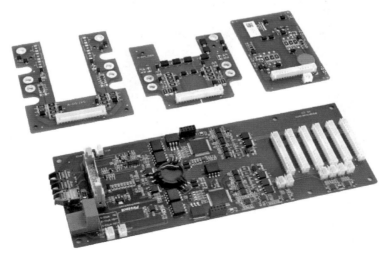

图 1-36　飞仕得提供的 6 并联 IGBT 驱动器方案（图片来自飞仕得网站）

1.3.3 轨道牵引

牵引变流器是列车的关键部件之一，安装在列车动车底部，其主要功能是转换直流和交流之间的能量，把来自接触网上的 1500V 直流电转换为 0～1150V 的三相交流电，通过调压、调频控制实现对交流牵引电动机的启动、制动、调速控制。其中，HXD2B 型电力机车是以法国阿尔斯通公司 PRIMA6000 机车技术平台为基础，由阿尔斯通与中国企业联合设计并进行技术转让的新型大功率交流传动六轴货运机车，牵引变流器的消化吸收及国产化工作由永济电机公司完成。永济电机公司承担 HXD2B 型电力机车主变流器的国产化供货任务。

HXD2B 电力机车单轴输出功率 1600kW，机车总功率 9600kW。每台 HXD2B 型电力机车设有三台主变流柜，每台主变流柜装有独立的两台变流器，每台变流器由 IGBT 模块组成的四象限变流器和逆变器组成，对机车牵引、再生制动实行连续控制，HXD2B 主牵引变流器如图 1-37 所示，机车变流技术采用了先进的 6500V/600A 的 IGBT 元件和双面水冷功率模块，6500V/600A IGBT 驱动器如图 1-38 所示。该机车单轴功率达到 1600kW，机车总功率达到 9600kW，是目前世界上单轴功率最大的铁路牵引动力装备之一。

图 1-37 HXD2B 主牵引变流器

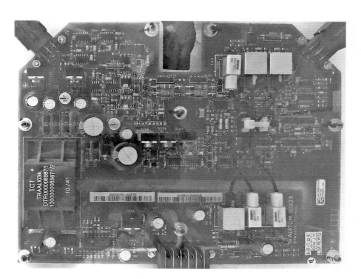

图 1-38　6500V/600A IGBT 驱动器

2　IGBT 模块电气特性

IGBT 是由 BJT 和 MOSFET 组成的复合全控型电压驱动式功率半导体器件，兼有 MOSFET 的高输入阻抗和电力晶闸管（giant transistor，GTR）的低导通压降两方面的优点。IGBT 模块是由 IGBT 芯片与 FWD 芯片通过特定的电路桥接封装而成的模块化半导体产品。图 2-1 为焊接型高压 IGBT 模块外观与内部电路图。

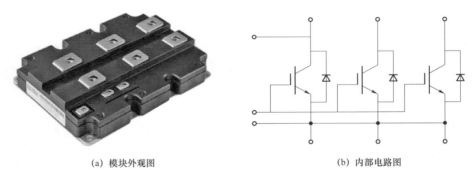

(a) 模块外观图　　　　　　　　　　　　　(b) 内部电路图

图 2-1　焊接型高压 IGBT 模块外观与内部电路图

本章分析了二极管及 IGBT 的电气特性，从 IGBT 模块数据手册入手详细介绍了 IGBT 参数及相互之间的关系，并结合工程实践介绍了 IGBT 相关的损耗计算、散热计算、杂散电感及失效分析，为大功率 IGBT 驱动的设计提供理论和实践依据。

在实际应用中，由于负载为感性，IGBT 和 FWD 之间会相互作用。在电力电子应用设计时，要兼顾 IGBT 模块中 IGBT 芯片和二极管的特性。

2.1　二 极 管 特 性

二极管是 IGBT 模块的重要组成部分，焊接型 IGBT 模块是由三组 IGBT 及反并联二极管按照特殊的分布方式封装在同一个模块内。在电力电子应用电路中，当 IGBT 关断时，回路电感中的电流不能立刻消失，而反并联在 IGBT 上的二极管能给电感中的能量提供释放回路。

在 IGBT 模块中，二极管最重要的特性之一是更快的反向恢复能力，同时还需要拥有更低的正向导通压降、更低的反向漏电流及更高的反向击穿电压。更快的反向恢复能力一方面是为了减少功率二极管的开关损耗，另一方面减少电压尖峰、射频干扰及电磁干扰，从而提高器件的可靠性和使用寿命。而更低的正向导通压降和更低的反向漏电流是为了减少二极管在工作时的损耗，即导通损耗和关断损耗，更高的反向击穿电压保证二极管能够承受反向恢复过程中的过冲电压。

2.1.1　静态特性

图 2−2 为二极管的 I—U 特性曲线，它对二极管静态参数给出了图形化的表示。图中 I_F 为正向电流；U_F 为二极管正向通态压降；U_R 为二极管的反向阻断电压，在二极管反向截止时，反向漏电流应该小于 I_R。IGBT 模块中，在 FWD 选型时，反向阻断电压必须高于 IGBT 的额定电压。

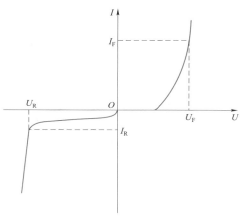

图 2−2　二极管的 I—U 特性曲线

2.1.2　动态特性

二极管从通态向阻断态的转换过程称为反向恢复过程。因为通态电流经过的漂移区存在高浓度的自由载流子，二极管由导通模式转换为阻断模式时，漂移区需要抽取这些自由载流子，这些非平衡载流子完全消失后，它的反向电流才变为零并在耗尽区承受高压。

二极管的电流和电压变化简图如图 2−3 所示，图中 I_{RRM} 为反向峰值电流，U_M 为反向峰值电压，t_{rr} 为反向恢复时间。在电流变化为零的时刻（$t=t_0$）之前，虽然二极管两端开始加反向电压，但实际是处于正偏状态，电流由阳极流向阴极，并以 $\mathrm{d}i/\mathrm{d}t$ 的速率逐渐降低。在 t_0 时刻，正向电流下降到 0，由于空间电荷区还没形成，因而由电路中的电感承担反向电压，并基本维持在通态压降的水平。从 t_0 开始，流过器件的电流变为负值，即从阴极流向阳极，但仍在减小，速率保持不变。

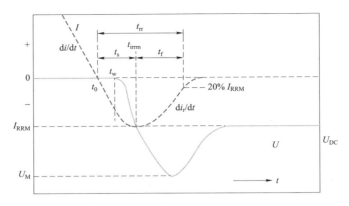

图 2-3 二极管的电流和电压变化简图

在 t_W 时刻，二极管的电压开始从正向变为反向，PN 结交界处的非平衡少子变为零，耗尽层首先在阳极 PN 结处形成，空间电荷区开始出现。电流变化斜率的绝对值开始减小，反向电流增大的速率也开始减小。随后，二极管承受的电压开始逐渐增大，二极管两端的电压以 du/dt 的速率逐渐增加。

当 $t = t_{irrm}$ 时，$di/dt = 0$，电荷基本被抽取完毕，此刻二极管的反向恢复电流达到峰值 I_{RRM}。随后，反向峰值电流以 di_r/dt 的速率减小，同时产生反向电压 $L \cdot di_r/dt$（L 为二极管内部杂散电感），这个反向电压会持续增大二极管的管压降，等达到峰值后就开始减小，直到二极管中的电流变化趋于稳定，二极管上的电压达到阻断电压的水平，而反向电流稳定在反向漏电流 I_R。反向恢复电流减小的快慢主要由二极管自身的特性来决定。

二极管从反向阻断模式向正向导通模式转换时，如果阳极电流快速增加，二极管上的正向压降可能远大于稳态工作时的通态压降，这种现象通常被称为电压过冲。这是由于电流快速增加，而额外载流子的扩散速率有限，基区瞬间不能完全被电导调制，部分漂移区会产生大的电阻。这种电压过冲的情况一般出现在漂移区厚度比较大而阳极电流又快速增加时。

图 2-4 为二极管导通时的电流和电压波形图。当 di/dt 较大时，二极管的电压会先近似线性地增大到一个峰值 U_{FRM}，然后再下降，回归到它正常的导通压降。图中也显示出了二极管的开启时间 t_{fr}，它是指二极管电压上升到 $0.1U_F$ 与电压经过 U_{FRM} 后下降到 $1.1U_F$ 之间的时间间隔（U_F 是二极管电流电压稳定后的稳态导通压降）。而针对耐压高的 FWD 而言，U_{FRM} 是非常重要的。尤其是与 IGBT 反并联的 FWD，当 IGBT 关断后电流会流入 FWD，如果 IGBT 关断速度过快，二极管中电流会迅速增大，导致二极管出现电压过冲现象。在这一时间段内，它不会很好地起到钳位续流的作用。如果 FWD 设计不好导致其 U_{FRM} 过高，就

会导致被保护的 IGBT 的发射极和集电极极之间产生一个较高的正向电压，使 IGBT 的阳极发射结开始承受电压。因为一般 IGBT 都没有终端保护，所以过高的 U_{FRM} 很容易使二极管所保护的 IGBT 的集电极发生反向击穿。

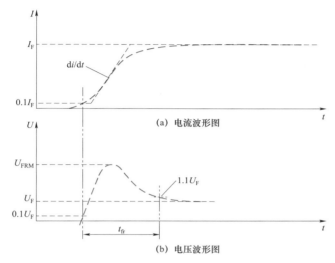

图 2-4　二极管导通时的电流和电压波形图

随着 IGBT 的应用范围更加广阔，在 3000V 以上的高压领域，很多 IGBT 的失效都是由与它反并联的 FWD 产生过冲电压使其发生击穿的。所以在设计高压 IGBT 的反向二极管时应特别注意它的开启特性。

虽然二极管正向恢复特性有开启损耗，但由于开启时间很短，所以开启损耗很低，不到它关断功耗的 10%，在大部分情况下，相对于损耗更大的关断功耗，开启损耗基本可以忽略不计。

综上所述，对于 FWD 的选型要关注以下特性：反向阻断电压要高于所设计的 IGBT 功率模块的额定电压，正向恢复电压要尽量小，反向恢复电流也要尽量小，反向恢复特性越软越好。

2.2 IGBT 特 性

IGBT 是在 MOSFET 基础上发展而来的，IGBT 内部结构图如图 2-5 所示。在内部结构上 IGBT 更像垂直结构的 MOSFET，IGBT 集电极是在 MOSFET 漏极侧增加了高掺杂的 P+层。当加在 IGBT 的集电极—发射极电压为负时，靠近集电极的 P+N+结（J1 结）将处于反偏状态，因而不管沟道有没有形成，电流都不能在 IGBT 的集电极—发射极间通过。当 IGBT 栅极—发射极电压低于阈值

$U_{\text{GE(th)}}$时，对 IGBT 集电极—发射极施加正电压，则靠近发射极的 PN−结（J2结）就会反向偏置，IGBT 处于正向阻断状态。只有当 IGBT 的栅极发射极电压高于阈值电压 $U_{\text{GE(th)}}$，同时集电极—发射极加正向电压，IGBT 导通。首先，在栅极的绝缘层下面的 P 区建立反型导电沟道，为电子从发射极到 N−区提供导电通路。当加在集电极—发射极的电压为正时，P＋区的少子（空穴）开始注入 N−区，使得该区的少数载流子浓度超过多数载流子浓度几个数量级。为了保持电中性，大量的自由电子从 N＋区进入到 N−区。由于载流子的注入使得本来相对较高的 N−区的等效电阻迅速减小，这个过程称为电导调制效应，它会显著降低 IGBT 的正向压降以及通态损耗。但是，如果栅极电压高得不充分，导电沟道虽可形成，但电导率低，压降较大。已经导通的 IGBT 转入关断状态，只需要栅极—发射极电压为 0V。这时，氧化层下面 P 区的导电沟道消失，切断了 N＋发射区对 N 基区的电子供给，关断过程开始。此时 N−区载流子浓度很高，所以电子向 P＋区移动，而空穴向 P 基区移动。由于电子的浓度逐渐降低，载流子的移动逐步停止，剩余的载流子只能依靠复合来移除。

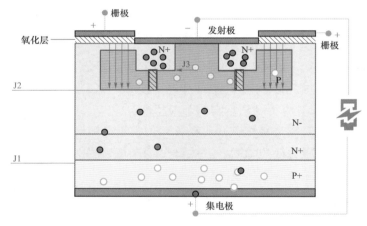

图 2−5　IGBT 内部结构图

2.2.1　静态特性

IGBT 的静态特性包括转移特性和输出特性（伏安特性）。

IGBT 的转移特性是指加在栅极—发射极电压与集电极电流之间的关系曲线，如图 2−6 所示。

开启阀值电压 $U_{\text{GE(th)}}$ 表示导通 IGBT 加在栅极—发射极的最小电压。此外，开启阈值电压不是固定值，会受环境温度的影响而略有差异。在＋25℃时，开启

阈值电压 $U_{GE(th)}$ 一般为 2～6V。栅极—发射极电压大于开启阈值电压，IGBT 处于导通状态。如图 2-6 所示，大部分范围内栅极—发射极电压与集电极电流呈线性状态。通常定义 $g_m = dI_c/dU_{GE}$，为 IGBT 的跨导，表征 IGBT 将电压转换为电流的能力。由于受最大集电极电流及栅极氧化层容易击穿的限制，一般栅极—发射极电压最佳值为 15V 左右。

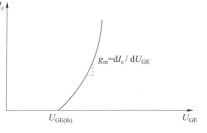

图 2-6 IGBT 转移特性曲线

IGBT 的输出特性是指当加在栅极—发射极电压为一定时，集电极电流与集电极—发射极电压之间的关系，如图 2-7 所示。此特性与二极管的输出特性相似，不同的是参考变量，IGBT 为栅极—发射极电压 U_{GE}，而二极管为基极电流 I_b。如图 2-7 所示，IGBT 的输出特性曲线包括反向阻断区、正向阻断区、放大区以及饱和区。由于前面已经简单介绍反向阻断及正向阻断，因此下面只介绍导通状态下的放大区和饱和区。

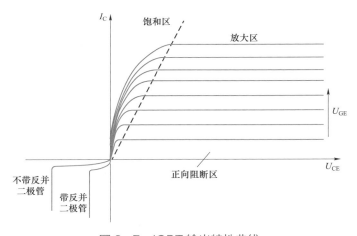

图 2-7 IGBT 输出特性曲线

饱和区：栅极—发射极电压一定时，集电极电流与集电极发射极电压不再受栅极电压的变化而改变时，IGBT 被完全打开，此时导通压降只有 3～6V，对于不同的 IGBT 其导通压降略有不同，一般不超过 9V。

放大区：与饱和区定义相反，集电极电流随集电极—发射极电压变化而变化。在该区域内，IGBT 的功耗非常大，一般不允许 IGBT 工作在此区间内。在电力电子电路中，由于 IGBT 正常工作在开关状态，通常在正向阻断区和饱和区之间来回快速转换，通过减小在放大区的工作时间来减少开关损耗。

2.2.2　动态特性

IGBT 的动态特性受多个寄生电容的影响，这些寄生电容是 IGBT 内部结构固有存在的，可以简化为 IGBT 各级之间的电容。IGBT 内部寄生电容分布结构图及 IGBT 等效原理简图如图 2-8 所示。

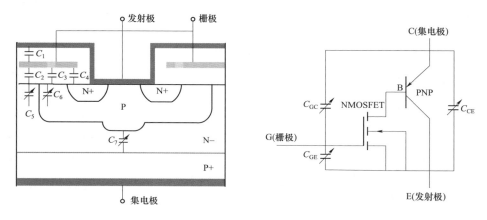

(a)　内部寄生电容分布结构图　　　　　　　(b)　等效原理简图

图 2-8　IGBT 内部寄生电容分布结构图及 IGBT 等效原理简图

IGBT 的特性参数有输入电容 C_ies、输出电容 C_oes 和反向传输电容 C_res。IGBT 管芯内部的主要寄生电容与 C_ies、C_oes、C_res 关系如下。

输入电容 C_ies、极间电容 C_GE、反向传输电容 C_res 关系表达式为

$$C_\text{ies} = C_\text{GE} + C_\text{res} \tag{2-1}$$

式中：C_GE 包含栅极—芯片金属化层之间的电容 C_1、栅极—P 沟道之间的电容 C_3、栅极—N+发射极区之间的电容 C_4 和半导体材料上表面与 P 沟道之间的等效电容 C_6。

反向传输电容 C_res 与极间电容 C_GC 的关系表达式为

$$C_\text{res} = C_\text{GC} \tag{2-2}$$

式中：C_GC 包含栅极—N-区之间的电容 C_2 和半导体材料上表面与 N- 区之间等效电容 C_5。

输出电容 C_oes、极间电容 C_CE、反向传输电容 C_res 关系表达式为

$$C_\text{oes} = C_\text{CE} + C_\text{res} \tag{2-3}$$

式中：C_CE 为 P 沟道和 N- 区之间的等效电容 C_7。

IGBT 的动态特性包括开通过程和关断过程的特性。这两种过程可以用图 2-9 所示的简化电路测试展现出来。

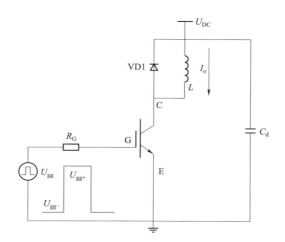

图 2-9　感性负载下 IGBT 驱动电路动态特性测试电路

（1）开通过程。感性负载下 IGBT 的开通波形如图 2-10 所示，图 2-11 为开通过程中不同阶段驱动电流在等效电路中的流通路径。

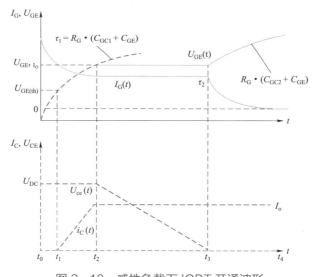

图 2-10　感性负载下 IGBT 开通波形

$t_0 \sim t_1$ 时间段（开通延迟），电源通过栅极电阻 R_G 对栅极—发射极电容 C_{GE} 和栅极—集电极电容 C_{GC} 充电，此阶段栅极电压 U_{GE} 被认为线性上升，实际上是呈时间常数为 $R_G \cdot (C_{GC} + C_{GE})$ 指数上升。

栅极—集电极电容 C_{GC} 与集电极电压 U_{CE} 的关系如图 2-12 所示，其中栅极—集电极电容 C_{GC} 与 U_{CE} 电压相关，实际电容 C_{GC} 在集电极—发射极电压 U_{CE}

作用下呈非线性变化。为简化计算,工程上把电容值分段表示,如图中虚线表示当 U_{CE} 的值较高时,电容 C_{GC} 可以近似认为是一个小电容 C_{GC1};当 U_{CE} 的值较小时,电容 C_{GC} 可以近似认为是一个大电容 C_{GC2}。

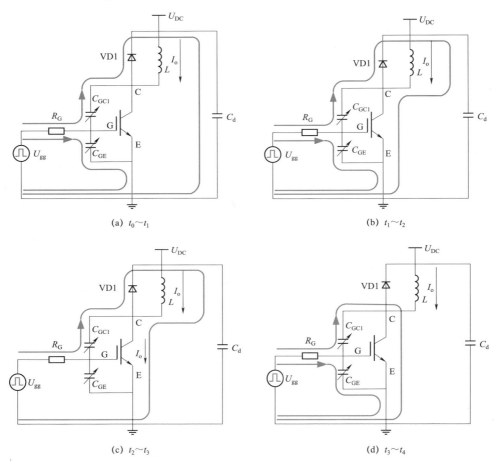

(a) $t_0 \sim t_1$ 　　　　　　　　　　　　　(b) $t_1 \sim t_2$

(c) $t_2 \sim t_3$ 　　　　　　　　　　　　　(d) $t_3 \sim t_4$

图 2-11　开通过程中不同阶段驱动电流在等效电路中的流通路径

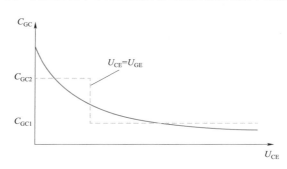

图 2-12　栅极—集电极电容 C_{GC} 与集电极电压 U_{CE} 的关系

$t_1 \sim t_2$ 时间段（电流上升时间），$t = t_1$ 时刻，此时栅极电压 U_{GE} 等于开启阀值电压 $U_{GE(th)}$，IGBT 开始导通，负载电流 I_o 开始从 FWD 流向 IGBT。由于在这期间 FWD 上仍然有电流流过，IGBT 承受直流母线电压 U_{DC}。

$t_2 \sim t_3$ 时间段（U_{CE} 电压下降时间），$t = t_2$ 时刻，IGBT 流过的电流已经达到负载电流 I_o。在此区间内，集电极电流 I_C 维持在负载电流 I_o，栅极电压被钳位至恒定值 U_{GE,I_o}，此阶段处于米勒平台。此时栅极电容的充电电流 I_G 也保持在一个恒定值，可以表示为

$$I_G = \frac{U_{gg^+} - U_{GE,I_o}}{R_G} \qquad (2-4)$$

式中：U_{gg^+} 为正电源电压。因此，栅极电流 I_G 只对电容 C_{GC} 充电，集电极电压 U_{CE} 开始下降，下降速率可以表示为

$$\frac{dU_{CE}}{dt} = -\frac{I_G}{C_{GC1}} \qquad (2-5)$$

$t_3 \sim t_4$ 时间段，此时，IGBT 进入饱和区，栅极电压突破米勒平台继续上升，输入电容的充电数变为

$$\tau_2 = R_G \cdot (C_{GC2} + C_{GE}) \qquad (2-6)$$

在此阶段，IGBT 的正向压降最终到达能保持到同负载电流 I_o 时最低通态压降；IGBT 的反向并联 FWD 承受直流母线电压。

（2）关断过程。感性负载下 IGBT 关断波形如图 2-13 所示，关断过程同样可分为 4 个过程。

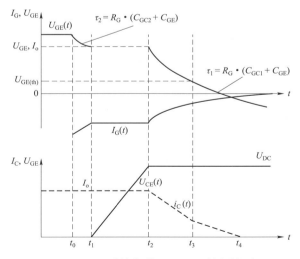

图 2-13　感性负载下 IGBT 关断波形

$t_0 \sim t_1$ 时间段（关断延迟时间），$t = t_0$ 时刻，输入电容开始通过电阻 R_G 放电，放电时间常数可以表示为

$$\tau_2 = R_G \cdot (C_{GE} + C_{GC2}) \tag{2-7}$$

$t_1 \sim t_2$ 时间段（U_{CE} 电压上升时间），$t = t_1$ 时刻，栅极电压被钳位在 U_{GE,I_o}，同时栅极放电电流 I_G 也保持恒定值，可以表示为

$$I_G = \frac{U_{GE,I_o} - U_{gg-}}{R_G} \tag{2-8}$$

式中：U_{gg-} 为负驱动电压。

IGBT 也开始退出饱和区，集电极电压 U_{CE} 开始上升，上升速率表示为

$$\frac{dU_{CE}}{dt} = -\frac{I_G}{C_{GC1}} \tag{2-9}$$

$t_2 \sim t_3$ 时间段（集电极电流下降），$t = t_2$ 时刻，集电极电压 U_{CE} 上升到直流母线电压 U_{DC}，FWD 正向偏置。负载电流 I_o 开始从 IGBT 向二极管转移。由于 U_{CE} 两端电压升高，输入电容减小，所以放电时间常数可以表示为

$$\tau_1 = R_G \cdot (C_{GE} + C_{GC1}) \tag{2-10}$$

$t_3 \sim t_4$ 时间段（拖尾电流），$t = t_3$ 时刻，栅极—发射极下降到关断的阈值电压，此时集电极还有少许电流，此电流称为拖尾电流，拖尾电流的时间依赖于 IGBT 的制造技术、IGBT 导通状态下集电极电流 I_C 的大小及关断的持续时间。

综上所述，在电力电子设备中，选择 IGBT 模块时，通常考虑 IGBT 器件的耐压、IGBT 模块的电流及 IGBT 模块的工作频率等。根据电力电子设备的特点，在选择 IGBT 器件的耐压和电流时，考虑到过载、电网波动、开关尖峰等因素，考虑一倍的安全裕量来选择相应 IGBT 模块的电压和电流值，如果结构、布线、吸收等设计比较好，就可以使用较低耐压的 IGBT 模块承受较高的直流母线电压。但应根据不同的应用情况，计算耗散功率，通过热阻核算最高结温不超过规定值来选择器件，通过最高结温可选择较小的 IGBT 模块通过更大的电流，更加有效地利用 IGBT 模块。同时应考虑 IGBT 在高频下工作时，其总损耗与开关频率的关系比较大，因此，若希望 IGBT 工作在更高的频率，可选择更大电流的 IGBT 模块。

2.3 IGBT 模块数据手册参数解析

了解 IGBT 的结构和主要参数的物理意义，有助于技术研究者和开发者对 IGBT 模块的合理使用，设计出性能更好的驱动电路和更稳定的电力电子系统。

本节详细介绍如何正确理解芯片数据手册给出的相关参数信息。对于大多数 IGBT 模块来说，数据手册通常的信息相似。IGBT 模块的数据手册包含名称、结构尺寸、极限值和额定值数据，大多情况下有附加页。高压大功率 IGBT 的数据手册主要包括极限参数、特征参数和特征曲线。为了便于说明，以 55SNA 2000K451300 型号的高压大功率 IGBT 模块为例，对数据手册进行参数分析。

数据手册的第一部分，描述了 IGBT 模块的 IGBT 关键参数、特性及封装外形（见图 2-14），主要给出了集电极—发射极最大耐压值、额定电流值及封装形式。随后对所使用的技术和这些技术的主要特点进行了简短描述，该模块具有低损耗、坚固耐用的 SPT+ 芯片工艺设计、良好的电磁兼容性、不均匀安装压力的高耐受性及防爆封装等特点。

图 2-14　IGBT 关键参数、特性及封装外形

2.3.1　IGBT 模块的极限参数

IGBT 模块应用时所允许的极限参数如表 2-1 所示，这是在 IGBT 模块应用时要注意的极限参数。

表 2-1　　　　　　　　　　IGBT 模块应用时所允许的极限参数

特征参数	代号	标定或测试条件	最小值	最大值	单位
集电极—发射极所允许的最大电压	U_{CES}	栅极电压 $U_{GE}=0$，结温 $T_{vj} \geqslant 25℃$	—	4500	V
集电极电流	I_C	壳温 $T_C=85℃$，结温 $T_{vj}=125℃$	—	2000	A
集电极峰值电流	I_{CM}	持续时间 $t_p=1ms$	—	4000	A
栅极—发射极最大电压	U_{GES}	—	-20	20	V
最大耗散功率	P_{tot}	壳温 $T_C=85℃$，结温 $T_{vj}=125℃$	—	20800	W
模块二极管正向直流电流	I_F	壳温 $T_C=85℃$，结温 $T_{vj}=125℃$	—	2000	A
模块二极管正向峰值电流	I_{FRM}	持续时间 $t_p=1ms$	—	4000	A
模块二极管正向最大非重复浪涌电流	I_{FSM}	反向电压 $U_R=0$，结温 $T_{vj}=125℃$，持续时间 $t_p=10ms$，正弦半波	—	14000	A
IGBT 短路耐受时间	t_{psc}	电源电压 $U_{CC}=3400V$，芯片组集电极—发射极最大电压 $U_{CEM\ CHIP} \leqslant 4500V$，栅极电压 $U_{GE} \leqslant 15V$，结温 $T_{vj} \leqslant 125℃$	—	10	μs

特征参数	代号	标定或测试条件	最小值	最大值	单位
结温	T_{vj}	—	-50	150	℃
工作结温	$T_{vj(op)}$	—	-50	125	℃
外壳温度	T_C	—	-50	125	℃
存储温度	T_{stg}	—	-50	70	℃
安装扭矩[2][3]	F_M	—	60	90	kN

注　1. 根据 IEC 60747《半导体器件》标准，最大标定值表示设备可能发生损坏的极限值。

　　2. 有关详细的安装说明，请参阅 ABB 文件 5SYA 2037－02。

　　3. 只有模块被紧固时，IGBT 模块所有电气参数才能得以保证。

（1）U_{CES}：集电极—发射极所允许的最大电压。该电压在任何条件下都不能超过最大集电极—发射极电压。向管芯施加超过该限制的电压，即使持续时间短，也可能会导致器件因过电压故障甚至损坏。集电极—发射极阻断电压具有温度依赖性，温度越高，此值越大。大部分高压 IGBT 模块都应在标称的结温范围内保持额定阻断电压，但有少数例外，当结温过低，高压 IGBT 模块的阻断电压值也相应降低。

向半导体施加高电压将增加由于宇宙辐射引起的故障率。由于这个原因，工作电压远低于上面定义的峰值电压 U_{CES}。在设计应用中，设计人员必须限制施加在 IGBT 模块集电极—发射极两端的电压，对其进行降额使用。一般电网应用情况下，降额系数为 60%～80%，即保证施加在 IGBT 模块集电极—发射极两端的最大电压不能超过 U_{CES} 的 80%。

（2）I_C：集电极电流。在一定条件下，IGBT 最大连续集电极直流电流，超过此值将会导致 IGBT 器件关断失败或者 IGBT 器件因过热而损坏。

（3）I_{CM}：集电极峰值电流。该电流为 IGBT 模块在一定条件下，可允许的最大峰值电流。超过此限制可能导致关断故障，并且（取决于脉冲持续时间）还会导致器件过热损坏。

（4）U_{GES}：栅极—发射极最大电压。该电压为在任何条件下，栅极和发射极之间的最大允许电压。超过规定的 U_{GES} 可能导致栅极金属氧化膜的损伤，最终击穿导致器件损坏。

（5）P_{tot}：最大耗散功率。该功率为在一定条件下，IGBT 正常工作时所允许的最大耗散功率。可以表示为

$$P_{tot} = \frac{T_{vj} - T_C}{R_{th(vj-C)IGBT}} \qquad (2-11)$$

式中：T_{vj} 为 IGBT 结温；T_C 为 IGBT 外壳温度；$R_{th(vj-C)IGBT}$ 为 IGBT 结到外壳热阻。

（6）I_F：模块二极管正向直流电流。该电流为在给定条件下，IGBT 模块二极管部分所允许的最大直流电流。超过此值会导致器件过热损坏。

（7）I_{FRM}：模块二极管正向峰值电流。该电流为在给定条件下，IGBT 模块二极管部分所允许的最大峰值电流。超过此值会导致器件过电流或过热损坏。

（8）I_{FSM}：模块二极管正向最大非重复浪涌电流。最大非重复浪涌电流是指二极管在其最高结温下工作时瞬间施加所允许的半波正弦最大浪涌电流。在给定条件下，虽然单次浪涌电流不会对模块造成任何不可逆转的损坏，但是由于浪涌电流过于频繁地施加在模块上，会导致模块产生热应力。在施加浪涌期间，结温因热积累到远高于其额定的最大温度值，导致二极管不再能够承受其额定电压。因此，最大非重复浪涌电流值只有在浪涌后没有重新施加电压时才有效，否则可能导致器件因过热损坏。

（9）t_{psc}：IGBT 短路耐受时间。该时间为在给定条件下，通过 IGBT 的短路脉冲电流的最大持续时间。超过此持续时间将使设备过热并导致故障。它决定了通过门单元进行的故障检测和关断时间的最小时间限制，栅极处理短路保护的时间应小于此时间，否则起不到短路保护作用。

（10）T_{vj}：结温。该结温为高压 IGBT 模块中 IGBT 芯片及二极管芯片所允许的结温。在任何情况下，模块的结温都不能超过所允许的最大温度范围，否则可能因过热而导致模块损坏。

（11）$T_{vj(op)}$：工作结温。工作结温的范围主要取决于 IGBT 模块所使用的有机材料的特性。超过工作结温可能会降低材料的特性，增加局部放电的可能性。一般最大的允许结温为 150℃ 的 IGBT 模块通常会被降额为 125℃ 使用，这就是工作结温。

（12）T_C：外壳温度。该温度和 $T_{vj(op)}$ 的情况一样，壳温必须在规定的范围内。这是一个比工作结温度更小的限制，因为在实践中为了散热，外壳温度将始终远低于最高结温。

（13）T_{stg}：存储温度。该温度为高压 IGBT 模块在进行存储时允许温度的范围。长期在高温下存储将影响模块外壳材料的强度特性，同时对热塑性材料防火使用的阻燃剂存在风险。长期在低温下存储会使模块内部凝胶硬化，失去绝缘效果。最低存储温度也会对模块外壳性能产生影响，可能导致外壳破裂。存储温度一般在 −40～70℃，多数材料在此温度下具有稳定的性能。

（14）F_M：安装扭矩。该扭矩为 IGBT 模块紧固在散热器上的推荐安装扭矩范围。

除上述数据手册表中给出的参数外，有的 IGBT 模块的数据手册还会给出以下参数：

（15）U_{isol}：隔离耐压电压。该电压为在给定的条件下，IGBT 模块的导电部分（端子）与绝缘基板之间所允许的最大正弦波电压的有效值。此值取决于芯片底部绝缘基板的材料、厚度、均匀度及外壳材料和安全距离等设计。出于绝缘安全目的，所有器件在出厂前均在给定条件下进行测试。

（16）U_e：局部放电熄灭电压。当加于 IGBT 模块上的测试电压从已测到局部放电的较高值逐渐降低时，直至在试验测量回路中观察不到这个放电值的最低电压峰值。实际上，局部放电熄灭电压是局部放电量值等于或小于某一规定值时的最低电压。如果在数据表中没有给出，则可根据要求提供器件的局部放电熄灭电压。

2.3.2 IGBT 模块的特征参数

正确理解 IGBT 模块的特征参数的内涵对 IGBT 模块应用有着重要的指导意义。IGBT 模块特征参数如表 2-2 所示。

表 2-2   IGBT 模块特征参数

特征参数	代号	标定或测试条件		最小值	典型值	最大值	单位
集电极—发射极击穿电压	$U_{(BR)CES}$	栅极电压 $U_{GE}=0$，集电极电流 $I_C=10\text{mA}$，结温 $T_{vj}=25℃$		4500	—	—	V
集电极—发射极饱和电压	U_{CEsat}	集电极电流 $I_C=2000\text{A}$，栅极电压 $U_{GE}=15\text{V}$	结温 $T_{vj}=25℃$	2.55	2.85	3.15	V
			结温 $T_{vj}=125℃$	3.35	3.65	3.95	V
集电极截止电流	I_{CES}	集电极—发射极电压 $U_{CE}=4500\text{V}$，栅极电压 $U_{GE}=0$	结温 $T_{vj}=25℃$	—	—	1	mA
			结温 $T_{vj}=125℃$	—	50	100	mA
栅极漏电流	I_{GES}	集电极—发射极电压 $U_{CE}=0\text{V}$，栅极电压 $U_{GE}=\pm20\text{V}$，结温 $T_{vj}=125℃$		-500	—	500	nA
栅极—发射极阈值电压	$U_{GE(th)}$	集电极电流 $I_C=320\text{mA}$，集电极—发射极电压 $U_{CE}=U_{GE}$，结温 $T_{vj}=25℃$		5.3	—	7.3	V
栅极电荷	Q_G	集电极电流 $I_C=2000\text{A}$，集电极—发射极电压 $U_{CE}=2800\text{V}$，栅极电压范围 $U_{GE}=-15\sim15\text{V}$		—	9.6	—	μC
输入电容	C_{ies}	集电极—发射极电压 $U_{CE}=25\text{V}$，栅极电压 $U_{GE}=0\text{V}$，开关频率 $f=1\text{MHz}$，结温 $T_{vj}=25℃$		—	186	—	nF
输出电容	C_{oes}			—	13.4	—	nF
反向传输电容	C_{res}			—	3.7	—	nF
栅极内部电阻	R_{Gint}	—		—	0.16	—	Ω

特征参数	代号	标定或测试条件		最小值	典型值	最大值	单位
开通延时时间	$t_{d(on)}$	电源电压 $U_{CC}=2800V$，集电极电流 $I_C=2000A$，栅极驱动开通电阻 $R_G=1.8\Omega$，栅极输入电容 $C_{GE}=330nF$，栅极驱动电压 $U_{GE}=\pm15V$，杂散电感 $L_{CE}=200nH$，感性负载	结温 $T_{vj}=25℃$	—	820	—	ns
			结温 $T_{vj}=125℃$	—	690	—	ns
上升时间	t_r		结温 $T_{vj}=25℃$	—	530	—	ns
			结温 $T_{vj}=125℃$	—	540	—	ns
关断延时时间	$t_{d(off)}$	电源电压 $U_{CC}=2800V$，集电极电流 $I_C=2000A$，栅极驱动关断电阻 $R_G=8.2\Omega$，栅极输入电容 $C_{GE}=330nF$，栅极驱动电压 $U_{GE}=\pm15V$，杂散电感 $L_{CE}=200nH$，感性负载	结温 $T_{vj}=25℃$	—	3990	—	ns
			结温 $T_{vj}=125℃$	—	4410	—	ns
下降时间	t_f		结温 $T_{vj}=25℃$	—	710	—	ns
			结温 $T_{vj}=125℃$	—	800	—	ns
开通损耗	E_{on}	电源电压 $U_{CC}=2800V$，集电极电流 $I_C=2000A$，栅极驱动开通电阻 $R_G=1.8\Omega$，栅极输入电容 $C_{GE}=330nF$，栅极驱动电压 $U_{GE}=\pm15V$，杂散电感 $L_{CE}=200nH$，感性负载	结温 $T_{vj}=25℃$	—	8110	—	mJ
			结温 $T_{vj}=125℃$	—	9960	—	mJ
关断损耗	E_{off}	电源电压 $U_{CC}=2800V$，集电极电流 $I_C=2000A$，栅极驱动关断电阻 $R_G=8.2\Omega$，栅极输入电容 $C_{GE}=330nF$，栅极驱动电压 $U_{GE}=\pm15V$，杂散电感 $L_{CE}=200nH$，感性负载	结温 $T_{vj}=25℃$	—	7670	—	mJ
			结温 $T_{vj}=125℃$	—	9790	—	mJ
短路电流	I_{SC}	短路时间 $t_{psc}\leqslant10\mu s$，栅极电压 $U_{GE}=15V$，电源电压 $U_{CC}=3400V$，集电极—发射极芯片端电压 $U_{CEM\,CHIP}\leqslant4500V$	结温 $T_{vj}=125℃$	—	7800	—	A

（1）$U_{(BR)CES}$：集电极—发射极击穿电压。在规定条件下，IGBT 模块发生正向阻断的最小电压值。

（2）U_{CEsat}：集电极—发射极饱和电压。在规定条件下，器件在导通状态下流过指定集电极电流时，集电极—发射极间的电压。这个值是在"芯片级"条件下定义的，包含接合线的电阻，但不包括端子端的电阻。

（3）I_{CES}：集电极截止电流。在规定的集电极—发射极电压下，栅极与发射极短路时的集电极电流。

（4）I_{GES}：栅极漏电流。在规定的栅极—发射极电压下，集电极与发射极短路时的栅极漏电流。

（5）$U_{GE(th)}$：栅极—发射极阈值电压。集电极电流达到规定值时所需要的栅极—发射极的电压。

（6）Q_G：栅极电荷。在规定条件下，栅极电压从规定的最小值上升到规定的最大值所需要的充电电荷。

（7）C_{ies}：输入电容。在规定条件下，集电极和发射极短路时，栅极和发射极之间的电容。

（8）C_{oes}：输出电容。在规定条件下，栅极和发射极短路时，集电极和发射极之间的电容。

（9）C_{res}：反向传输电容。在规定条件下，集电极和栅极之间的电容。

（10）R_{Gint}：栅极内部电阻。栅极中内置电阻的值。

（11）$t_{d(on)}$：开通延时时间。开通延迟时间定义为栅极电压达到其最终值 10%的时刻与集电极电流达到其最终值 10%时刻之间的时间，如图 2-15 所示，图中 U_{GEon} 和 U_{GEoff} 分别表示栅极开启电压和栅极关断电压。

（12）t_r：上升时间。上升时间定义为集电极电流从其最终值 10%上升到 90%的时刻所需要的时间。总的开通时间等于开通延迟时间与上升时间之和，如图 2-15 所示。

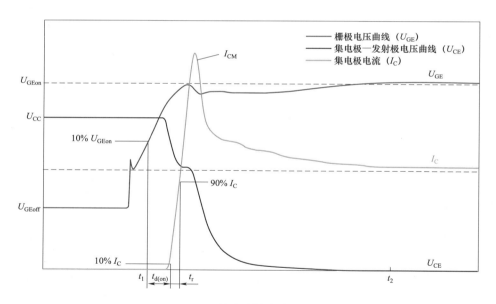

$t_2=t_1+10\cdots20\mu s$（与电压等级相关）

图 2-15　IGBT 开通参数示意图

（13）$t_{d(off)}$：关断延时时间。关断延迟时间被定义为栅极电压已经下降到其初始值 90%的时刻与集电极电流下降到其初始值 90%的时刻之间的时间，如图 2-16 所示。

（14）t_f：下降时间。下降时间定义为集电极电流从其初始值 90%下降到 10%的时刻所需要的时间，该时间是通过集电极电流达到初始值 90%时与达到初始值 60%的电流曲线估算得出。总的关断时间等于关断延迟时间与下降时间之和，如图 2–16 所示。

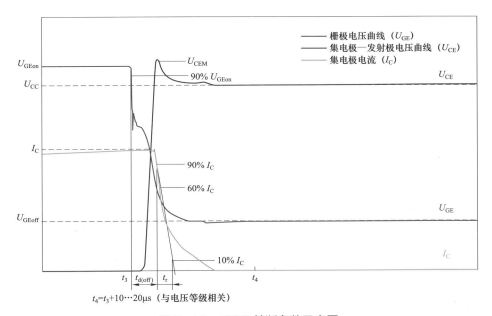

图 2–16　IGBT 关断参数示意图

（15）E_{on}：开通损耗。在一个单脉冲开通过程中内部耗散的能量，即从 t_1 时刻到 t_2 时刻集电极电流和集电极—发射极电压乘积的积分（见图 2–15）。注意：该值在测试时取决于所使用的与 IGBT 模块内相同的 FWD。使用其他二极管可能会导致其他结果。

$$E_{on} = \int_{t_1}^{t_2} [I_C(t) \cdot U_{CE}(t)] \, dt \qquad (2–12)$$

（16）E_{off}：关断损耗。在一个单脉冲关断过程中内部耗散的能量，即从 t_3 时刻到 t_4 时刻集电极电流和集电极—发射极电压乘积的积分（见图 2–16）。

$$E_{off} = \int_{t_3}^{t_4} [I_C(t) \cdot U_{CE}(t)] \, dt \qquad (2–13)$$

（17）I_{SC}：短路电流。当器件在规定条件下开通发生短路时，自我限制的电流进入退饱和状态。在这种情况下的波形如图 2–17 所示。在数据手册表中标注的值是当前脉冲电流波形中间部分的 25%的平均电流。

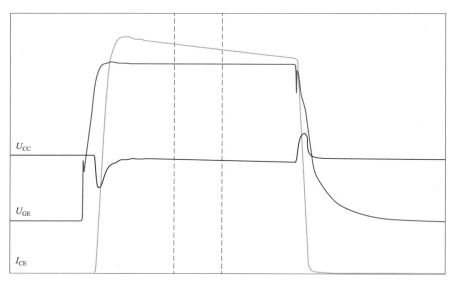

U_{CC}

U_{GE}

I_{CE}

图 2-17　IGBT 短路波形图

除上述数据手册表中给出的参数外，有的 IGBT 模块的数据手册还会给出以下参数：

（18）L_{CE}：模块杂散电感。在集电极和发射极端子之间测量得出的模块内部电感。

（19）$R_{CC'+EE'}$：端子到芯片的电阻。在集电极和发射极端子之间测量得出的模块的内部电阻，不包括芯片与接合线之间的额电阻。在给定电流下，集电极和发射极之间的压降 $U_{CEtotal}$ 为

$$U_{CEtotal} = U_{CEsat}(I_C) + R_{CC'+EE'} \cdot I_C \qquad （2-14）$$

2.3.3　FWD 的特征参数

在 IGBT 模块的数据手册中，FWD 一般会被忽视，但事实上 FWD 在 IGBT 的工作中发挥着重要作用，它的参数也对器件的使用具有重要意义。FWD 的特征参数如表 2-3 所示。

（1）U_F：正向压降。在规定条件下，即栅极与发射极短路的条件下，发射极与集电极之间的电压降。这个值是在"芯片级"条件下定义的，包含接合线的电阻，但不包括端子端的电阻。

（2）I_{RM}：反向恢复电流。在规定条件下，反并联二极管恢复时的电流最大值，见图 2-18。

表 2-3　　　　　　　　　　　　　FWD 的特征参数

特征参数	代号	标定或测试条件		典型值	最大值	单位
正向压降	U_F	正向电流 $I_F = 2000\text{A}$	结温 $T_{vj} = 25℃$	2.6	2.9	V
			结温 $T_{vj} = 125℃$	3	3.4	V
峰值反向恢复电流	I_{RM}	电源电压 $U_{CC} = 2800\text{V}$，正向电流 $I_F = 2000\text{A}$，栅极驱动电压 $U_{GE} = \pm15\text{V}$，栅极驱动开通电阻 $R_G = 1.8\Omega$，栅极输入电容 $C_{GE} = 330\text{nF}$，电流变化率 $di/dt = 3.8\text{kA/μs}$，杂散电感 $L_{CE} = 200\text{nH}$，感性负载	结温 $T_{vj} = 25℃$	1670	—	A
			结温 $T_{vj} = 125℃$	1950	—	A
集电极截止电流	I_{CES}		结温 $T_{vj} = 25℃$	1770	—	μC
			结温 $T_{vj} = 125℃$	2710	—	μC
开通延时时间	$t_{d(on)}$		结温 $T_{vj} = 25℃$	2030	—	ns
			结温 $T_{vj} = 125℃$	2340	—	ns
上升时间	t_r		结温 $T_{vj} = 25℃$	2930	—	mJ
			结温 $T_{vj} = 125℃$	4690	—	mJ

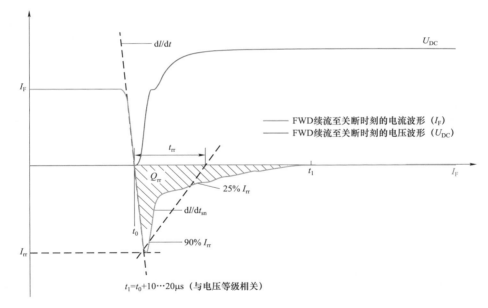

图 2-18　二极管关断参数定义

（3）Q_{rr}：反向恢复电荷。在规定条件下，反并联二极管反向恢复电流的时间积分，从电流过零开始至反向拖尾电流衰减至零结束。

（4）t_{rr}：反向恢复时间。在规定条件下，感性负载下，反并联二极管的电流从正电流向负电流转换时，反向恢复电流流过的时间，见图 2-18。它由电流过零和反向电流峰值上升侧的 90% 和反向峰值电流下降侧的 25% 之间的电流曲线估算得出。

（5）E_{rec}：反向恢复损耗。在单个反向恢复事件期间耗散的能量。它是从 t_0 到 t_1 的反向电流 i_R 和电压 u_R 乘积的积分（见图 2－18），即

$$E_{rec} = \int_{t_0}^{t_1} i_R(t) \cdot u_R(t) \, dt \tag{2-15}$$

2.3.4　IGBT 模块封装参数

　　IGBT 等功率半导体模块不是理想的开关部件，在导通状态下，芯片本身有一定的阻力，产生通态损耗的开关过程中，由于时间延迟，电压和电流的重叠产生了开关损耗。功率损失导致芯片结温上升，超过允许的最高结温时发生热故障。在实际应用过程中，需要对其在不同工况下传热的过程及影响做深入的研究，本节对 IGBT 模块封装参数做一些介绍，有助于 IGBT 模块的散热设计。表 2－4 为 IGBT 模块封装参数。

表 2－4　　　　　　　　　IGBT 模 块 封 装 参 数

特征参数	代号	标定或测试条件	最小值	典型值	最大值	单位
IGBT 结到外壳热阻	$R_{th(j-c)IGBT}$		—	—	0.0048	K/W
二极管结到外壳热阻	$R_{th(j-c)Diode}$		—	—	0.0091	K/W
IGBT 管芯散热器到外壳热阻	$R_{th(c-h)IGBT}$	散热器平整度：整个模块区域小于 100μm	—	0.0011	—	K/W
二极管散热器到外壳热阻	$R_{th(c-h)Diode}$	每个子模块区域小于 20μm 表面粗糙度：小于 1.6μm	—	0.0023	—	K/W
相对耐漏电起痕指数	CTI	—	600	—	—	—

　　（1）$R_{th(j-c)IGBT}$：IGBT 结到外壳热阻。从 IGBT 结（硅芯片）到外壳（基板）的热阻。由于内部布局，各种 IGBT 芯片之间的热阻存在差异。所有 IGBT 芯片的报价值都考虑到了这一点，并允许有足够的裕度，以确保当计算的工作温度在指定限值内时，最低冷却芯片不会超过最高额定温度。

　　（2）$R_{th(j-c)Diode}$：二极管结到外壳热阻。从二极管结（硅芯片）到外壳（基板）的热阻。由于内部布局，不同二极管芯片之间的热阻存在差异。所有二极管芯片的报价值都考虑到了这一点，并允许有足够的裕度，以确保当计算的工作温度在指定限值内时，最低冷却芯片不会超过最高额定温度。

　　（3）$R_{th(c-h)IGBT}$：IGBT 管芯散热器到外壳热阻。IGBT 管芯散热器到外壳（基板）的热阻。由于这是两个表面之间的贴合散热，其中只有一个表面由半导体决定，所以与外壳贴合的散热器表面的规格、导热油脂类型及正确安装，才能

满足散热要求。

（4）$R_{th(c-h)Diode}$：二极管散热器到外壳热阻。二极管管芯散热器到外壳（基板）的热阻。由于这是两个表面之间的贴合散热，其中只有一个表面由半导体决定，所以与外壳贴合的散热器表面的规格、导热油脂类型及正确安装，才能满足散热要求。

（5）CTI：相对耐漏电起痕指数。指在绝缘表面有电位差的部位形成碳化导电通路使之失去绝缘性能的现象。一般 IGBT 模块的 CTI 大于 600V。

2.3.5 IGBT 模块其他参数

IGBT 模块数据手册中其他参数包含机械特性、电路结构及外形尺寸等参数。IGBT 模块机械特性包含典型尺寸（安装尺寸）、空气间隙要求、爬电距离要求及质量，见表 2-5。IGBT 模块外形尺寸见图 2-19。图 2-20 明确了 IGBT 模块的电气结构组成。

表 2-5　　　　　　　　IGBT 模 块 机 械 性 能

特征参数	代号	标定或测试条件		最小值	典型值	最大值	单位
安装尺寸	LXWXH	典型值	装置紧固后		246.95 × 237.3 × 28.75		mm
			装置紧固前		246.95 × 237.3 × 31.5		
空气间隙要求	d_a	—			23		mm
爬电距离要求	d_s	—			40		mm
质量	m	—			3745		g

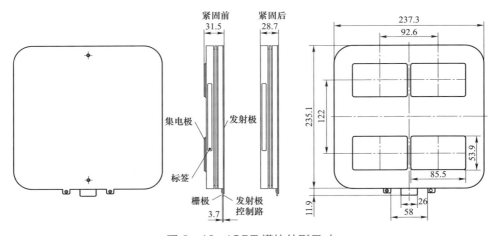

图 2-19　IGBT 模块外形尺寸

注　所有尺寸均以毫米为单位；有关详细的安装说明请参阅 ABB 文件 5SYA2039。

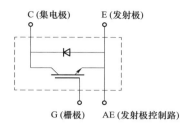

图 2-20　IGBT 模块的电气结构组成

2.3.6　IGBT 模块图表解读

IGBT 模块中除了以上特性外，还包括一些图表，显示了主要参数之间的依赖关系。正确理解以下图表信息有助于正确评判 IGBT 模块测试结果。

图 2-21 为典型通态特性，显示当 $U_{GE}=15V$ 时，分别在结温 25℃ 和 125℃ 情况下，集电极电流和集电极—发射极通态电压的函数关系。其特征具有典型性。

图 2-22 为典型的传输特性，分别在结温为 25℃ 和 125℃ 情况下，集电极电流与栅极—发射极电压的函数关系。其特征具有典型性。

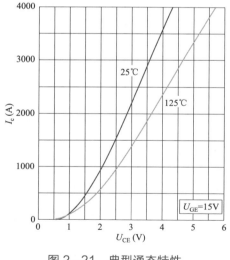

图 2-21　典型通态特性

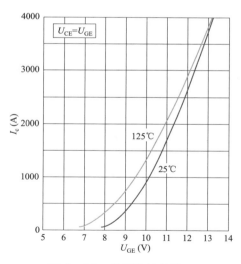

图 2-22　典型传输特性

图 2-23 为典型的输出特性，分别在结温为 25℃ 和 125℃ 情况下，不同栅极电压下，集电极电流与集电极—发射极通态压降的函数关系。其特征具有典型性。

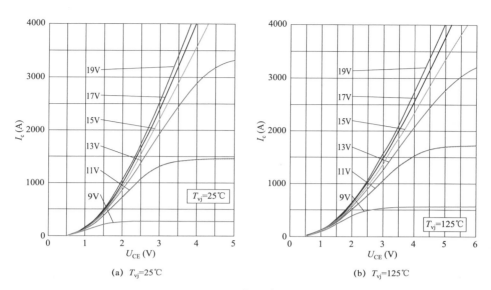

(a) T_{vj}=25℃   (b) T_{vj}=125℃

图 2-23　典型输出特性

图 2-24 为在指定条件下 IGBT 的典型开关损耗与集电极电流的函数关系。
开关损耗 $E_{sw} = E_{on} + E_{off}$。

图 2-25 为在指定条件下 IGBT 的典型开关损耗与栅极电阻的函数关系。

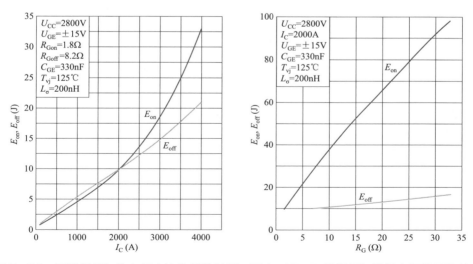

图 2-24　开关损耗与集电极电流的函数关系　　图 2-25　开关损耗与栅极电阻的函数关系

图 2-26 为在指定条件下 IGBT 的开关频率与集电极电流的函数关系。

图 2-27 为在指定条件下 IGBT 的开关频率与栅极电阻的函数关系。

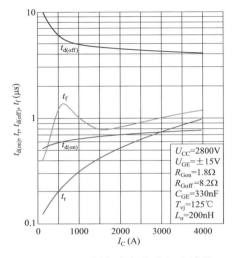

图 2-26 开关频率与集电极电流的 函数关系

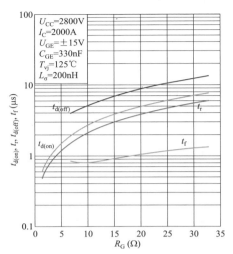

图 2-27 开关频率与栅极电阻的函数关系

图 2-28 为在指定条件下输入电容与集电极—发射极电压的函数关系。

图 2-29 为在指定条件下栅极电压与栅极电荷的函数关系。

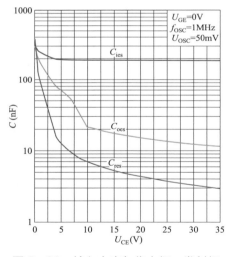

图 2-28 输入电容与集电极一发射极 电压的函数关系

图 2-29 栅极电压与栅极电荷的函数关系

图 2-30 为关断时刻反偏安全工作区，集电极峰值电流与集电极电流的比值与集电极—发射极电压对应的函数关系。

图 2-31 为二极管反偏安全工作区内反向恢复电流与反向恢复电压的函数关系。

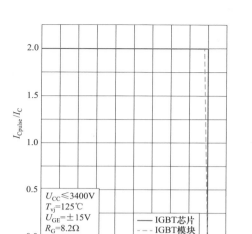

图 2-30 关断时刻反偏安全工作区
集电极峰值电流与集电极电流的比值与
集电极—发射极电压对应的函数关系

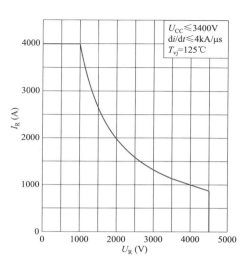

图 2-31 二极管反偏安全工作区内反向
恢复电流与反向恢复电压的函数关系

图 2-32 为二极管反向恢复损耗与二极管正向电流的函数关系。

图 2-33 为二极管反向恢复损耗与二极管电流变化率的函数关系。

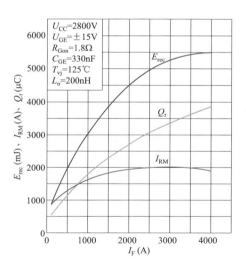

图 2-32 二极管反向恢复损耗与
二极管正向电流的函数关系

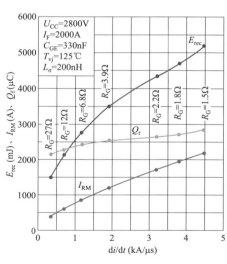

图 2-33 二极管反向恢复损耗与
二极管电流变化率的函数关系

图 2-34 为二极管正向电流与正向电压的函数关系。

图 2-35 为热阻与时间的函数关系。

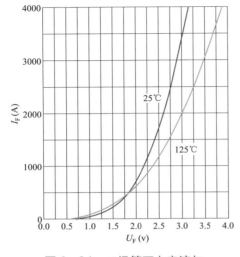

图 2-34　二极管正向电流与
正向电压的函数关系

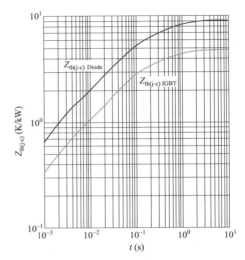

图 2-35　热阻与时间的函数关系

2.4　损　耗　计　算

　　IGBT 模块向着功率密度更大、体积更小、高频化和集成化不断发展。在这个趋势中，IGBT 模块需要承受更大的温度及应力，将加速材料的疲劳、失效。IGBT 器件的热失效根本原因为器件在工作过程中热量累积使温度到达非安全工作区，导致器件的永久性损伤，因此损耗和散热一直是影响 IGBT 选择和合理设计并优化散热器的重要基础。

　　通常情况下，IGBT 模块制造厂商会为用户提供损耗计算软件，用户可以登录相应 IGBT 厂家的官网查找在线的损耗计算软件进行初步的分析。但是这些损耗计算软件大多采用简单的热电路模型来绘制损耗曲线和结温曲线，用于计算指定工况下功率器件的平均损耗和功率器件的结温时存在着一些缺陷，例如拓扑结构不完整、产品数据不全、设计的算法与实际工况匹配度差等。

2.4.1　损耗类型

　　IGBT 模块由 IGBT 单元和 FWD 组成。它们各自的损耗之和即为 IGBT 模块整体所产生的损耗。损耗一般分为通态损耗和开关损耗，损耗组成如图 2-36 所示。

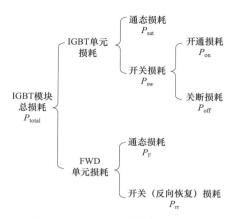

图 2-36　IGBT 模块损耗组成

　　IGBT 芯片和 FWD 部分的通态功率损耗可以使用输出特性计算，而开关损耗可以根据开关损耗与集电极电流特性曲线得到，使用这些功率损耗数据进行计算，以此为依据来设计冷却系统从而保证 IGBT 的结温 T_j 在最大允许值以下。此处使用的通态损耗和开关损耗值基于标准结温 T_j（建议 125℃）。

2.4.2　直流斩波电路损耗计算

　　下面以直流斩波电路为例计算相应的损耗，其电路示意图如图 2-37 所示。

　　为了简化近似计算，将流向 IGBT 芯片或二极管的电流视为一系列方波。图 2-38 是直流斩波电路的近似波形图。在集电极电流 I_C 处，饱和电压由 U_{CEsat} 表示，并且开关能量由 E_{on} 和 E_{off} 表示。在二极管正向电流 I_F 处，U_F 表示导通电压，并且 E_{rr} 表示反向恢复期间的能量损耗。使用上述参数，IGBT 功率损耗可以计算如下

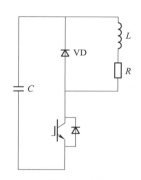

图 2-37　直流斩波电路示意图

IGBT 芯片损耗＝通态损耗＋开通损耗＋关断损耗

$$=\left|\frac{t_1}{t_2}\cdot U_{CE(sat)}\cdot I_C\right|+\left|f_C\cdot(E_{on+}E_{off})\right| \tag{2-16}$$

FWD 损耗＝通态损耗＋反向恢复损耗

$$=\left|\left(1-\frac{t_1}{t_2}\right)\cdot U_F\cdot I_F\right|+\left|f_C\cdot E_{rr}\right| \tag{2-17}$$

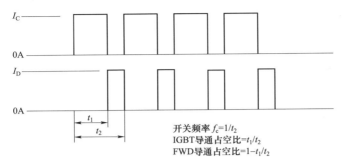

图 2-38　直流斩波电路电流的近似波形图

实际工况的直流电源电压、栅极电阻和其他电路参数可能会偏离 IGBT 模块技术手册中列出的标准值。在这种情况下，可根据以下规则计算近似值：① 通态电压与直流电源电压和栅极电阻无关；② 开关损耗与直流电源电压值和开关时间成正比例关系，开关时间与栅极电阻有关，可以参考相应的 IGBT 手册数据。

2.4.3　PWM 逆变器损耗计算

IGBT 模块在逆变器中得到了广泛的应用，三相全桥逆变器主电路拓扑结构如图 2-39 所示，单相全桥逆变器主电路拓扑结构如图 2-40 所示。

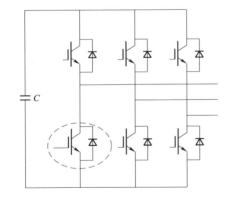
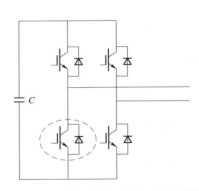

图 2-39　三相全桥逆变器主电路拓扑结构　图 2-40　单相全桥逆变器主电路拓扑结构

逆变器一般采用正弦脉宽调制（sinewave pulse width modulation，SPWM）调制，参考的电压正弦波与三角载波进行比较输出脉宽调制（pulse width modulation，PWM）波形，如图 2-41 所示。因此，有必要使用计算机模拟，以便进行详细的功率损耗计算。然而，由于计算机模拟非常复杂，下面介绍一种简单的计算方法来得到相应的功率损耗值，其他应用场合可以参考该计算方法。

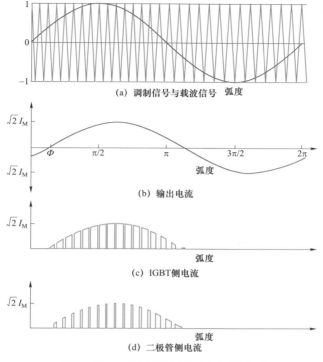

(a) 调制信号与载波信号 弧度

(b) 输出电流

(c) IGBT 侧电流

(d) 二极管侧电流

图 2-41　PWM 逆变器输出电流波形

为了近似计算损耗功率，做以下假设：

逆变器输出正弦波电流；逆变器采用 PWM 调制算法，基于参考正弦电压与三角波进行比较输出。

（1）计算通态损耗（P_{sat}，P_F）。从 IGBT 厂家提供的数据手册中，根据实际工作的电流，可以得到 IGBT 芯片和 FWD 的输出特性参数，如图 2-42 所示。

IGBT 芯片通态损耗（P_{sat}）和 FWD 芯片通道损耗（P_F）可以计算如下

$$P_{sat} = DT \int_0^x I_C U_{CE(sat)} d\theta = \frac{1}{2} DT \left(\frac{2\sqrt{2}}{\pi} I_M U_o + I_M^2 R \right)$$

$$P_F = \frac{1}{2} DF \left(\frac{2\sqrt{2}}{\pi} I_M U_o + I_M^2 R \right)$$

（2-18）

考虑到电流输出半波的情况，上式中 $x=\pi$，I_M 为电流有效值。DT 和 DF 是 IGBT 单元和 FWD 单元在输出一半电流波形时的平均导通占空比，该值与参考电压的调制度（这里假设调制度为 1.0）和功率因数（$\cos\varphi$）有关，如图 2-43 所示。

（2）计算开关损耗。IGBT 开关损耗与实际工作电流 I_C 的对应关系如图 2-44 所示。

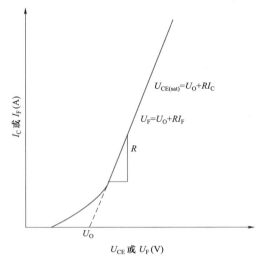

图 2-42　根据数据手册得到实际输出特性参数

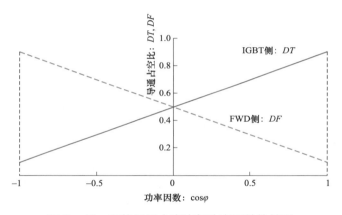

图 2-43　平均导通占空比与功率因数的关系

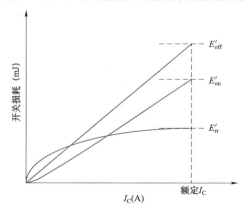

图 2-44　IGBT 开关损耗与工作电流 I_C 的对应关系

可以采用公式近似表示为

$$E_{on} = E'_{on}(I_C / I_{C(rate)})^a$$
$$E_{off} = E'_{off}(I_C / I_{C(rate)})^b \qquad (2-19)$$
$$E_{rr} = E'_{rr}(I_C / I_{C(rate)})^c$$

式中：a、b、c 为对应的修正系数，其中 E'_{on}、E'_{off} 和 E'_{rr} 为额定电流 I_C 下的开关损耗。因此，开关损耗的近似计算如下。

1）开通损耗（P_{on}）。从图 2-41 可以看出在一个正弦周期内，逆变器桥臂中的一个 IGBT 模块开关半个周期，相应的平均开通损耗为

$$
\begin{aligned}
P_{on} &= f_o \sum_{k=1}^{n} E_{on}(k) \\
&= f_o E'_{on} \frac{1}{I_{c(rate)}^a} \sum_{k=1}^{n} I_C^a(k) \\
&= f_o E'_{on} \frac{n}{I_{c(rate)}^a} \frac{1}{\pi} \int_0^{\pi} (\sqrt{2} I_M \sin\theta)^a d\theta \qquad (2-20) \\
&\approx f_o E'_{on} \frac{n I_M^a}{I_{c(rate)}^a} \\
&= \frac{1}{2} f_c E_{on}(I_M)
\end{aligned}
$$

式中：$n = \dfrac{f_c}{2 f_o}$，$E_{on}(I_M)$ 是当电流为 I_M 时的开通损耗。

2）关断损耗（P_{off}）。同理相应的关断损耗为

$$P_{off} \approx \frac{1}{2} f_c E_{off}(I_M) \qquad (2-21)$$

式中：$E_{off}(I_M)$ 为当电流为 I_M 时的关断损耗。

3）FWD 反向恢复损耗（P_{rr}）。同理相应的二极管反向恢复损耗为

$$P_{rr} \approx \frac{1}{2} f_c E_{rr}(I_M) \qquad (2-22)$$

式中：$E_{rr}(I_M)$ 为当电流为 I_M 时的 FWD 反向恢复损耗。

由以上计算最后可以得到 IGBT 芯片和 FWD 芯片总的损耗分别为

$$
\begin{aligned}
&\text{IGBT芯片总的损耗：} P_{Tr} = P_{sat} + P_{on} + P_{off} \\
&\text{FWD芯片总的损耗：} P_{FWD} = P_F + P_{rr}
\end{aligned} \qquad (2-23)
$$

值得一提的是，实际运行工况中直流电源电压、栅极电阻、结温和其他电路参数与模块技术规格表中列出的标准值不同，本文提到的损耗计算方法多处采用近似，适用工程初期损耗的快速评估、功率器件及散热的初步选型。

为了得到较精确的损耗计算模型，近年来许多学者也在这方面做了研究，可以结合 IGBT 的使用手册，建立损耗及其影响因子（如负载电流、母线电压、结温、栅极电阻等）的函数关系，并结合实际工况和试验波形对算法进行修正，相关的内容可以查阅本文后面的参考文献。

2.5 散 热 计 算

IGBT 模块运行时有较大的功率损耗，大量散热使其自身温度快速升高，过高的温度会影响其工作效率和使用寿命，所以通过外部器件来辅助散热的方式必不可少。在实际应用中，IGBT 和其他功率器件大多安装在单个散热器上，为了确保功率器件可靠运行，散热器必须有效地耗散每个模块产生的功率损耗（热量）。下面将介绍散热器选择的基本原理及有关散热的计算方法。

2.5.1 散热器参数

热路：指由热源出发，向外传播热量的路径。在每一个路径上，必定经过不同的介质。其热路中任意两点之间的温度差，都等于器件的功率乘以热阻，像电路中的欧姆定律，与电路等效。

热阻：指当有热量在物体上传输时，在物体两端温度差与热源的功率之间的比值，即 $R=(T_b-T_a)/P$。热阻由三部分热阻叠加组成：① 芯片到器件外壳的热阻；② 器件外壳到散热器的热阻；③ 散热器到周围介质的热阻。图 2-45 是电力电子器件与散热器结构图。

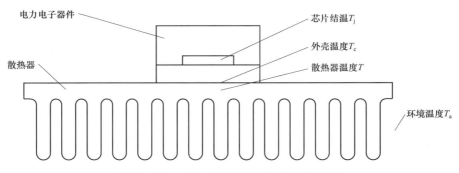

图 2-45　电力电子器件与散热器结构图

2.5.2 平均损耗热传导计算

由上文介绍可知，实际应用中可以采用电路的方法仿真功率半导体器件的热传导现象。假设将一个 IGBT 模块安装在散热器上，其相应的等效电路如图 2−46 所示。

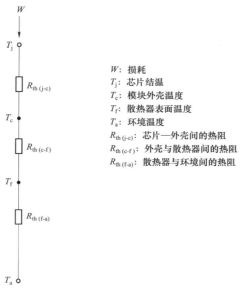

W：损耗
T_j：芯片结温
T_c：模块外壳温度
T_f：散热器表面温度
T_a：环境温度
$R_{th(j-c)}$：芯片—外壳间的热阻
$R_{th(c-f)}$：外壳与散热器间的热阻
$R_{th(f-a)}$：散热器与环境间的热阻

图 2−46   热阻等效电路

使用上述等效电路，可以使用以下热传导方程计算结温 T_j

$$T_j = W \cdot [R_{th(j-c)} + R_{th(c-f)} + R_{th(f-a)}] + T_a \qquad (2-24)$$

值得注意的是上文提到的外壳温度 T_c 和散热器温度 T_f 指的是从 IGBT 模块芯片的正下方测量的温度。如图 2−47 所示，从 IGBT 模块正下方以外的点测量得到的温度要低于实际的值，并且由于受散热器散热性能的制约，设计时需要注意。

A：模块底板芯片正下方的点
B：距离模块底板 A 点 14mm 的点
C：距离模块底板 A 点 24mm 的点

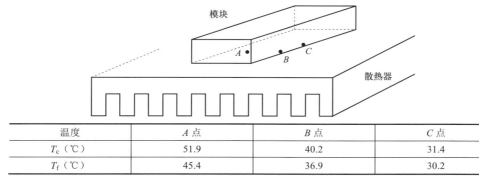

温度	A 点	B 点	C 点
T_c（℃）	51.9	40.2	31.4
T_f（℃）	45.4	36.9	30.2

图 2−47   散热器不同位置温度测量值不同

实际应用中单个散热器上不太可能只安装一个 IGBT 模块，图 2－48 是一个桥式二极管模块与 IGBT 模块（两个 IGBT 模块）安装在同一个散热器上的等效电路图。

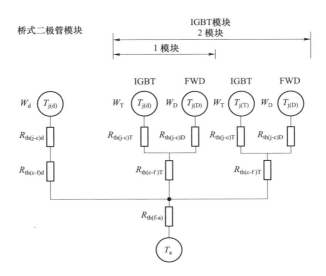

W_d、$T_{j(d)}$、$R_{th(d)}$：**桥式二极管（一个模块）**
W_T、$T_{j(T)}$、$R_{th(T)}$：IGBT（各元件）
W_D、$T_{j(D)}$、$R_{th(D)}$：FWD（各元件）

图 2－48　多个功率器件安装在同一散热器上的等效电路

从上面的电路，可以很容易得到热传导计算公式，即

$$T_j(d) = W_d \cdot [R_{th}(j-c)_d + R_{th}(c-f)_d] + (W_d + 2W_T + 2W_D) \cdot R_{th}(f-a) + T_a$$
$$T_j(T) = W_T \cdot R_{th}(j-c)_T + (W_T + W_D) \cdot R_{th}(c-f)_T + (W_d + 2W_T + 2W_D) \cdot R_{th}(f-a) + T_a$$
$$T_j(D) = W_D \cdot R_{th}(j-c)_D + (W_T + W_D) \cdot R_{th}(c-f)_T + (W_d + 2W_T + 2W_D) \cdot R_{th}(f-a) + T_a$$

$$（2-25）$$

2.5.3　瞬变损耗热传导计算

通常，如上文所述基于平均损耗来计算 IGBT 模块的结温 T_j 已经足够。但实际工况中，IGBT 模块的损耗是脉动的，所以温度也是脉动的。脉动的损耗功率和温度如图 2－49 所示。

可以将损耗看成是一定周期和一定峰值的方波脉冲功率信号，根据 IGBT 模块技术规格表中给出的瞬态热阻曲线（见图 2－50），计算温度波动的近似峰值 T_{jp}，进而得到模块的最高结温 T_j。

$$T_{\mathrm{j}} - T_{\mathrm{c}} = P \times [R_{\mathrm{th}}(\infty) \times \frac{t_1}{t_2} + \left(1 - \frac{t_1}{t_2}\right) \times R_{\mathrm{th}}(t_1 + t_2) - R_{\mathrm{th}}(t_2) + R_{\mathrm{th}}(t_1)] \quad （2-26）$$

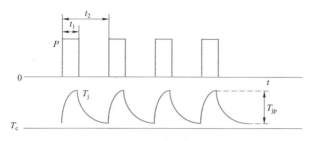

图 2-49　脉动的损耗功率和温度

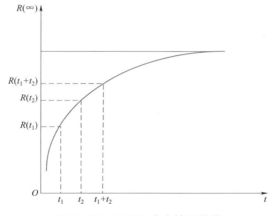

图 2-50　IGBT 动态热阻曲线

　　通过上面的等效电路和热传导计算公式，结合前文介绍的功耗计算，进行散热计算，作为散热器选型的依据，让 IGBT 模块的结温保持在最大结温 T_{jmax} 以下。

2.6　杂　散　电　感

　　在电力电子器件开关过程中，换流回路中寄生的杂散电感 L_{σ}，扮演着非常重要的角色。换流回路中的杂散电感会严重影响 IGBT 的关断特性，引起波形振荡、EMI 或者电压过冲等问题。杂散电感的感量和电流的变化率 $\mathrm{d}i/\mathrm{d}t$ 将增大器件的电压应力和关断损耗，极端条件可能会造成器件的损坏。若能测量换流回路的杂散电感，则可在一定程度上预估该电压尖峰，并设计适当的缓冲电路，使整个换流系统稳定可靠运行。本节给出了电路杂散电感的测量方法及 IGBT 模块数据手册中杂散电感的定义方法。

在大功率变流器中，由于元器件和直流母排存在杂散参数，IGBT 开通和关断过程中会产生较大的电压和电流尖峰，特别是 IGBT 关断瞬间集射极间的电压尖峰很大，增大了开关损耗，会产生较强的电磁干扰，甚至引起电路谐振。大功率变流器中的杂散参数包括母线电容寄生电感、母排杂散电感和电阻、开关器件引线电感和连接螺栓杂散电感等。

图 2-51 为半桥电路原理图及开关 IGBT1 时产生的电压和电流波形。从图中可以看出，作为集中参数显示的电路杂散电感 L_σ，代表了整个回路（阴影区域）中所有的分布电感（电容器、母线和 IGBT 模块）。

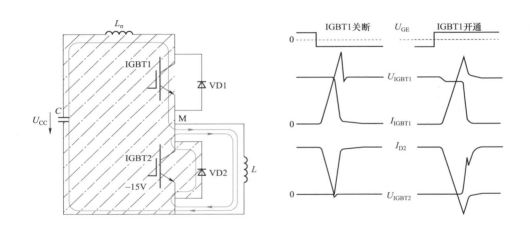

(a) 半桥电路原理图　　　　　　(b) 开关IGBT 1时产生的电压和电流波形

图 2-51　半桥电路原理图及开关 IGBT1 时产生的电压和电流波形

由于电流的变化，在杂散电感 L_σ 上产生了 $L_\sigma \cdot di_{off}/dt$ 的电压降。它叠加在直流母线电压 U_{CC} 上，被看作是关断 IGBT1 时的电压尖峰。根据图 2-30 所示的反偏安全工作区域图，该尖峰电压必须限制在 IGBT 模块的阻断电压 U_{CES} 内（芯片上测量，在集电极—发射极辅助端子上测量）。此外，考虑到模块主端子和辅助端子之间的杂散电感，有的模块数据手册给出一条降额曲线，在功率端子上测量电压时使用。

通过 IGBT 导通过程和关断过程都可以测量换流回路的杂散电感。当 IGBT 导通时刻，处于阻断状态且电流已经上升时，波形图如图 2-52 所示。在测试中需要恰当地设置示波器，以便正确地读取所需要的数据。通过示波器可以测量波形图中的 di/dt 和电压降 ΔU，并计算得到杂散电感，即

$$L_\sigma = \Delta U \cdot \frac{\mathrm{d}t}{\mathrm{d}i} \qquad\qquad (2-27)$$

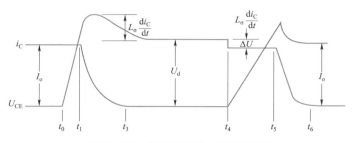

图 2-52　半桥回路电感测试波形

　　模块内部杂散电感计算值在数据手册中会给出。对于单管模块，这个值就是之前提到的主功率和辅助端子之间的杂散电感；对于半桥模块或者是有多个桥臂的模块，这个值表示跟应用相关的上管和下管换流回路。因为模块结构不同，这个值肯定会比单独测量上、下管电感之和低。对于含有多个桥臂的模块，从电源到桥臂再回到负电源的情况最坏的换流回路需要被考虑。

　　设计杂散电感是换流器产品研发环节中非常重要的一环。除了前期的计算和仿真，实际测量也是非常有必要的。特别是要模拟现场的多种恶劣工况，如低温、过电压、大电流等，以及防止现场功率器件超过安全工作区导致失效。

2.7　死　区　计　算

　　理想开关的开通和关断是非常快的，但是实际开关做不到，这就会导致半桥拓扑（一个开关已经导通，另一个还没有关断）的时间叠加，造成直通电流，并产生额外的损耗。这会减少电力电子元件的寿命并且可能导致电磁干扰，所以需要严格禁止。如同最小脉冲抑制一样，也可以通过控制实现。

　　然而，在许多应用中，采用硬件解决方案相对更好，如半桥电路中的两个开关器件同时只能开通一个通道。当控制器同时给两个通道直接发送导通信号时，也要满足上述需求。另外，每个通道都有延迟电路，且直到互补电路完全关断后才会开通，这就保证了在半桥电路中不会造成直通。

　　通常死区时间（deadtime）设置为 1～4μs。在阻断电压为 3.3～6.5kV 的 IGBT 中，因为开关速度更慢，所以延迟时间会更长。

　　典型的 IGBT 半桥拓扑结构如图 2-53 所示，T1 与 T2 分别为桥臂中的上管（toparm）和下管（bottomarm）。当桥臂直通时，桥臂中流过的电流仅由环路杂散电感限制，产生的大电流不仅会带来额外损耗，还可能引起 IGBT 发热损坏。

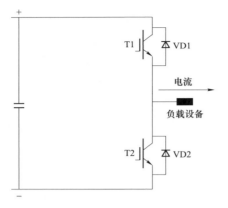

图 2-53 典型的 IGBT 半桥拓扑结构

死区时间是 IGBT 模块控制策略中必不可少的互锁延时时间，目的是避免 IGBT 桥臂中的上管和下管重叠导通。

从上一节对 IGBT 开关特性的介绍可以看出，由于 IGBT 不是理想的开关器件，其开通和关断时刻相对于栅极控制信号具有滞后性，且开通时间与关断时间不一致。从图 2-54 可以看出，栅极控制信号与栅极电压、集射极电压之间的时序关系由 t_{don}、t_r、t_{doff}、t_f 四个开关特性参数及驱动电路中信号传递延时时间决定。

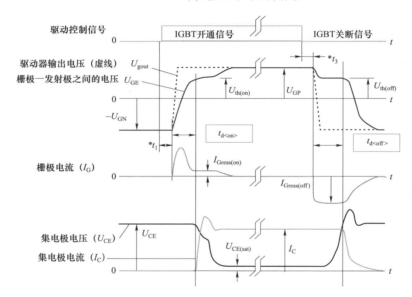

图 2-54 栅极控制信号与栅极电压、集射极电压延时关系

为防止上、下管直通，应使上、下桥臂其中一个 IGBT 首先关断，然后在一段死区时间结束时开通另外一个 IGBT。如图 2-55 所示，在控制策略中加入的死区时间，称为控制死区时间（dead time of logic，TD），而应用控制策略后实际上、下管交替导通的时间间隔，称为有效死区时间（real dead time，TD'）。

死区时间可以避免桥臂直通，但在死区时间里，桥臂电流会通过反向二极管进行续流，IGBT 模块的输出电压和输出电流会随着死区时间的加入而失真。过大的死区时间可能会导致系统的效率降低、谐波增大及损耗增加等负面影响。因此，死区时间的选择需要进行严谨的计算。

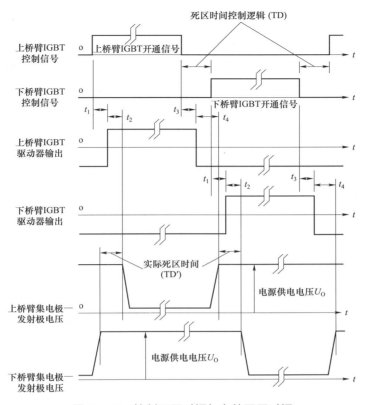

图 2—55 控制死区时间与有效死区时间

为 IGBT 驱动电路选择合适的死区时间通常需要满足两个条件：① 避免 IGBT 桥臂直通；② 应选择尽可能小的死区时间，最大限度减小对 IGBT 模块正常运行的影响。

在驱动电路设计中，使用以下公式确定死区时间

$$t_{\text{dead}} = [(t_{\text{d\_off\_max}} - t_{\text{d\_on\_min}}) + (t_{\text{pdd\_max}} - t_{\text{pdd\_min}})] \times 1.2 \qquad (2-28)$$

式中：$t_{\text{d\_off\_max}}$ 为最大关断延迟时间；$t_{\text{d\_on\_min}}$ 为最小开通延迟时间；$t_{\text{pdd\_max}}$ 为最大驱动器延迟时间；$t_{\text{pdd\_min}}$ 为最小驱动器延迟时间；1.2 是安全裕量系数。

注意到上述公式中没有考虑下降时间 t_{r} 和上升时间 t_{f}，因为和延迟时间 t_{don}、t_{doff} 相比，这两个参数要小很多。

通常情况下，IGBT 数据手册仅仅给出标准工作情况下的典型值，死区时间可以由数据手册提供的典型值计算，再按经验乘以一个安全系数得到，但在一些需要更加精确应用的场合，为了应用上述公式，需要对 $t_{\text{d\_off\_max}}$ 和 $t_{\text{d\_on\_min}}$ 进行试验测量。

在死区时间确定后，应通过试验验证在最坏的情况下，死区时间的计算值

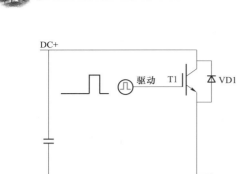

图 2-56 死区时间验证电路

是否满足要求。由于 IGBT 关断延迟时间随温度增加而增加，因此应分别在低温和高温条件下进行死区时间的验证。采用图 2-56 所示的死区时间验证电路，应用含死区时间的控制策略后，如果死区时间合理，则检测不到桥臂直通电流。

由于死区时间随集电极电流减小而增加，上述测试应在零集电极电流条件下进行。如果在零集电极电流条件下没有检测到桥臂直通电流，则所采用的死区时间是满足要求的。

下面介绍一下减小死区时间的方法。由于过大的死区时间对 IGBT 模块的性能有负面影响，因此在设计驱动器时需采取措施将死区时间降低到最小。可采用以下几种方法降低死区时间：

（1）采用功率足够大的驱动器来为 IGBT 栅极提供峰值灌/拉电流。

（2）使用合适的负电压来加速关断。

（3）选择信号延时低的驱动器，例如基于无磁芯变压器技术的驱动器的延时要低于基于传统光耦技术的驱动器。

（4）选择独立的栅极开通、关断电阻值，并且减小 R_{goff}，以减小 t_{d_off}，达到减小死区时间的目的。

2.8 失 效 分 析

在 IGBT 实际使用过程中，经常会遇到 IGBT 不能正常工作的情况，大致可以从失效时间和失效表现形式这两个维度去分析。

考虑产品整个生命周期，相应的失效率都是时间的函数，呈现明显的阶段性，遵循浴盆曲线（bath tub curve）的规律，IGBT 也不例外。IGBT 失效浴盆曲线如图 2-57 所示，从图中可以看出曲线的形状呈两头高、中间低的特点，失效过程可以分成早期失效、偶然失效和耗损失效三个阶段。

早期失效主要发生在生产测试或者现场运行的初期，发生的原因较多，例如器件在存储、运输、组装过程中受到损伤等。偶然失效通常是由一些不可控的因素造成的，例如宇宙射线、闪电、污染等。耗损失效的原因是由于器件的磨损，主要由器件功耗变化或外部环境变化引起的热—机械应力导致，是不可避免的失效，器件的寿命取决于运行条件。

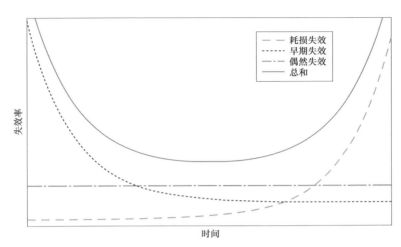

图 2-57 IGBT 失效浴盆曲线

IGBT 失效后,仅从外观上一般很难判断出具体失效产生的原因。在实际工程应用中,有的 IGBT 模块失效后表面上看完好无损,有的面目全非。如图 2-58 所示的 IGBT 在运行过程中失效导致外壳炸裂,表面附有喷溅出来碳化的硅胶。

图 2-58 IGBT 失效现场图片

导致 IGBT 失效的直接原因主要包括过电压、过电流、超温、超动态安全工作区等。根据失效表现形式,IGBT 失效大概可以分为电气失效、机械失效和环境影响失效三大类。下文通过实际应用中的案例,描述 IGBT 失效的典型特征,有助于找到 IGBT 失效的真正原因,通过采取调整驱动电路及保护电路等措施,及时修正 IGBT 的运行环境,确保其在额定参数范围内安全、可靠运行。

2.8.1 电气失效

1. 过电压

（1）栅极—发射极之间电压过大。栅极和发射极之间过电压引起的失效，位置通常在栅极与发射极隔离区，如图 2−59 所示，失效特征表现为芯片表面栅极与发射极隔离区上有熔点。产生失效的原因如下：① 芯片栅氧化层质量差导致耐压不满足要求，或栅氧化层耐压发生退化；② 静电聚集在栅极—发射极寄生电容上引起过电压；③ 工况导致栅极过电压或栅极电路产生振荡。

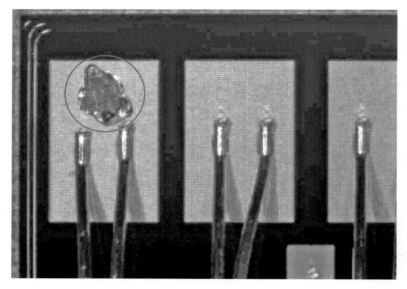

图 2−59　IGBT 栅极过电压失效

（2）集电极—发射极之间电压过大。集电极和发射极之间过电压引起的失效，位置通常在芯片有源区的边缘处，如图 2−60 所示。芯片的边缘处是耐压最薄弱的地方，过电压后的能量会先在边缘区域集中后泄放。需要指出的是此处的过电压是一个广义的过电压，即集电极和发射极两端的电压超出了当前 IGBT 芯片的电压阻断能力，随之而来会产生雪崩击穿（电压高出较多），或截止态漏电流过大（电压高出较少或处于临界状态）两种情况，这两种情况都会导致图 2−60 的失效结果。而 IGBT 芯片电压阻断能力的降低，可能是由于环境造成的，比如静态温度过低、高温高湿腐蚀及凝露等。

（3）超绝缘电压。绝缘失效大多数和直接覆铜键合（direct copper bonding，DCB）陶瓷层开裂，或模块内部铜排和绑定线出现的变形、断裂或脱落等因素相关。因为器件的绝缘电压在正常情况下是比较可靠的，只有不恰当的安装才会导致绝缘能力下降，例如散热器不平整容易导致 DCB 陶瓷层开裂（如图 2-61所示），端子上不恰当的压力或拉力会导致内部铜排变形，绝缘距离可能因此减少从而出现模块内部拉弧打火的情况。另外极低的气压也可能导致暴露在空气中的绝缘间隙不够，因而出现拉弧打火，但这种情况极为罕见，一般无需考虑。

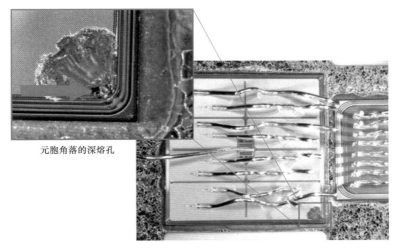

元胞角落的深熔孔

图 2-60　IGBT 集电极和发射极之间过电压失效

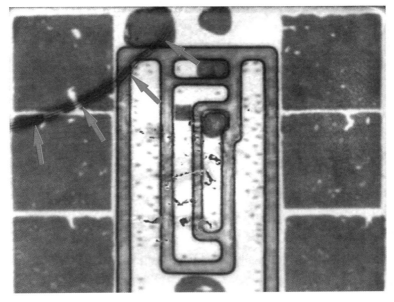

图 2-61　超绝缘电压失效

2. 过电流

（1）短路引起的失效。短路引起的失效，位置通常在有源区（不含栅极），如图 2-62 所示。失效表现为模块中多个 IGBT 芯片同时严重烧毁。发生失效的原因如下：① 芯片短路安全工作区（short circuit safe operation area，SCSOA）不能满足系统设计要求或者 SCSOA 发生退化；② 工况发生异常，IGBT 回路出现短路且未能及时采用保护功能；③ 半桥臂出现短路（IGBT 或续流二极管损坏），导致另一半桥臂 IGBT 被短路，发生短路失效；④ 工作环境温度升高，导致芯片结温升高，SCSOA 缩小；⑤ 控制信号导致 IGBT 误开关，引起桥臂短路失效。

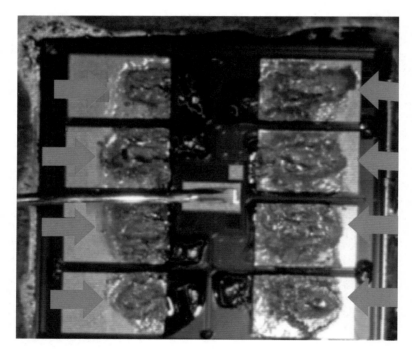

图 2-62　短路失效

（2）脉冲电流过大。脉冲电流过大导致的失效，位置通常在 IGBT 有源区（不含栅极）键合点周围，如图 2-63 所示。失效表现为键合点周围芯片表面有烧毁。因为电路中有效功率较低，过电流脉冲引起的损坏没有短路时严重，所以键合线一般不会完全脱落。失效发生的原因如下：① 由于触发信号问题，导致 IGBT 芯片突然流过一个峰值较大的电流脉冲；② FWD 的反向恢复电流、缓冲电容的放电电流及干扰噪声造成的尖峰电流等产生的电流脉冲，这种瞬态过电流同样可能引起 IGBT 失效。

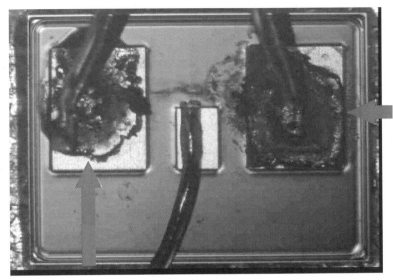

(a) 示例一

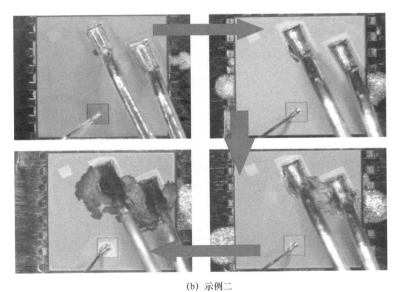

(b) 示例二

图 2-63 导通态电流过大示例

3. 过温

过温引起的失效，位置通常在芯片表面。失效表现为芯片表面喷涂的聚酰亚胺层起泡，如图 2-64 所示，或芯片的焊料部分被烧熔涌出，如图 2-65 所示。

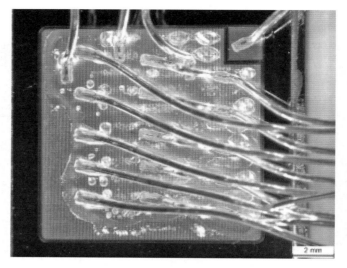

图 2-64　过温引起芯片表面涂层起泡

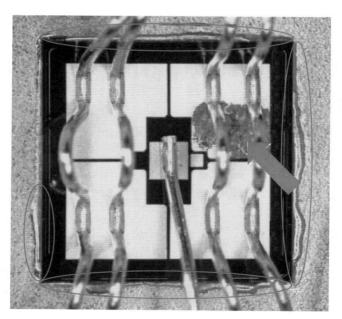

图 2-65　过温引起芯片表面焊料烧熔涌出

　　过温导致失效的原因如下：① 冷却不足（冷却板温度过高）；② 实际使用中开关频率过高或电流过大，导致功耗增加；③ 装配时由于导热硅脂涂敷不均、涂敷方法不当；④ 模块及冷却板平整度等不能满足要求，导致模块接触热阻过大。

4. 超动态安全工作区

RBSOA 的失效包括过大电流关断失效和过高温度关断两种情况，失效状态非常相似，在实际案例中很难区分，如图 2-66 所示。

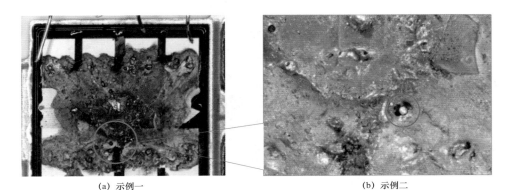

（a）示例一   （b）示例二

图 2-66 超动态安全工作区失效示例

实际应用中，无论芯片是过高温度关断还是过大电流关断，都会出现闩锁效应，这会使芯片上出现一个贯穿的熔洞。失效后芯片会处于短路状态，后续短路电流大概率会使失效烧毁区域扩大，因此在实际的失效分析报告中判据都是因为在失效的芯片上看到了一个很深的烧熔的洞。

在实验室理想环境下，由于可以精确地控制失效后的能量，过高温关断和过大电流关断表现出不同的失效现象。如果芯片关断时温度过高，芯片有源区将有小烧熔洞，同时芯片表面由于高温会导致表面金属层失去光泽，如图 2-67 所示。

铝熔化

闩锁孔

图 2-67 过高温度关断

如果芯片关断时电流过大，也会出现小洞，但是芯片表面温度不高，不会熔化或失去光泽，如图 2-68 所示。

图 2-68　过大电流关断

从上文可以看出这两种失效的共同点，就是芯片有贯穿烧熔的洞。对相应的位置做剖面分析会看到如图 2-69 所示的情形。

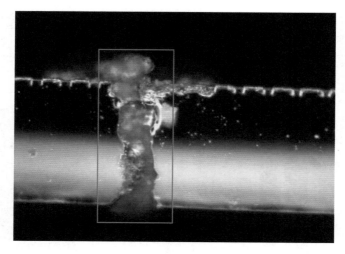

图 2-69　横截面：深熔洞

产生失效的原因如下：① 工况电流或电压超过额定值范围；② 栅极控制不当导致芯片超过其 RBSOA 范围，或者芯片的 RBSOA 发生退化；③ 模块温度升高，RBSOA 范围缩小。

2.8.2 机械失效

1. 疲劳失效

（1）IGBT 芯片与 DCB 焊层疲劳分离。功率循环次数达到 IGBT 寿命上限时，IGBT 芯片和 DCB 的焊接层在反复的应力应变作用下会出现开裂分离。含铅的焊料和含锡/银的焊料有不同的表现，含铅的会从边缘开始开裂，而含锡/银的会从中间开始开裂，如图 2-70 所示。

含锡/银焊料的焊接层开裂时，从中间开裂，如果做剖面分析，会看到焊料内的裂纹，如图 2-71 所示。

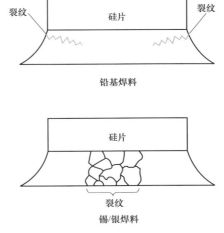

图 2-70 IGBT 不同焊料底部焊层开裂的不同表现形式

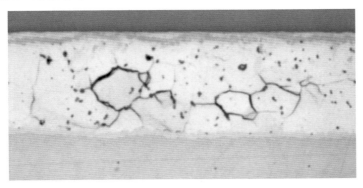

图 2-71 含锡/银焊料的焊接层开裂时中间有裂纹

（2）DCB 与基板焊层疲劳分离。基板温度循环时，基板和 DCB 的热膨胀系数不同，会导致焊层在循环中承受反复的应力应变。开焊一般从边缘开始，逐渐向中心发展，如图 2-72 所示。

图 2-72 长时间周期老化试验 DCB 与基板焊层分离

（3）键合线及焊点疲劳脱离。IGBT 模块内部功率反复变化，相应的电流在键合线上循环突变，会导致键合线承受反复的应力应变，失效情况如图2-73所示。

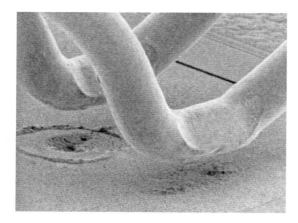

图2-73　键合线及焊点疲劳脱离

2. 应力失效

（1）外部端子、外壳及陶瓷变形开裂。外部端子、外壳及陶瓷变形开裂大部分都是由于IGBT安装不恰当导致的。产生失效的原因如下：① IGBT底板和散热器之间有异物、散热器平整度不达标、硅脂过于黏稠并且静置时间不够，如图2-74所示；② 固定到散热器的螺钉安装顺序不正确；③ 紧固螺钉的扭矩过大等。

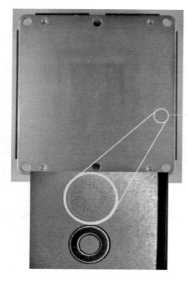

基板垫圈印记，该位置有裂痕

图2-74　IGBT底板安装有异物导致失效

（2）内部铜排和键合线出现变形、断裂或脱落。内部铜排和键合线的变形断裂或脱落，主要与机械振动有关。图 2-75 是键合线受振动断裂的情况。

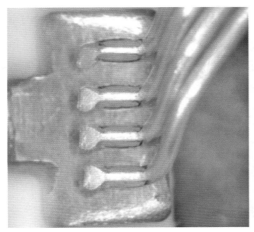

(a) 正常状态的键合线   (b) 断裂的键合线

图 2-75 键合线受振动断裂

图 2-75（a）为正常状态的键合线，图 2-75（b）为断裂的键合线，红圈中的那根有烧熔痕迹，其中三根键合线因为振动先断开，导致电流集中到红圈这根，过大的电流最终导致这根键合线也烧熔断了。

IGBT 内部铜排一般没有额外的固定支柱，仅靠 IGBT 模块主端子固定，在较大振动环境下，有时会导致主端子金属疲劳开裂，如图 2-76 所示。

图 2-76 振动导致 IGBT 内部铜排断裂

2.8.3 环境原因失效

1. 宇宙射线

宇宙射线虽然很少被提及，但事实上无论什么材料和工艺的功率半导体器件都会受到宇宙射线的影响，宇宙射线通常会导致器件发生瞬态失效，对电力电子设备乃至整个系统产生严重影响。宇宙射线主要是宇宙空间中的高能粒子（主要包括质子、原子核、中子及电子）。这些高能粒子中的一部分穿过半导体芯片与芯片中的硅原子核发生碰撞，破坏内部原子的晶格结构，进而会在芯片内部产生等离子体，从而影响半导体芯片内部的电流分布，当等离子体中的电场强度超过一定阈值后，会形成非常高密度的局部电流，最终损坏半导体器件。宇宙射线对 IGBT 造成的失效如图 2-77 所示。

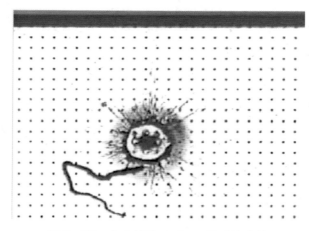

图 2-77　宇宙射线对 IGBT 造成的失效

2. 高温和高湿腐蚀

置于高湿环境下的器件受水气侵入，侵入速率与环境温度呈正相关，水气依次扩散侵入器件外壳、封装，最终到达芯片表面。芯片表面的水气在高电场的作用下电解为氢离子与氢氧根离子，进而促进金属离子的电化学迁移过程并导致器件失效，如图 2-78 所示。

IGBT 器件的失效的原因来源于以下 2 个方面：① 金属离子的电化学迁移过程；② 铝层的腐蚀、电场及电荷的分布畸变。对于电化学迁移现象、铝层的腐蚀，常通过光学显微镜、扫描声学显微镜等实验设备观察得到，如图 2-79 所示；对于电场分布及表面形貌变化的观测，常通过工艺计算机辅助设计等仿真工具实现，如图 2-80 所示。

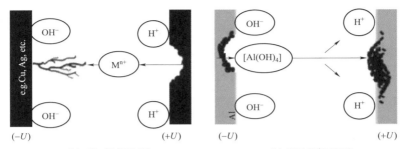

(a) 铜、银离子迁移   (b) 铝酸盐离子迁移

图 2-78 不同离子电化学迁移

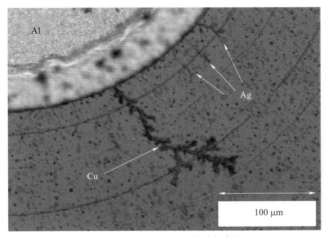

(a) 终端处 Cu、Ag 树突生长痕迹

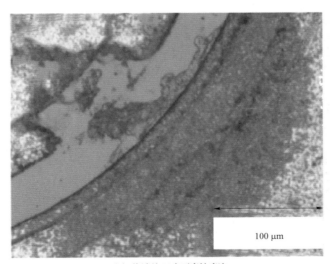

(b) 终端处 Al 表面腐蚀痕迹

图 2-79 芯片终端的钝化层腐蚀

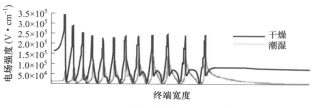

(a) 终端电场强度分布

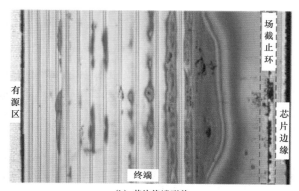

(b) 芯片终端形貌

图 2-80 终端电场分布及表面形貌变化

根据以上分析，IGBT 在使用过程中要注意相关的应用环境，做好防护，在一些特殊的场合产品通常都是提前运输到调试现场，在整体上电调试前，现场的环境比较恶劣，IGBT 容易暴露在这些恶劣的环境下，需要做好预防措施，上电前进行除湿处理。

3. 腐蚀性气体腐蚀

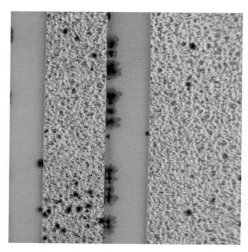

图 2-81 IGBT 模块 DCB 表面
覆铜区出现硫化铜结晶

IGBT 内部的金属容易受到腐蚀性气体的腐蚀，比较常见的是硫气体引起的腐蚀。含硫气体（主要是硫化氢 H_2S）环境对半导体器件的应用安全有很多危害，例如在 IGBT 模块的 DCB 表面覆铜区边缘会出现硫化铜结晶，如图 2-81 所示。这会导致铜排之间的绝缘能力下降，在高压下拉弧放电，最终导致整个器件失效。

3　驱　动　器　设　计

　　驱动器是功率器件与控制器直接的接口，将来自控制器的弱电信号转化成适合 IGBT 工作的驱动信号，实现对 IGBT 开通、关断的控制和保护。大功率 IGBT 模块的工作状态直接影响电力电子装置整机的性能，而驱动器直接决定高压 IGBT 模块能否安全工作。IGBT 性能可以发挥的程度直接由 IGBT 驱动器决定，优秀的驱动器可实现 IGBT 额定工况下的持续稳定运行，而性能差的驱动器会导致 IGBT 电气应力过大而被迫降额运行，甚至可能导致器件爆炸损坏。

　　优秀的驱动器需要具有以下特征：

　　（1）提供合适的栅极电阻和栅极电压，使大功率 IGBT 可可靠开通和关断。

　　（2）具备足够大的驱动功率和充放电电流，能及时迅速建立栅极电压而开通和关断。

　　（3）提供足够高的输入、输出电气隔离性能，使信号电路和栅极驱动电路绝缘。

　　（4）具有尽可能小的输入、输出延迟时间，以提高开关频率，优化 IGBT 的开关损耗。

　　（5）具有完善的保护功能，如过电流短路保护、过电压保护、软关断等。

　　大功率 IGBT 驱动器分为模拟驱动器和数字驱动器。数字驱动器相比模拟驱动器增加了状态采集功能和逻辑处理单元，设计上更加复杂一些，以国网智研院开发的数字型驱动器为例，IGBT 数字型驱动器功能框图如图 3-1 所示，驱动设计涵盖信号隔离、高压隔离电源、栅极驱动电路、故障检测与保护及控制策略研究。信号隔离和隔离电源解决了 IGBT 不同电位驱动的问题；栅极驱动电路实现 IGBT 驱动器开通和关断的精准调控；故障检测与保护单元实现 IGBT 的快速检测与保护；逻辑处理芯片实现 IGBT 和二极管的时序控制和快速保护的多种算法，可根据 IGBT 模块的不同工作状况选择最优的控制策略。

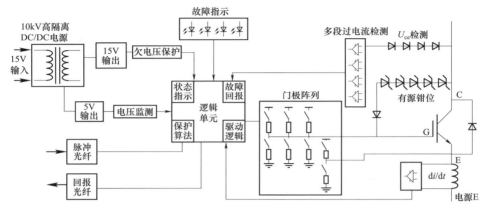

图 3-1 IGBT 数字型驱动器功能框图

3.1 信 号 隔 离

大功率 IGBT 驱动器的控制器与高压电路之间存在很大电位差,且需考虑控制信号与功率部分的电磁影响,因此需要对控制信号进行隔离传输。

IGBT 需要隔离的控制信号包括开通、关断信号,有时还有反馈信号。这些控制信号传输路径的隔离是通过电隔离或非电隔离方式形成的。这种电隔离被进一步划分为基于磁感应的、光学的隔离,极少情况下是电容性的隔离。

一般而言,对于低压和中压应用中通常采用电平位移芯片(见图 3-2)和光电耦合驱动芯片(见图 3-3)来进行信号隔离。然而在高压应用场景下,隔离装置更多采用的是磁隔离(见图 3-4)、光纤隔离方式(见图 3-5)。

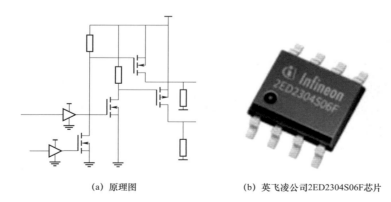

(a) 原理图　　　　　　　　(b) 英飞凌公司2ED2304S06F芯片

图 3-2 电平移位原理图及芯片

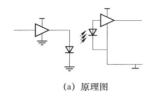 

(a) 原理图 　　　　　　　　　　(b) 东芝集团TLP5754芯片

图 3-3　光电耦合隔离原理图及芯片

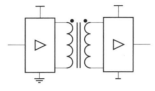 

(a) 原理图　　　　　　　　　　(b) 村田公司78601/78602变压器

图 3-4　磁隔离原理图及芯片

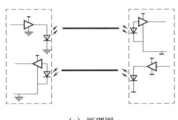 

(a) 原理图　　　　　　　　　　(b) 安华高公司HFBR1521/2521光收发器

图 3-5　光纤隔离原理图及芯片

除了这种设计，IGBT 驱动器在提供的通道数量上也有所不同。信号隔离的 IGBT 驱动可以控制一个、两个或是六个 IGBT。应用于同一桥臂的上、下两个 IGBT 的隔离方式也可以不同。

3.1.1　光电耦合隔离

为了实现输入电路与输出电路的绝缘，一种常用的电隔离方法就是采用光电耦合隔离。光电耦合隔离是以光作为传输信号的一种隔离方式，通过输入侧的发光二极管来控制输出侧的光敏三极管来实现电气隔离。光电耦合通常由电光转换器、光电转换器和电信号放大器三个部分组成，通过电—光—电的形式实现电信号单向传输下的完全电气隔离，具有良好的电绝缘能力和抗干扰能力。

光电耦合器和 IGBT 驱动核心可以集成在一个芯片中，也可以在两个分立的芯片中，分别如图 3-6 和图 3-7 所示。

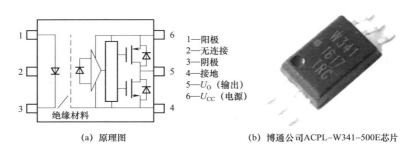

(a) 原理图

1—阳极
2—无连接
3—阴极
4—接地
5—U_O（输出）
6—U_{CC}（电源）

(b) 博通公司 ACPL–W341–500E 芯片

图 3-6 光电耦合器和 IGBT 驱动集成芯片

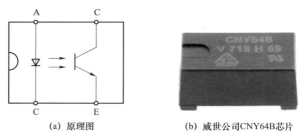

(a) 原理图

(b) 威世公司 CNY64B 芯片

图 3-7 独立光电耦合器芯片

对于应用光电耦合器的 IGBT 驱动器来说，IGBT 的额定电压 U_{CES} 越高，所需的爬电距离和电气间隙距离就越大，需要的光电耦合器集成电路封装也更大，成本也就越高。

光电耦合器的输入、输出侧需要相互隔离的独立供电电源，即需两路无"共地"点的供电电源。由于光电耦合器的输出与输入端完全电气隔离，所以在满足绝缘要求的条件下，输入和输出可以在任何电压差下浮动。光电耦合应用电路如图 3-8 所示。

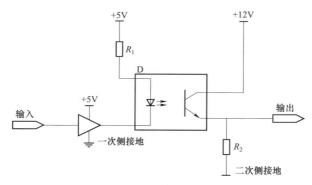

图 3-8 光电耦合应用电路

3.1.2 脉冲变压器

脉冲变压器是一种能够产生脉冲波电动势，专门用于传输矩形电脉冲（即上升和下降时间快且振幅相对恒定的脉冲）的变压器，见图 3-9。它在 IGBT 驱动中的作用包括升高或降低脉冲电压，建立接收端与信号源之间的匹配关系；改变输出脉冲的极性；隔离信号源和接收端的直流电位。

(a) 普思公司 H1102NLT 变压器　　　　　(b) 村田公司 78602/2C 变压器

图 3-9　脉冲变压器

为了最大限度减少脉冲形状失真，脉冲变压器需要具有较低的漏感和分布电容值，以及较高的开路电感。在功率型脉冲变压器中，低耦合电容（一次侧和二次侧之间）对于保护一次侧电路免受负载产生的高功率瞬态影响非常重要。出于同样的原因，需要高绝缘电阻和高击穿电压。良好的瞬态响应对于保持二次侧的矩形脉冲形状十分必要，因为上升或下降速率慢的脉冲会在功率半导体中产生开关损耗。脉冲电压峰值与脉冲持续时间的乘积（电压—时间积分）通常用于描述脉冲变压器的特性，一般来说，该乘积越大，变压器越大、越贵。

与光电耦合器相比，脉冲变压器的传播延迟时间非常短，这主要是由所涉及的电子电路决定。此外，由于磁感应器件没有老化效应，传播延时及其误差在设备的工作寿命之内不会发生变化。

图 3-10 为脉冲变压器的简单应用电路，图 3-10（a）为单路输出 IGBT 驱动电路原理图，图 3-10（b）为双路输出的 IGBT 驱动电路。在这两种应用中，脉冲变压器的占空比小于 0.5，脉冲期间线圈中存储的能量能够在下次脉冲到来之前释放出去。

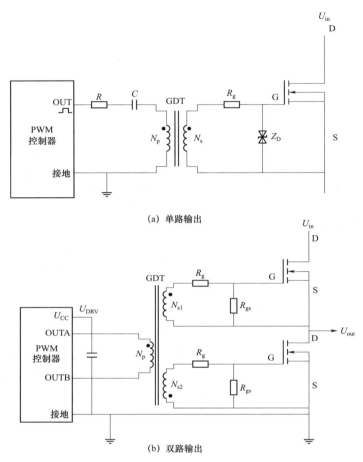

(a) 单路输出

(b) 双路输出

图 3-10 脉冲变压器的简单应用电路

3.1.3 电容隔离

另一种实现输入和输出电路之间电气隔离的方案是采用电容器作为耦合元件。根据应用要求，这些电容器必须具有适当的介电强度，以及较低的电容值。由于 IGBT 开通和关断时会产生瞬态电压 du/dt，所以这些耦合器需要一个低耦合电容。对于过高的耦合电容，产生的位移电流可能导致器件自锁，甚至破坏驱动核心和附加的电子器件。因此，与光或磁耦合器相比，电容耦合元件都处于劣势。图 3-11 和图 3-12 分别为电容隔离 IGBT 驱动芯片及兼容光耦封装的电容隔离芯片。

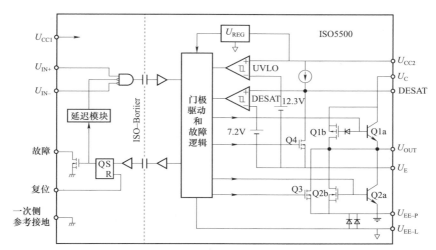

(a) 芯片原理图

(b) 德州仪器ISO5500芯片

图 3-11　电容隔离 IGBT 驱动芯片

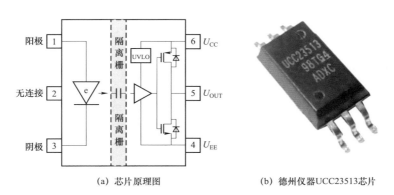

(a) 芯片原理图　　　　　　(b) 德州仪器UCC23513芯片

图 3-12　兼容光耦封装的电容隔离芯片

3.1.4　光纤传输

在电力电子装置中，光纤隔离常用于 IGBT 控制信号和状态及故障信号的传输。相对于其他隔离技术而言，光纤隔离比较明显的优势在于其无限制的隔离能力，以及远距离可以通过灵活的光缆连接起来。进一步来说，信息传输完全不受 EMC 效应的影响，比如强静电场和电磁场。另外，可以避免 IGBT 开关过程中由于 d*u*/d*t* 而产生的通信干扰。如同光电耦合一样，光纤技术的劣势同样在于传输延时的不一致性，这不是由传输原理导致的，而是由发送和接收技术引起的。同时，整个传输路径的花费（发送器、光缆、接收器）远远超出了其他传输系统。光纤技术的一个潜在问题在于发送器与接收器通过光缆连接的节点，由于污染和环境的影响，存在光路被干扰的危险。图 3-13 为某常用光接收器与光发送器。

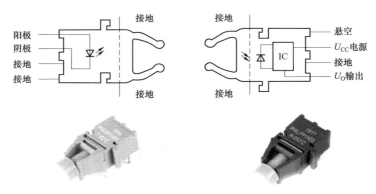

(a) 安华高HFBR152x接收器与光发送器　　(b) 安华高HFBR252x接收器与光发送器

图 3-13　某常用光接收器与光发送器

3.1.5　隔离技术对比

基于不同设计理念的驱动器的优势和劣势如表 3-1 所示。

表 3-1　　　　　　　　基于不同设计理念的驱动器的优势和劣势

原理	优势	劣势
光电耦合器	体积较小	老化问题 传输延时误差较大 无法传输能量 绝缘能力有限
光纤隔离	绝缘优异 电磁兼容特性优异	价格昂贵 传输延时误差较大
脉冲变压器	绝缘能力较高 可以传输能量 传输延时误差极小	体积较大
电容耦合器	成本高	需要大容量的耦合电容 无法传输能量 不常用于 IGBT 驱动

3.2 栅极驱动特性研究

栅极驱动的优劣和功能的强大与否对 IGBT 本身的工作性能和可靠性有着直接的影响,只有匹配才能充分发挥 IGBT 的性能。栅极驱动提供的驱动脉冲幅度以及波形关系到 IGBT 的饱和压降,开通和关断时瞬间集电极电压、电流的上升和下降速率等因素,直接影响到 IGBT 的损耗和发热,也就间接影响到整个系统的性能和可靠性。

3.2.1 栅极阻容特性

IGBT 模块的开关性能(包括导通和关断)由 IGBT 模块的结构、内部寄生电容及内部和外部的电阻决定。

在电压驱动 IGBT 时,栅极电阻会影响 IGBT 的开关特性。根据栅极控制,在开通和关断过程中栅极电阻可以相同或也可以不同。对于后者,开通电阻称为 R_{Gon},关断电阻称为 R_{Goff}。

随着栅极电阻的变化,IGBT 的电压变化率 dU_{CE}/dt 和电流变化率 dI_C/dt 都将发生变化。电阻 R_{Gon} 越高,IGBT 的开通就越慢,相应的 FWD 关断也越慢。这引起的后果是 IGBT 的开通损耗增加,FWD 的恢复损耗减小。电阻 R_{Goff} 越高,关断期间 IGBT 会进入欠饱和模式,导致集射极电压缓慢升高,集电极电流迅速下降。关断时,由于换向电路中的杂散电感相同,将会产生更大的电压过冲。在极端情况下,集电极不会产生拖尾电流而迅速衰减为零,但将导致额外的强烈振荡。此外,如果电阻 R_{Goff} 越高,关断过程中的延时时间越长。

在计算 IGBT 驱动电路的输出功率需求时,栅极电荷是关键参数。栅极电荷可以由等效输入电容 C_{GC} 和 C_{GE} 表征。

表 3-2 列出了 IGBT 充电电容的定义。

表 3-2 IGBT 充电电容的定义

充电电容	定义
$C_{\text{ies}}=C_{\text{GE}}+C_{\text{GC}}$	输入电容
$C_{\text{res}}=C_{\text{GC}}$	反向传输电容
$C_{\text{oes}}=C_{\text{GC}}+C_{\text{CE}}$	输出电容

在 IGBT 数据手册中,这些电容被说明为电压相关的小信号电容。这些电容与温度无关,但取决于集电极—发射极电压,如图 3-14 所示,从图中可以看出集电极—发射极电压越低,电容值越高。

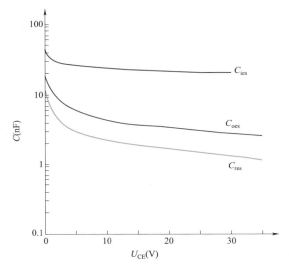

图 3-14   IGBT 内部寄生电容与集电极—发射极电压的关系

可以在栅极电路和发射极之间接一个电容 C_{GE}，通过这种方式，驱动电路会吸收掉过高的尖峰电压。由米勒效应引起的位移电流能够有效避免开关误动作所引起的栅极电压振荡和过电压的情况。一般 C_{GE} 的值选择为 IGBT 内部 C_{GE} 的 1/10。在 PCB 布板时，该电容需要放在距离 IGBT 模块较近的地方。

3.2.2   驱动电压要求

与栅极电阻一样，驱动电压对 IGBT 开关特性也有重要影响。驱动电压对 IGBT 开关特性的影响见表 3-3。

表 3-3   驱动电压对 IGBT 开关特性的影响

开关特性	栅极开通，电压$+U_{GE}$上升	栅极关断，电压$-U_{GE}$上升
$U_{CE(sat)}$	↓	—
t_{on}	↓	—
t_{off}	—	↓
E_{on}	↓	—
E_{off}	—	↓
导通冲击电压	↑	—
关断冲击电压	—	↑
dU/dt	↑	↓

开关特性	栅极开通，电压+U_{GE}上升	栅极关断，电压−U_{GE}上升
短路电流最大值	↑	—
短路电流耐受能力	↓	—
电磁干扰噪声	↑	—

注 "↑"代表增加；"↓"代表减少。

建议的栅极开通电压（+U_{GE}）为 15V。栅极开通电压在设计时应遵循以下原则：

（1）+U_{GE}不应大于最大额定栅极电压 U_{GES}（±20V）。

（2）建议将电源电压波动控制在±10%以内。

（3）通态 C—E 饱和电压 $U_{CE(sat)}$与+U_{GE}成反比，因此+U_{GE}越大，$U_{CE(sat)}$越小。

（4）开通延时和开关损耗随着+U_{GE}的升高而减小。

（5）在导通时（在反向二极管反向恢复时），+U_{GE}越高，对另一桥臂产生浪涌电压的可能性就越大。

（6）即使 IGBT 处于关断状态，反向二极管反向恢复的 du/dt 也可能导致 IGBT 失效，脉冲型集电极电流可能导致不必要的发热。这种现象称为 du/dt 击穿，随着+U_{GE}的升高而更容易发生。

（7）+U_{GE}越大，短路承受能力越小。

建议的栅极关断电压（−U_{GE}）为−15～−5V，栅极关断电压在设计时应遵循以下原则：

（1）−U_{GE}应保持在最大额定电压之下，U_{GES}=±20V。

（2）建议将电源电压波动控制在±10%以内。

（3）IGBT 的关断特性在很大程度上取决于−U_{GE}，特别是当集电极电流刚开始关断时。因此，−U_{GE}越大，开关时间越短，开关损耗越小。

（4）如果−U_{GE}太小，可能会出现 du/dt 击穿电流，因此至少需要将其设置为大于−5V。尤其是当栅极接线较长时则更要注意这一点。

3.2.3 栅极杂散电感影响

栅极杂散电感包括栅极走线电感、栅极电阻电感及 IGBT 模块内部栅极电感。对于负电压关断的 IGBT 驱动来说，栅极电感的增加会使 IGBT 的开通过程加快，关断过程不变，开通损耗降低；对于零电压关断的驱动，开关速度则基本不变。在驱动器设计的时候，一般选择减小栅极杂散电感、减小驱动器与 IGBT

栅极的连接线长度是采用较多且有效的办法。

此外，在 IGBT 并联应用时，各驱动回路杂散电感的一致性是非常重要的，非对称的栅极杂散电感可能导致 IGBT 动态均流性能变差，影响整个系统的性能。

3.2.4 栅极电阻选择

IGBT 开关特性受外部栅极电阻 R_{Gon} 和 R_{Goff} 的影响。由于 IGBT 的充电电容在开关期间是变化的，栅极电阻可由导通和关断期间栅极电流（I_{G}）脉冲的幅值及上升时间决定。

当栅极峰值电流增加时，导通和关断的时间将会缩短且开关损耗也将会减少 IGBT 导通与关断期间栅极电流如图 3−15 所示。减小 R_{Gon} 和 R_{Goff} 的阻值会影响栅极峰值电流。图 3−16 显示了某 IGBT 的开关损耗、开关时间与栅极电阻值的关系。

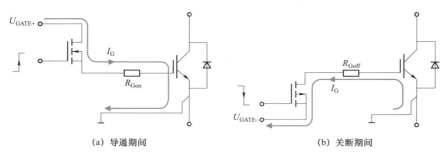

(a) 导通期间　　　　　　　　　　　　　(b) 关断期间

图 3−15　IGBT 导通与关断期间栅极电流

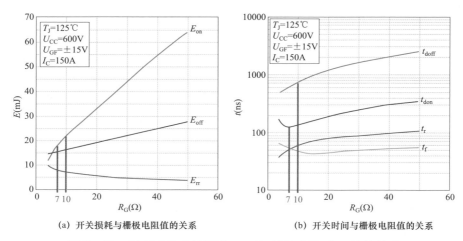

(a) 开关损耗与栅极电阻值的关系　　　　　(b) 开关时间与栅极电阻值的关系

图 3−16　某 IGBT 开关损耗、开关时间与栅极电阻值的关系

由于电路中存在杂散电感，当减小栅极电阻的阻值时，需要注意的是快速切换大电流时所产生的 di/dt，会在 IGBT 上产生高的电压尖峰 U_{stray}，该电涌电压为

$$U_{\text{stray}} = L_\sigma \cdot \frac{\mathrm{d}i}{\mathrm{d}t} \qquad (3-1)$$

式中：L_σ 为杂散电感；$\mathrm{d}i/\mathrm{d}t$ 为开关电流的变化率。如图 3–17 所示，在 IGBT 关断时的波形图上观察到较小的栅极电阻带来电压尖峰 U_{stray} 的情况。图中的阴影部分显示了关断损耗的相对值。集电极—发射极电压的瞬时电压尖峰可能会损坏 IGBT，特别是在短路关断操作的情况下。可通过增加栅极电阻的值来减小 U_{stray}，进而消除由于过电压带来的 IGBT 被损毁的风险。

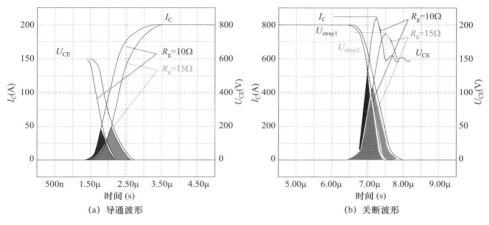

图 3–17　IGBT 导通与关断电流波形

在 IGBT 半桥应用中，上桥臂 IGBT 和下桥臂 IGBT 间的互锁/死区时间也需要考虑栅极电阻对延迟时间的影响。当 R_{Goff} 越大，IGBT 的下降时间就越大，这就是为什么实际的死区时间可能超过最小死区时间，并带来桥臂直通风险。另外，快速的导通和关断会分别带来较高的 $\mathrm{d}u/\mathrm{d}t$ 和 $\mathrm{d}i_C/\mathrm{d}t$，会产生更多的电磁辐射，可能在应用中引起电路故障。图 3–18 为不同的栅极电阻值对 $\mathrm{d}i_C/\mathrm{d}t$ 的影响。

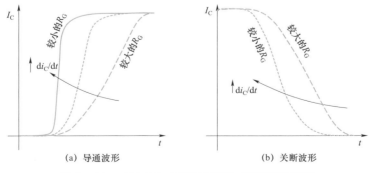

图 3–18　$\mathrm{d}i_C/\mathrm{d}t$ 在 IGBT 导通与关断时的波形

表 3-4 概括了栅极电阻对 IGBT 开关特性的影响。

表 3-4   栅极电阻对 IGBT 开关特性的影响

IGBT 开关特性	栅极电阻 R_g 增加	栅极电阻 R_g 减小
t_{on}	↑	↓
t_{off}	↑	↓
E_{on}	↑	↓
E_{off}	↑	↓
导通峰值电流	↓	↑
关断尖峰电流二极管	↓	↑
du/dt	↓	↑
di/dt	↓	↑
电压尖峰	↓	↑
电磁干扰噪声	↓	↑

注 "↑"代表增加;"↓"代表减少。

栅极电阻的选择目标是实现 IGBT 的低开关损耗,无 IGBT 模块振荡,降低二极管反向恢复峰值电流和最大 du/dt 限制。下面列出一些有关栅极电阻计算方面的原则:

(1)通常情况下,额定电流大的 IGBT 模块采用较小的栅极电阻驱动;额定电流小的 IGBT 模块,则需要较大的栅极电阻驱动。

(2)一般而言,最优的栅极电阻值应选用介于 IGBT 数据手册中所列的值的一倍至两倍。既可以满足 IGBT 数据手册中所指定的最小值,也可以安全地关断两倍的额定电流。在实际应用中,由于测试电路和各个应用参数的差异,IGBT 数据手册中的栅极电阻值往往不能直接使用。上面提到的预估的电阻值(即两倍的数据手册值),可被看作是优化的起点,以此开始逐渐减少栅极电阻值,最终确定最优值的唯一途径是测试。

(3)在大多数的应用中,导通栅极电阻 R_{Gon} 比关断栅极电阻 R_{Goff} 小,大多数情况下 R_{Goff} 约为 R_{Gon} 的两倍。

(4)在应用中减小回路寄生电感很重要,这有助于保持 IGBT 关断过电压在 IGBT 数据手册的指定范围内,特别是在短路情况下。例如,在短路情况下降低过电压的一个简单的方法是采用软关断电路。在发生短路时,软关断电路增大 R_{Goff} 所在支路的阻抗,能够以更慢的速度关掉 IGBT。

栅极电阻的大小决定了栅极峰值电流 I_{GM}。增大栅极峰值电流将减少导通和关断时间及开关损耗。栅极峰值电流的最大值和栅极电阻的最小值分别由驱动器输出级的性能决定。驱动器的数据手册给出了峰值电流的最大值和栅极电阻的最小值。这些值都必须予以考虑，以避免造成驱动器的损坏。在实际应用中，由于 IGBT 模块的内部电阻 R_{Gint} 和栅极控制电路上的电感，栅极电流可能要小一些。IGBT 的数据手册给出了 R_{Gint} 的值。图 3-19 为栅极开通电流波形。

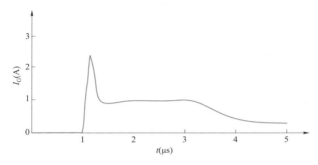

图 3-19　栅极开通电流波形

栅极峰值电流为

$$I_{GM} = \frac{U_{Gon} - U_{Goff}}{R_G + R_{Gint}} \qquad (3-2)$$

式中：R_G 为门极电阻；I_{GM} 为栅极峰值电流。栅极开通及关断电流波形如图 3-20 所示。

最小栅极阻抗为

$$R_{Gmin} = \frac{U_{Gon} - U_{Goff}}{I_{GM}} \qquad (3-3)$$

在 IGBT 模块的高频应用情况下，栅极驱动电阻会产生大的损耗。

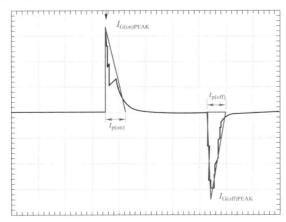

图 3-20　栅极开通及关断电流波形

导通时栅极电路的有效值，由三角形脉冲推导，即

$$I_{G(on)RMS} = I_{G(on)PEAK} \sqrt{\frac{k}{3}} \qquad (3-4)$$

式中：$I_{G(on)RMS}$ 为 IGBT 导通时栅极电流有效值；$I_{G(on)PEAK}$ 为 IGBT 导通时峰值；

$k = \dfrac{t_p}{T} = t_p \cdot f_{sw}$。

导通时栅极电阻功率耗散为

$$P_{Gon} = I_{G(on)RMS}{}^2 \cdot R_{Gon} \qquad (3-5)$$

式中：P_{Gon} 为栅极电阻功率损耗；$I_{G(on)RMS}$ 为 IGBT 导通时栅极电流有效值；R_{Gon} 为 IGBT 导通时栅极电阻值。

关断时栅极电流的有效值为

$$I_{G(off)RMS} = I_{G(off)PEAK} \sqrt{\frac{k}{3}} \qquad (3-6)$$

式中：$I_{G(off)RMS}$ 为 IGBT 导通时栅极电流有效值；$I_{G(off)PEAK}$ 为 IGBT 导通时峰值；

$k = \dfrac{t_p}{T} = t_p \cdot f_{sw}$。

关断时栅极电阻功率耗散为

$$P_{Goff} = I_{G(off)RMS}{}^2 \cdot R_{Goff} \qquad (3-7)$$

式中：P_{Goff} 为栅极电阻功率损耗；$I_{G(off)RMS}$ 为 IGBT 导通时栅极电流有效值；R_{Goff} 为 IGBT 关断时栅极电阻值。

以上公式可以用于分别计算导通电阻和关断电阻，在计算功耗的基础上选择栅极电阻时需要考虑一个安全裕量。

由于在 IGBT 工作期间栅极电阻需要承受连续的脉冲电流，因此栅极电阻应具有一定的承受脉冲功率的能力，脉冲功率 $P_{pulse} = I_{GM}{}^2 \cdot R_G$。

为了满足承受大负载的要求，栅极电阻应选择具有非谐振、高精度、金属薄膜、稳定性好、温度系数小等特性的电阻，并且采用并联的方式，每个并联电阻均应设计为具有满足应用中最大栅极电流的能力。采用电阻并联形式的好处是可以在一个电阻损坏的情况下驱动器继续工作，也利于增强散热。在考虑 PCB 板上的布局时，必须为栅极电阻流出足够大的冷却区。

3.2.5　栅极电荷计算

在驱动 IGBT 栅极时，驱动器每次开关 IGBT 所需提供的栅极电荷可以通过栅极电荷特性图来确定（如图 3-21 所示），该图显示了栅极—发射极电压与栅极电荷的关系。

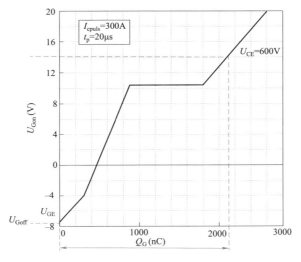

图 3-21 栅极电荷特性

栅极电荷可通过栅极电压的幅值从图中读出，即从开启栅极电压 U_{Gon} 到关闭栅极电压 U_{Goff}。

如果数据手册只给出正象限的栅极电荷曲线，则栅极电荷幅值可以通过外推法读出。

如图 3-22 所示，亮绿色区域代表 IGBT 数据表中的图表区域。沿着栅极电荷曲线平行移动到负象限直到 U_{Goff}，可以确定栅极电荷的大小。

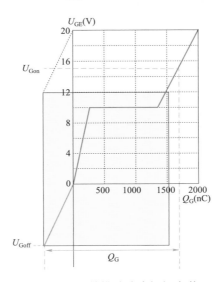

图 3-22 外推法确定栅极电荷

另一种确定栅极电荷的方法是利用输入电容 C_{ies}，可以从 IGBT 数据手册中找到 C_{ies} 的值。

IGBT 驱动需要在正确的时刻提供足够的栅极电荷（或每个栅极驱动脉冲的能量），这只能通过在驱动器的输出级使用低阻抗、低电感的输出电容才能实现。电容器的大小由电荷计算值 Q_G 表示。

栅极电荷是用于确定驱动器输出功率和栅极电流的基本参数。

使用输入电容 C_{ies} 计算栅极电荷，即

$$Q_G = C_G \cdot (U_{Gon} - U_{Goff}) \tag{3-8}$$

其中

$$C_G = k_C \cdot C_{ies}$$

式中：k_C 是栅极电容系数，可以由下式估算

$$k_C = \frac{Q_{G(ds)}}{C_{ies} \cdot (U_{Gon} - U_{Goff})} \tag{3-9}$$

式中：$Q_{G(ds)}$ 由 IGBT 数据手册提供，U_{Gon} 和 U_{Goff} 是栅极电压。综合上述公式，可以得到栅极电荷计算，即

$$Q_G = k_C \cdot C_{ies} \cdot (U_{Gon} - U_{Goff}) \tag{3-10}$$

3.2.6　驱动功率计算

IGBT 所需的每个电源的功率可以表示为开关频率和 IGBT 充放电能量的函数，即

$$P_{GD(out)} = E \cdot f_{sw} \tag{3-11}$$

其中，E 为 IGBT 充放电所需能量，即

$$E = Q_G \cdot (U_{Gon} - U_{Goff}) \tag{3-12}$$

因此单路驱动电源的输出功率为

$$P_{GD(out)} = Q_G \cdot (U_{Gon} - U_{Goff}) \cdot f_{sw} \tag{3-13}$$

将 Q_G 用 C_{ies} 表示，则输出功率为

$$P_{GD(out)} = k_C \cdot C_{ies} \cdot (U_{Gon} - U_{Goff}) \cdot f_{sw} \tag{3-14}$$

3.2.7　驱动电流计算

栅极驱动器的设计不仅要关注 IGBT 静态和动态特性，也需要注意相应 FWD 的特性。当设计 IGBT 驱动器时，一个重要的参数是驱动 IGBT 的最大峰值电流 I_{peak}。为此，需要分开考虑开通和关断电流。虽然在很多应用中，开通电流、关

断电流都是一致的，但它们要分开计算，并估算出最小的栅极电阻 R_{Gmin}。可通过式（2-4）来估算最大峰值电流，即

$$I_{\text{peak}} \approx 0.7 \cdot \frac{\Delta U_{\text{GE}}}{R_{\text{Gmin}}} = 0.7 \cdot \frac{U_{\text{GE, max}} - U_{\text{GE, min}}}{R_{\text{Gint}} + R_{\text{Gext}}} \qquad (3-15)$$

式中：I_{peak} 为驱动器必须提供的峰值电流；$U_{\text{GE,max}}$ 为用于开通 IGBT 的正栅极电压；$U_{\text{GE,min}}$ 为用于关断 IGBT 的负栅极电压或 0；R_{Gint} 为 IGBT 内部的栅极电阻；R_{Gext} 为外部栅极电阻。

当驱动器配置栅极—集射极电容 C_{G}，可把内部栅极电阻视为短路，即 R_{Gint} 为 0Ω。考虑到驱动器内部阻抗和寄生的电阻和电感参数，按照工程经验，计算峰值电流的校正因数选择为 0.7。当采用不同的栅极电阻 R_{Gon} 和 R_{Goff}，所需峰值电流由最小的电阻确定，需要关注驱动器芯片在 IGBT 开关期间，提供的不同峰值电流。因此，需要计算驱动器开关期间各个时刻的峰值电流，以便选择合适的驱动芯片。

以某柔性直流工程子模块 IGBT 驱动器为例，IGBT 的栅极开通电阻 2.2Ω，栅极并联 330nF 电容，忽略 IGBT 内阻的影响，关断电阻 4.7Ω，加速开通电阻 5Ω，加速关断电阻 0.5Ω。开通关断各阶段电流峰值计算结果如下：

（1）在开通加速过程中，控制电压 ΔU_{ce} 为 15V，切换电阻为开通电阻 2.2Ω|| 加速开通电阻 5Ω，即 1.53Ω，计算得到 I_{peak}=0.7×(15÷1.53)=6.9（A），持续时间小于 1μs。

（2）开通加速后，正常开通，切换电阻小于加速过程。

（3）在关断加速过程中，控制电压 ΔU_{ce} 为 15V，切换电阻为关断电阻 0.5Ω，计算得到 I_{peak}=0.7×(15÷0.5)=27（A），持续时间小于 1μs。

综上所述，IGBT 驱动器的驱动电流要满足 ±27A，持续电流大于 1μs。实际中选用 MOSFET 额定输出电流 7A，可重复峰值电流 ±40A，脉宽小于 10μs。

3.3　隔　离　电　源

驱动电源是整个驱动器正常工作的最基本保证，IGBT 栅极开通所需要的 +15V 及栅极关断时所需的 0～-15V 电源均由驱动电源提供，此外在大多数 IGBT 拓扑应用中均要求电源间相互隔离，在实际应用中应遵循电气间隔和爬电距离相关的工业标准。

3.3.1　驱动器隔离要求

IGBT 的应用拓扑种类很多，例如半桥、全桥、三电平、模块化多电平等。

对于 IGBT 而言，上述拓扑的共同特点就是 IGBT 的集电极电位不同，使得 IGBT 的驱动器工作电位不同，因此，驱动器需要增加隔离电源为驱动单元供电。驱动器隔离电源的隔离要求与多个因素相关，从驱动器的栅极经过 IGBT，再经过其他一次组件（如 IGBT、电感电容）或者二次设备（如同桥臂串联 IGBT 的驱动板）的回路电压；同桥臂串联 IGBT 工作时的 di/dt 和 du/dt。因此，需要充分考虑以上因素后，对驱动器的隔离电源提出合理的隔离耐压要求。

隔离电源的耐压击穿方式分为两种：第一种为一次绕组与磁芯击穿、二次绕组与磁芯击穿，导致一次级间击穿（间接击穿）；第二种为一次与二次绕组间击穿（直接击穿）。

以某柔性直流输电工程子模块 IGBT 驱动板为例，子模块采用如图 3-23 所示的半桥级联方式，IGBT 采用 ABB 公司的 5SNA 1500E330305，可承受最大电压 3.3kV，且关断的 du/dt 小于 5kV/μs，开通的 di/dt 小于 5kA/μs。当子模块上管导通后，驱动器的主承压回路上的元件依次为换流器为母线、上管驱动板、下管驱动板、下管 IGBT 发射极。整个回路驱动板卡的静态承受电压为母线电压的一半。但是考虑到上管驱动板卡损坏，而不能影响下管驱动工作，驱动器单板承受电压至少为母线电压。考虑 IGBT 开通时，di/dt 会在子模块杂感上产生感应电压，感应电压不高于 1000V。为保证驱动器可靠工作，选择驱动器隔离耐压值为额定工作电压 2750V 的 2 倍加 1000V。因此，最终选定驱动器隔离电源耐压值大于 6.5kV。

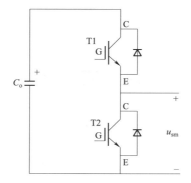

图 3-23　柔性直流工程子模块 IGBT 驱动板拓扑示意图

3.3.2　反激式隔离电源

在当今众多的换流器拓扑结构中，反激式拓扑结构是最常用的一种。采用这种拓扑结构的换流器设计虽然简单，但在某些应用中具有很大优势。近年来，新的、更复杂的拓扑结构不断涌现，但反激式换流器仍然是一种流行的设计选择。这些开关模式功率转换器在中、低功率范围（2～100W）内具有极具竞争力的尺寸、成本和能效比。反激式变换器的工作基于一个耦合电感器，该电感器在隔离转换器输入和输出的同时有助于功率转换。耦合电感器还可实现多路输出，从而使反激式转换器成为各种应用的标准。

反激式换流器有 t_{on} 和 t_{off} 两个信号半周期，它们以 MOSFET 的开关状态命名（并受其控制）。在 t_{on} 期间，MOSFET 处于导通状态，电流从输入端流经一次侧电感器，对耦合电感器进行线性充电。在 t_{off} 期间，MOSFET 处于关断状态，耦合电感器通过二极管开始消磁。来自电感器的电流对输出电容器充电，并为负载供电。反激式隔离电源拓扑结构如图 3-24 所示。

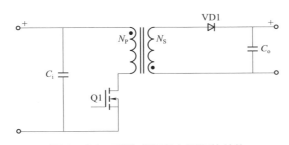

图 3-24　反激式隔离电源拓扑结构

反激式拓扑本质上是 BUCK—BOOST 拓扑，通过变压器作为储能电感进行电气隔离。变压器不仅提供隔离，而且能够通过改变匝数比调节输出电压。

反激式变压器有连续导通模式（continuous conduction mode，CCM）、不连续导通模式（discontinuous conduction mode，DCM）和临界导通模式（critical conduction mode，CRM）三种基本工作模式。三种工作模式的区别在于反激电源变压器一次绕组的能量转移是否完全。在连续导通模式下，当下一个导通周期开始时，反激变压器中存储的部分能量仍保留在变压器中。当开关 Q1 断开时，由于存储的能量并没有完全转移，因此在每个开关周期开始时一次侧电流的值大于零。主要器件电压和电流波形如图 3-25 所示。在不连续导通模式下，变压器二次侧储存的所有能量在开关 Q1 的关断时间内转移到输出端（为输出电容充电以及为负载供电）。临界导通模式也称为过渡模式（transition mode，TM），恰好处于 DCM 和 CCM 之间的边界，发生在开关周期结束时存储的能量刚刚达到零的时候。

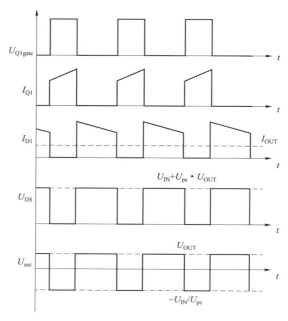

图 3-25　连续运行模式下主要器件电压和电流波形

（1）变压器设计。反激式电源可根据应用要求设计为 CCM、DCM 或 CRM 模式。CCM 具有更小的纹波和有效值电流、更低的 MOSFET 导通和关断损耗、更好的满功率传输效率等。DCM 没有二极管反向恢复损耗，电感值较低，因此变压器较小，满功率效率较高。而 DCM 没有二极管反向恢复损耗，电感值较低，因此变压器较小，空载效率较高。对于输入电压较低的 DC/DC 应用，尤其是在大功率系统中，尽管系统很难保持较好的动态性能，采用 CCM 可以最大限度地降低一次侧有效值电流。本节以较低输入电压设计应用中的 CCM 为例。变压器匝比 N_{ps} 为

$$N_{ps} = \frac{N_s}{N_p} = \frac{U_{imin}}{U_o} \cdot \frac{D_{max}}{1 - D_{max}} \tag{3-16}$$

式中：D_{max} 为能够满足最小输入电压条件下的最大占空比；N_s 为变压器二次侧匝数；N_p 为变压器一次侧匝数；U_{imin} 为最小输入电压。

假设反激电源的效率是 η，输入功率和输出功率的关系为

$$U_i \cdot I_{LM} \cdot D \cdot \eta = P_o \tag{3-17}$$

式中：I_{LM} 是变压器一次侧流过的平均电流；U_i 为输入电压；D 为占空比；P_o 为输出功率。

假设励磁电感流过的电流为

$$\Delta I_{\mathrm{L}} = K_{\mathrm{L}} \cdot I_{\mathrm{LM}} \qquad (3-18)$$

式中：K_{L} 为选取的电感系数。

综合上述公式，可得

$$L_{\mathrm{M}} = \frac{U_{\mathrm{i}}^2 \cdot \eta}{K_{\mathrm{L}} \cdot P_{\mathrm{o}} \cdot f_{\mathrm{s}}} \times \frac{U_{\mathrm{o}}^2 \cdot N_{\mathrm{ps}}^2}{(U_{\mathrm{i}} + U_{\mathrm{o}} \cdot N_{\mathrm{ps}})^2} \qquad (3-19)$$

式中：P_{o} 是输出功率；f_{s} 是反激电源开关频率。

从式（3-19）还可以看出，L_{M} 与 U_{i} 呈正相关。这意味着磁化电感应设计在最高输入电压下，以确保转换器在所有输入电压范围内均能以 CCM 运行。

一次绕组中的峰值电流可计算为

$$I_{\mathrm{Pri,peak}} = \left(1 + \frac{K_{\mathrm{L}}}{2}\right) \times \frac{P_{\mathrm{o}} \cdot (U_{\mathrm{i}} + U_{\mathrm{o}} \cdot N_{\mathrm{ps}})}{U_{\mathrm{i}} \cdot U_{\mathrm{o}} \cdot \eta \cdot N_{\mathrm{ps}}} \qquad (3-20)$$

计算出的匝比、一次绕组电感和峰值电流可用于确定变压器的磁芯、一次和二次绕组匝数以及导线厚度。

（2）Q1 应力计算。如图 3-25 所示，关断时 MOSFET 两端电压为 $U_{\mathrm{i}} + U_{\mathrm{o}} \cdot N_{\mathrm{ps}}$，反偏时二极管两端电压为 $U_{\mathrm{o}} + U_{\mathrm{i}}/N_{\mathrm{ps}}$。二极管上的电压为 $U_{\mathrm{o}} + U_{\mathrm{i}}/N_{\mathrm{ps}}$。MOSFET 和二极管的额定电压在选择时需要留有适当的余量，因为它们都会受到高电压尖峰的影响。对于 MOSFET，一次绕组漏感与 MOSFET 的输出电容共振，对于二极管，二次绕组漏感与 MOSFET 的输出电容共振，从而导致高电压尖峰。因此通常选择计算电压的 1.5～2 倍作为器件选型依据以确保足够的裕量。

Q1 的电压为

$$U_{\mathrm{Q1}} = (1.5 \sim 2) \times (U_{\mathrm{i,max}} + U_{\mathrm{o}} \cdot N_{\mathrm{ps}}) \qquad (3-21)$$

电流有效值为

$$I_{\mathrm{Q1,rms}} = \sqrt{D \cdot \left[\left(\frac{U_{\mathrm{o}} \cdot U_{\mathrm{i}}}{U_{\mathrm{i}} \cdot D}\right)^2\right] + \frac{(K_{\mathrm{L}} \cdot I_{\mathrm{LM}})^2}{3}} \qquad (3-22)$$

（3）二极管应力计算。二极管承受电压为

$$U_{\mathrm{D1}} = (1.2 \sim 1.5) \times \left(U_{\mathrm{o}} + \frac{U_{\mathrm{i,max}}}{N_{\mathrm{ps}}}\right) \qquad (3-23)$$

二极管承受电流有效值为

$$I_{\mathrm{D1,rms}} = \sqrt{(1-D) \times \left[I_{\mathrm{o}}^2 + \frac{(K_{\mathrm{L}} \cdot I_{\mathrm{LM}} \cdot N_{\mathrm{ps}})^2}{3}\right]} \qquad (3-24)$$

3.3.3　正激式隔离电源

正激式隔离电源源于 BUCK 变换器，采用隔离变压器，通常用于输出功率在 200W 以下的使用场景，能够实现对输入电压的升压和降压。当需要高输出电流时，正激电源是理想的选择。正激电源的元件所受应力不大，采用单个电力电子开关即可满足要求。

正激式隔离电源拓扑结构如图 3-26 所示。

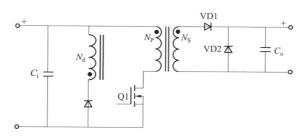

图 3-26　正激式隔离电源拓扑结构

与反激式隔离电源相比，正激式隔离电源的主要优势如下：

（1）变压器利用率更高。正激式隔离电源通过变压器瞬间传输能量，不依赖变压器中的储能装置，因此，变压器可以做得更理想，具有的磁化电感更高，且无气隙。因此，一次侧和二次侧的峰值电流较低，意味着铜耗更低。

（2）滤波输出。输出电感和 FWD 使输出电流保持稳定，一次侧纹波电流显著降低。能量主要存储在输出电感中，输出电容可以做得很小，纹波电流含量低得多。其主要目的是降低输出电压纹波。

（3）有源器件峰值电流更低。变压器内部磁化电感更大。

与反激式隔离电源相比，正激式隔离电源的缺点包括以下几个方面：

（1）成本增加。需要额外的输出电感和 FWD。

（2）最低负载要求。特别是在多输出情况下，因为如果转换器进入电流断续工作模式，增益会发生显著变化。

（3）对 MOSFET 的耐压等级要求较高。不利于高压输入工况下的应用。

下面介绍正激式隔离电源的设计方法。

（1）变压器设计。为了方便起见，一次绕组 N_p 和复位绕组 N_d 之间的绕组比通常选为 1，开关器件 Q1 的栅极信号最大占空比 $D \leqslant 50\%$，以确保变压器一次侧电感中储存的能量能够正确复位。一次绕组 N_p 和二次绕组 N_s 之间的绕组比应设计为足够小，以确保在占空比 D 达到最大值和输入电压 U_i 达到最小值时达到所需的输出电压；但又必须能够尽可能使用整个占空比 D 的范围。当电感工作在电流连续模式下时，输入与输出电压的关系可以表示为

$$\frac{U_o}{U_i} = \frac{N_s}{N_p} \bullet D \qquad (3-25)$$

如果选定的变压器的磁芯有效截面积为 A_e，最大饱和磁通量为 B_{sat}，则为避免磁芯饱和，可以通过计算得出确定变压器的最小一次侧匝数为

$$N_{pmin} > \frac{U_{imax} \bullet D_{max} \bullet \dfrac{1}{f_s}}{B_{sat} \bullet A_e} \qquad (3-26)$$

式中：U_{imax} 为最大输入电压；D_{max} 为最大占空比；f_s 为开关频率；B_{sat} 为磁芯最大饱和磁通量；A_e 为磁芯有效截面积。

注意：在设计一、二次侧的匝数时，需要校验绕线和隔离材料所需的总面积是否满足磁芯所留出的窗口面积 A_W。

变压器的最后一个考虑因素是绕组结构、功率损耗和散热能力。改变铁芯尺寸、铁氧体材料和不同磁芯结构可能会有助于提升上述能力。

（2）输出电感设计。输出电感必须足够大，以确保在 10% 负载下的电流不断续。从理论上来说，电感值没有上限，但电感值越大意味着匝数越多、越长，从而增加了绕组的直流电阻和铜耗。

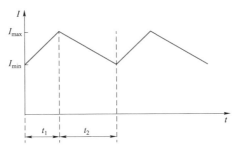

图 3-27 电感电流波形

如图 3-27 所示，要计算电感最小值，首先要考虑通过输出电感的最小直流电流

$$I_{Lo,DC,min} = I_{o,max} \times 10\% \qquad (3-27)$$

式中：$I_{Lo,DC,min}$ 为输出电感的最小直流电流；$I_{o,max}$ 为负载电流最大值。

为了保证电感电流连续，电感电流的纹波应小于上述电流值的两倍，即

$$\Delta i_{Lo} < 2 \times I_{Lo,DC,min} \qquad (3-28)$$

另一方面，当Q1开通时，电感电流的变化量为

$$\Delta i_{\text{Lo}} = \left(\frac{N_s}{N_p} \cdot U_i - U_o \right) \cdot \frac{1}{L_1} \cdot t_{\text{on}} \qquad (3-29)$$

式中：t_{on}为Q1开通的时长；L_1为输出电感值。

由占空比与开通频率的关系可得

$$t_{\text{on}} = \frac{U_o}{U_1} \cdot \frac{N_p}{N_s} \cdot \frac{1}{f_s} \qquad (3-30)$$

于是

$$\Delta i_{\text{Lo}} = \left(\frac{N_s}{N_p} \cdot U_i - U_o \right) \cdot \frac{1}{L_1} \cdot \frac{U_o}{U_i} \cdot \frac{N_p}{N_s} \cdot \frac{1}{f_s} \qquad (3-31)$$

带入式（3-28）可得

$$L_o > \left(1 - \frac{1}{U_{i,\max}} \cdot \frac{N_p}{N_s} \cdot U_o \right) \cdot \frac{1}{\Delta i_{\text{Lo,max}}} \cdot U_o \cdot \frac{1}{f_s} \qquad (3-32)$$

（3）Q1应力计算。开通状态下变压器一次侧流过的电流为

$$I_{\text{pri,mean,on}} = \frac{P_i}{U_i \cdot D} = \frac{P_o}{U_i \cdot D \cdot \eta} \qquad (3-33)$$

式中：η为电源效率；P_i为输入功率；P_o为输出功率；D为占空比；U_i为输入电压。变压器一次侧绕组上的纹波电流为

$$\Delta i_{\text{pri}} = \frac{\Delta i_{\text{Lo}}}{2 \cdot I_{\text{Lo,max}}} \cdot I_{\text{pri,mean,on}} \qquad (3-34)$$

其中

$$\Delta i_{\text{Lo}} = \left(\frac{N_s}{N_p} \cdot U_i - U_o \right) \cdot \frac{1}{L_1} \cdot t_{\text{on}} \qquad (3-35)$$

变压器的励磁电流为

$$\Delta i_{\text{LM}} = U_i \cdot \frac{1}{L_M} \cdot t_{\text{on}} \qquad (3-36)$$

式中：L_M为变压器励磁电感。

于是，Q1上流过的电流峰值为

$$I_{\text{S,peak}} = I_{\text{pri,mean,on}} + \Delta i_{\text{pri}} + \Delta i_{\text{LM}} \qquad (3-37)$$

Q1上流过的电流有效值为

$$I_{\text{S,max,RMS}} = I_{\text{S,mean}} \cdot \sqrt{D} \cdot \sqrt{1 + \frac{1}{3} \cdot \left(\frac{\Delta i_S}{I_{\text{S,mean}}} \right)^2} \qquad (3-38)$$

式中：$I_{\text{S,mean}}$为一次绕组平均电流加上1/2的励磁电流峰—峰值；Δi_S为一次侧电

流纹波加上 1/2 的励磁电流峰—峰值。

Q1 上承受的电压值为

$$U_{Q1} = 2U_i \qquad\qquad (3-39)$$

通常在选择 Q1 时需要留出 20% 的裕度,防止由于变压器漏感引起电压过充。

(4) 二极管应力计算。二极管 VD1 和 VD2 上承受的电压为

$$U_{VD1} = U_i \frac{N_s}{N_d} \qquad\qquad (3-40)$$

$$U_{VD2} = U_i \frac{N_s}{N_p} \qquad\qquad (3-41)$$

3.3.4 推挽式隔离电源

推挽式隔离电源的拓扑结构可以看成是一个具有两个电力电子开关的正激变换器,如图 3-28 所示。两个开关管交替开通为各自的绕组供电。当 Q1 导通时,电流流经 VD1。当 Q2 导通时,电流流经 VD2。如图 3-28 所示,二次绕组采用中心抽头配置。输出滤波器的频率是 Q1 或 Q2 开关频率的两倍。Q1 和 Q2 的占空比必须相等,否则变压器磁芯会发生饱和。

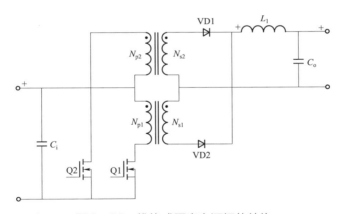

图 3-28 推挽式隔离电源拓扑结构

输入输出关系类似于正向转换器,即

$$\frac{U_o}{U_i} = \frac{N_s}{N_p} \cdot 2D \qquad\qquad (3-42)$$

当 Q1 和 Q2 均不工作时,输出电感电流在两个输出二极管之间分流。

正激式拓扑结构中无需变压器复位绕组。

(1) 变压器设计。与正激式电源类似,如果选定变压器的磁芯有效截面积

为 A_e，最大饱和磁通量为 B_{sat}，则可确定变压器的最小一次绕组匝数为

$$N_p > \frac{U_{imax} \cdot D_{max} \cdot \frac{1}{f_s}}{2B_{sat} \cdot A_e} \qquad (3-43)$$

式中：U_{imax} 为最大输入电压；D_{max} 为最大占空比；f_s 为开关频率；B_{sat} 为磁芯最大饱和磁通量；A_e 为磁芯有效截面积。

（2）输出电感设计。当 Q1 开通时，电感电流的变化量为

$$\Delta i_{Lo} = \left(\frac{N_s}{N_p} \cdot U_i - U_o \right) \cdot \frac{1}{L_1} \cdot t_{on} \qquad (3-44)$$

式中：t_{on} 为 Q1 开通的时长。

由占空比与开通频率的关系可得

$$t_{on} = \frac{U_o}{2U_i} \cdot \frac{N_p}{N_s} \cdot \frac{1}{f_s} \qquad (3-45)$$

于是

$$\Delta i_{Lo} = \left(\frac{N_s}{N_p} \cdot U_i - U_o \right) \cdot \frac{1}{L_1} \cdot \frac{U_o}{2U_i} \cdot \frac{N_p}{N_s} \cdot \frac{1}{f_s} \qquad (3-46)$$

则满足 CCM 模式的最小输出电感值为

$$L_o > \left(1 - \frac{1}{U_{i,max}} \cdot \frac{N_p}{N_s} \cdot U_o \right) \cdot \frac{1}{\Delta i_{Lo,max}} \cdot U_o \cdot \frac{1}{2f_s} \qquad (3-47)$$

（3）Q1 应力计算。单个开关管上承受的电压值为

$$U_Q = 2U_i \qquad (3-48)$$

每个开关管上流过的电流最大值为

$$I_{S,peak} = I_{pri,mean,on} + \Delta i_{pri} + \Delta i_{LM} \qquad (3-49)$$

其中

$$I_{pri,mean,on} = \frac{P_i}{2U_i \cdot D} = \frac{P_o}{2U_i \cdot D \cdot \eta} \qquad (3-50)$$

$$\Delta i_{pri} = \frac{\Delta i_{Lo}}{4I_{Lo,max}} \cdot I_{pri,mean,on} \qquad (3-51)$$

$$\Delta i_{LM} = U_i \cdot \frac{1}{2L_M} \cdot t_{on} \qquad (3-52)$$

（4）二极管应力计算。单个二极管上承受的电压值为

$$U_{\mathrm{D}} = 2U_{\mathrm{i}} \cdot \frac{N_{\mathrm{s}}}{N_{\mathrm{p}}} \qquad (3-53)$$

3.3.5 半桥式隔离电源

半桥变换器是正激类型的拓扑，适用于功率在 $300\sim1000\mathrm{W}$ 的应用场合。半桥式隔离电源拓扑结构如图 3-29 所示，与正激变换器类似，开关管关断时承受的电压应力为输入电压 U_{i}，因此对于开关管的耐压要求较有利，但与推挽式隔离电源相比，如果想输出相同的功率，开关管上需要流过两倍的电流。

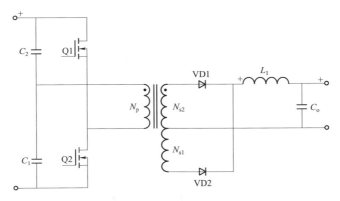

图 3-29　半桥式隔离电源拓扑结构

（1）变压器设计。半桥式隔离电源变压器设计可以参照正激式隔离电源的设计方法，电源的输入输出关系满足式（3-25），变压器一次侧匝数满足式（3-26）。

（2）输出电感设计。与推挽式隔离电源电路一样，满足 CCM 模式的最小输出电感值为

$$L_{\mathrm{o}} > \left(1 - \frac{1}{U_{\mathrm{i,max}}} \cdot \frac{N_{\mathrm{p}}}{N_{\mathrm{s}}} \cdot U_{\mathrm{o}}\right) \cdot \frac{1}{\Delta i_{\mathrm{Lo,max}}} \cdot U_{\mathrm{o}} \cdot \frac{1}{2f_{\mathrm{s}}} \qquad (3-54)$$

（3）Q1 应力计算。单个开关管上承受的电压值为

$$U_{\mathrm{Q}} = U_{\mathrm{i}} \qquad (3-55)$$

可参照推挽式隔离电源的计算方法，单个开关管上流过的电流为推挽式隔离电源的两倍。

（4）二极管应力计算。单个二极管上承受的电压值为

$$U_{\mathrm{D}} = U_{\mathrm{i}} \cdot \frac{N_{\mathrm{s}}}{N_{\mathrm{p}}} \qquad (3-56)$$

3.4 栅 极 驱 动 电 路

3.4.1 栅极驱动控制方式

驱动电路的好坏直接决定了 IGBT 模块能否正常可靠工作，它除了隔离传输和功率放大作用外，还具备如下功能：减小二极管反向恢复电流尖峰、降低关断过压、减小 IGBT 开关损耗、抑制功率回路中的电磁干扰，以及在故障情况下确保其运行在安全工作区内。针对大功率 IGBT 的控制需求，现阶段驱动电路可以分为开环式和闭环式，开环式控制根据控制的复杂程度分为一段式、两段式、三段式等。开环控制又分为电压控制型、电流控制型和电阻控制型，如图 3-30 所示。一段式开环控制以 PI、青铜剑等模拟驱动器厂家为代表，开通和关断分别只有一个电阻，无法对开通关断过程进行精确调控。多段式开环控制以国网智研院、InPower、飞仕得等数字厂家为代表，开通关断有多个电阻，可以动态调节 IGBT 的开关轨迹，实现开关电气尖峰和损耗的协同优化。闭环式驱动器对 IGBT 的集电极电压轨迹和电流轨迹进行控制，如图 3-31 所示，需要采集电压和电流信号，设定控制目标，实现闭环调节，目前多个驱动器厂家一直在研究，尚处于实验室阶段，未实现工程应用。

多阶段切换栅极参数的基本控制思路，是在集电极电压/电流上升或下降阶段采用较大的栅极电阻或较小的栅极驱动电压，或者较小的栅极驱动电流，来控制开关速度，抑制电压、电流过冲；同时，在其他阶段采用较小的栅极电阻或较大的栅极驱动电压或较大的栅极驱动电流，以减小开关时间，降低开关损耗。

两段式的控制方法最为简单，通常将开通瞬态分为开通延时阶段和其他阶段，用较小的栅极电阻来缩短开通延时时间，用较大的栅极电阻控制电流上升速度和电压下降速度，电压下降速度慢，米勒平台时间长，开关损耗较大；或将关断瞬态分为集电极电压缓慢上升阶段和其他阶段，采用较小的栅极电阻来缩短关断延时时间，采用较大的栅极电阻来抑制电压过冲，关断速度下降，关断时间变长，开关损耗变大。因此，两段式控制虽然相对于传统方法控制性能有所提升，但无法满足器件对开关时间、开关损耗和电气应力的优化要求。三段式或者四段式的控制方法，不仅对开关瞬态电压、电流上升或下降阶段进行控制，其他阶段也对栅极进行快速充放电，因此具备开关时间短、开关损耗小的优点。

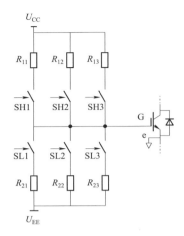

(a) 切换栅极驱动电阻

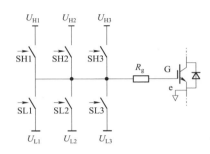

(b) 切换栅极驱动电压

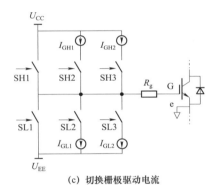

(c) 切换栅极驱动电流

图 3-30　多阶段栅极驱动电阻、电压、电流的控制方式

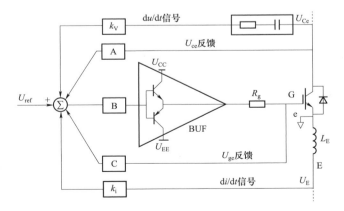

图 3-31　基于状态反馈的闭环栅极驱动

3.4.2　栅极电阻投切控制

在电压驱动 IGBT 时，栅极电阻会影响 IGBT 的开关特性。根据栅极控制，在开通和关断过程中需要选择不同的栅极电阻，开通电阻称为 R_{Gon}，关断电阻称为 R_{Goff}。IGBT 充放电电流取决于栅极电阻和栅极驱动电压。在开通阶段，IGBT 栅极初始电压为负电压，驱动正电压通过栅极开通电阻为 IGBT 栅极充电，充电电流的峰值受栅极电阻和电感限制，最后 IGBT 的输入电容和反向传输电容被充电直至驱动正电压。在关断阶段，IGBT 栅极初始电压为正电压，驱动负电压通过栅极关断电阻放电，最后 IGBT 的栅极降至驱动负电压。栅极驱动电阻矩阵如图 3-32 所示，驱动板在开通、关断过程通过切换不同的驱动电阻可以减小电压和电流尖峰，从而更合理地控制 IGBT 的开通和关断。

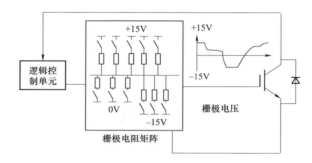

图 3-32　栅极驱动电阻矩阵

在 IGBT 开通过程中，通过较大的栅极电流，IGBT 能更快开通。为了保证 FWD 的缓慢换流，当达到阀值电压时充电过程要立即放缓。通过这种策略可以在不损坏 FWD 的情况下，减小 IGBT 的开通损耗。事实上，可以选择一个很小的栅极电阻 R_{Gon}，一旦达到 U_{GE}（TO），立即增大 R_{Gon}。等到 IGBT 完全开通后，投入小电阻实现 IGBT 的充分开通，开通过程波形如图 3-33 所示，蓝色曲线为栅极电压，红色曲线为集射极电压，绿色曲线为集电极电流，青色曲线为损耗。

在 IGBT 关断过程中，关断时，先选择很小的栅极电阻 R_{Goff}，增大栅极放大电流，IGBT 的栅极电荷快速放电，一旦达到 0V，立即增大 R_{Goff}，等到 IGBT 完全关断后，投入小电阻同时 IGBT 控制端加负压，实现 IGBT 的可靠关断。该策略可以减少 IGBT 的关断延时，这个过程称为三级开关，关断过程波形如图 3-34 所示，蓝色曲线为栅极电压，红色曲线为集射极电压，绿色曲线为集电极电流，青色曲线为损耗。

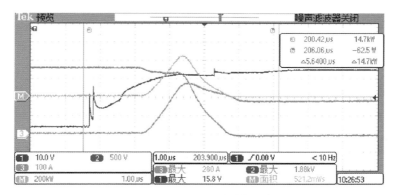

图 3-33　IGBT 开通过程波形

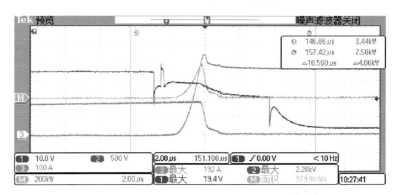

图 3-34　IGBT 关断过程波形

在正常状态下 IGBT 开通越快，损耗越小。但在开通过程中如有 FWD 的反向恢复电流和吸收电容的放电电流，则开通越快，IGBT 承受的峰值电流越大，越容易导致 IGBT 损害。此时应降低栅极驱动电压的上升速率，即增加栅极串联电阻的阻值，抑制该电流的峰值。其代价是较大的开通损耗。利用此技术，开通过程的电流峰值可以控制在任意值。

栅极串联电阻和驱动电路内阻抗对 IGBT 的开通过程影响较大，而对关断过程影响小一些，串联电阻小有利于加快关断速率，减小关断损耗，但过小会造成 di/dt 过大，产生较大的集电极电压尖峰。因此对串联电阻要根据具体设计要求进行全面综合的考虑。

栅极串联电阻对驱动脉冲的波形也有影响。电阻值过小时会造成脉冲振荡，过大时脉冲波形的前后沿会发生延迟和变缓。IGBT 的栅极输入电容 C_{ge} 随着其额定电流容量的增加而增大。为了保持相同的驱动脉冲前后沿速率，对于电流容量大的 IGBT 器件，应提供较大的前后沿充电电流。为此，栅极串联电阻的电阻值应随着 IGBT 电流容量的增加而减小。

3.4.3　电压和电流尖峰抑制

可变栅极电阻驱动电路是在开关过程中，按 IGBT 开关特性的几个典型阶段，如充电延时、电流、电压等阶段，分阶段接入不同阻值的 R_G，可以缩短开关延迟时间，降低二极管反向恢复电流峰值和关断过压，并且有效减小开关损耗，从而达到优化 IGBT 开关特性的目的。

图 3-35 为开通阶段反向恢复电流抑制技术，可以看出，在电流上升阶段切换不同阻值的 R_G，可以有效抑制反向恢复电流尖峰。通过多级开通方式可以抑制反向恢复电流，同时可以降低开通损耗。IGBT 过高的反向恢复电流和开通损耗，对功率组件提出更苛刻的电流应力和散热要求,反向恢复电流抑制技术可优化反向恢复过程与开通损耗。驱动器纳秒级切换不同的开通电阻，降低开通时电流的上升率，减少二极管反向恢复时间，以获得较低的反向恢复电流和开通损耗。图中①、②、③代表投切不同的开通电阻，箭头指到的位置是施加该电阻达到的控制效果。波形中蓝色为栅极电压，紫色为集射极电压，绿色为集电极电流。

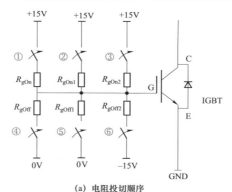

(a) 电阻投切顺序

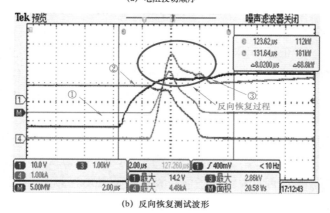

(b) 反向恢复测试波形

图 3-35　开通阶段反向恢复电流抑制技术

图 3-36 为关断过程电压尖峰抑制技术,可以看出,在电流下降阶段切换不同阻值的 R_G,可以有效抑制关断电压尖峰。通过多级开通方式可以抑制关断电压尖峰,同时降低关断损耗。IGBT 过高的关断电压尖峰和关断损耗,对功率组件提出更苛刻的电压应力和散热要求,关断过程电压尖峰抑制技术可优化电流下降过程与关断损耗。驱动器纳秒级切换不同的关断电阻,降低关断时的电流下降率,减少 IGBT 电流拖尾时间,以获得较低的关断电压尖峰和关断损耗。图中④、⑤、⑥代表投切不同的关断电阻,箭头指到的位置是施加该电阻达到的控制效果。波形中蓝色为栅极电压,紫色为集射极电压,绿色为集电极电流。

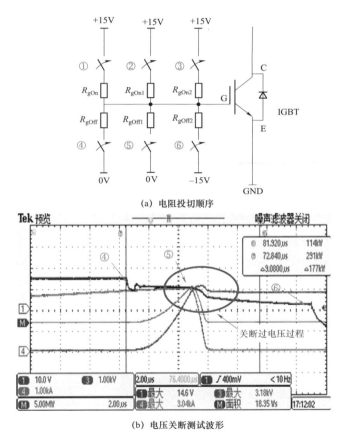

(a) 电阻投切顺序

(b) 电压关断测试波形

图 3-36 关断过程电压尖峰抑制技术

相比被动式可变栅极电阻策略,开环式可变栅极电阻策略能兼顾开关延迟时间、反向恢复电流尖峰、关断电压尖峰及开关损耗之间的关系。可变栅极电流与栅极电压策略与可变栅极电阻原理相同,即在 IGBT 开关过程中的各个阶段,通过控制硬件电路中的电流源或电压源输出相应的电流、电压来调节 IGBT

的开关特性。

3.4.4　栅极多电平控制

此方式与上述动态栅电阻驱动类似，该方式在开通过程中，栅极电压先上升到中间某位置并保持短暂的时间，之后再上升到最终的栅极电压，可以减小由高 di/dt 和 FWD 反向恢复引起的电流尖峰。在关断过程中，栅极电压先下降到中间某位置并保持短暂的时间，之后再降为关断电压，可以减小由高 di/dt 引起的关断峰值电压。栅极多电平驱动控制方案如图 3-37 所示。

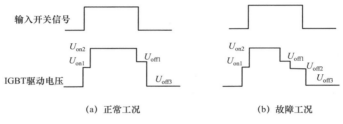

图 3-37　栅极多电平驱动控制方案

栅极多电平驱动电路的实现方案有两种，图 3-38 为多电压独立驱动电路，驱动器需要先产生开通或关断所需的多组电压，每组电压各自对应驱动电阻。图 3-39 为多电压共用栅极电阻驱动电路，驱动器不需要产生多路电源，只需要产生多路电平信号，控制器根据 IGBT 开关动作选择相应的电平输入功率放大单元，这种驱动方式的主要特点是共用功率放大单元和栅极驱动电阻。以上两种驱动方式，在 IGBT 开通或关断过程中，驱动器都可实现多电平的阶梯式控制，完成 IGBT 状态的精确调控。

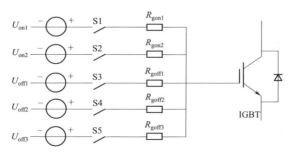

图 3-38　多电压独立驱动电路

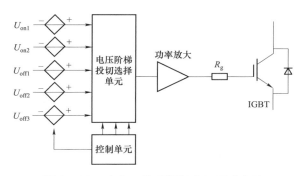

图 3-39 多电压共用栅极电阻驱动电路

3.4.5 栅极电流型驱动控制

电流型的驱动方式则是通过内部的恒流源（电流值可调）对栅极充电，使得在不同负载条件下开通过程 du/dt 和 di/dt 变得更平稳。图 3-40 是典型的电压型驱动开通过程，绿色曲线是栅极电压，红色曲线是集电极电流，黑色曲线是 U_{CE} 电压，可以分成三个部分来看：

（1）驱动对 C_{GE} 充电，此时 U_{CE} 为母线电压。

（2）米勒平台时 U_{GE} 恒定，驱动对 C_{GC} 进行充电，U_{CE} 下降。

（3）米勒区结束，驱动同时对 C_{GC} 和 C_{GE} 充电，U_{CE} 进一步减小进入饱和区。

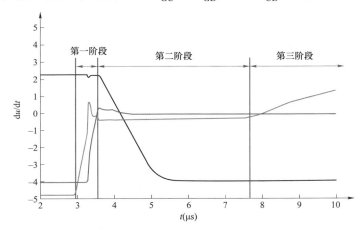

图 3-40 典型的电压型驱动开通过程

在第二阶段，栅极的米勒平台电压的大小和负载电流是相关的，这是由器件的转移特性决定的。电流越大，米勒电压也高，充电电流就小，dU_{CE}/dt 自然慢了，和大电流本身一起导致了开通损耗增加。反过来，小电流时米勒电压低，充电电流大，dU_{CE}/dt 快，容易产生电磁干扰问题。选择合适的电阻来限制过快

的 $\mathrm{d}u/\mathrm{d}t$ 是最简单有效的方法，但是会增加大电流时的损耗。而电流型驱动在第二阶段，基于栅极电流恒流不受负载电流控制，来实现相对稳定的 $\mathrm{d}U_{CE}/\mathrm{d}t$。而且因为此恒流值可在开关中调整，这让进一步优化开通损耗成为可能。

电流型驱动的栅极电压和电流波形如图 3-41 所示，图中绿色曲线是栅极电压，蓝色曲线是栅极电流。栅极驱动电流的控制分为预充电阶段和恒流充电阶段，预充电过程充电电流要根据后级不同的功率器件进行计算设置，准则是尽可能减小开通延时，但此阶段 IGBT 不能开始开通。然后栅极进入恒流输出模式，直到完成米勒阶段，恒流的大小一般根据需要的 $\mathrm{d}u/\mathrm{d}t$ 进行设置。

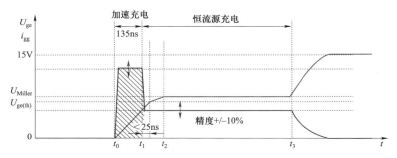

图 3-41　电流型驱动的栅极电压和电流波形

图 3-42 给出了一种典型的电流源实现方法及多阶梯电流源的驱动方案。控制器通过检测 IGBT 的运行状态，动态地控制电流源开通。当 IGBT 开通时处在延时和二极管电流恢复阶段，控制电流源往栅极注入电荷，加速开通；当 IGBT 关断时处在延时和拖尾电流阶段时，控制电流源从栅极抽取电荷，加速关断，减小开关损耗。

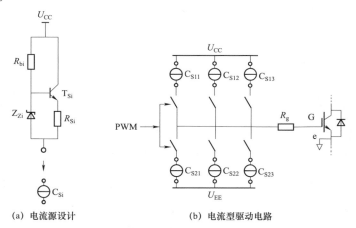

(a) 电流源设计　　　　　(b) 电流型驱动电路

图 3-42　电流型驱动方案

以 FF1200R12IE5 模块作为测试对象，选配英飞凌的电流型驱动芯片 1EDS20I12SV，同样的 IGBT 模块也用了普通电压源型的驱动作为对比，图 3 − 43 是电流型和电压型驱动 du/dt 表现。可以看出即使使用同一个等级不做切换，du/dt 的表现依然比较平稳。而不像用单一的栅极电阻驱动时，du/dt 变化很大。而且电流型的驱动在负载电流变大的情况下，开通损耗的上升速度也较慢，图 3 − 44 是两种驱动器开通损耗随电流的变化趋势。从图中可以看出，在小电流时两者的损耗差不多，都很小。而当电流变大后，电压型的驱动开通损耗的增加速度远超电流型驱动。

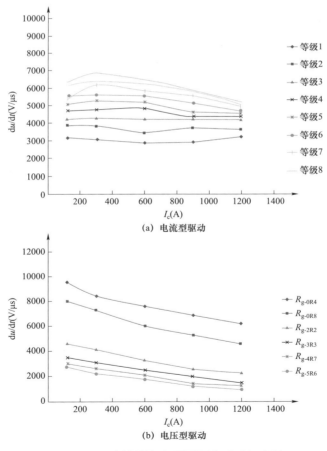

(a) 电流型驱动

(b) 电压型驱动

图 3−43　电流型和电压型驱动 du/dt 表现

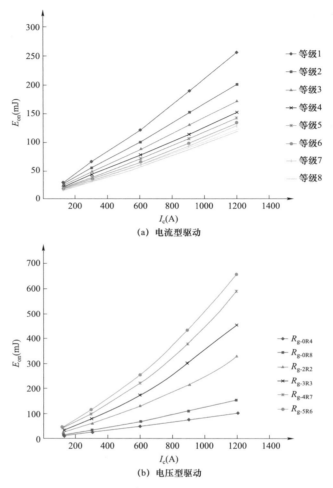

(a) 电流型驱动

(b) 电压型驱动

图3-44 电流型和电压型驱动开通损耗表现

3.4.6 状态反馈驱动控制

随着IGBT器件的发展,开关速度提高,对可靠性和控制响应速度要求变高。采用模拟控制的闭环栅极驱动能实现较大的控制带宽,满足以上要求。由于集电极电压/电流过冲主要是由 di/dt 引起的,因此,这一类典型的模拟闭环驱动主要基于 di/dt 信号检测,对开通和关断瞬态进行控制,为了抑制电磁干扰以及更好地控制电压过冲,有时还会加入 du/dt 反馈控制,这就是基于 di/dt 状态反馈的闭环栅极驱动技术。根据控制方式的不同,该类方法又分为基于栅极驱动电压型控制和基于栅极驱动电流型控制两类,如图3-45所示。对栅极驱动电压进行闭环控制,受到闭环回路中放大电路、缓冲电路及寄生电感的影响,响应速度较慢，因此需要采用较大的栅极驱动电阻来确保控制性能，从而增加了开关损耗，降低了器件可靠性。现有采用基于栅极驱动电流闭环控制的方式，消除了放大电路和缓冲电路对闭环回路的影响，该方法采用四个不同的电路分别对开通 di/dt、du/dt 及关断 di/dt、du/dt 进行控制，且在压控电流源电路中需要添加额外的直流电压，电路较为复杂。di/dt 信号只发生在集电极电流上升或下降阶段，其他阶段都为 0，因此，采样 di/dt 信号进行反馈控制，一般只对该阶段有效，对电流上升或下降速度进行控制，而不会增加其他阶段的开关时间和损耗，能实现器件应力和其他开关特性的优化设计。同理，du/dt 只发生在集电极电压上升/下降阶段，通常通过 RC 微分电路或电容进行采样，对开关瞬态其他阶段没有影响。因此，采用 di/dt 和 du/dt 反馈的模拟闭环驱动，能够实现对电压/电流变化率的全面控制，牺牲较小的开关时间和损耗，优化器件开关瞬态特性，增强器件可靠性。

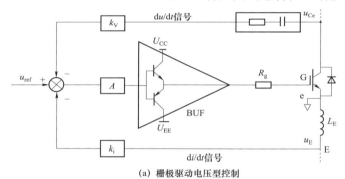

(a) 栅极驱动电压型控制

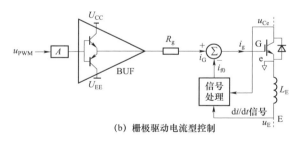

(b) 栅极驱动电流型控制

图 3-45　状态反馈的闭环栅极驱动示意图

　　闭环栅极驱动对动态响应速度和稳定性的要求较高，然而，关于 IGBT 器件及其闭环栅极驱动电路建模及相关的稳定性问题，研究较少；另外，由于闭环栅极驱动的内在控制机理，会在桥臂电路中产生额外的串扰，该串扰问题的分析及抑制方法研究也较为欠缺。采用数字控制方式的闭环栅极驱动由于闭环回路延时问题目前还难以应用到实际工程中，而采用模拟电路的闭环栅极驱动虽然对不同工作状态的器件应力控制效果较好，响应速度较快，但无法灵活切换电路参数，实现轻载或母线电压下降时的开关损耗优化设计。

　　IGBT 开关瞬态时间较短，通常在几十到几百纳秒，为了确保控制性能，闭环栅极驱动的控制带宽应设计在 10MHz 以上，相对变换器几千赫兹到几十千赫的控制带宽，属于高速控制。开关瞬态的控制性能、动态响应速度和稳定性问题，彼此相互制约。考虑到线路寄生电感、IGBT 寄生电容等寄生参数，这是一个高阶系统。系统不稳定，会引起栅极驱动电压/电流及 IGBT 集电极电压/电流的剧烈振荡，由此产生额外损耗和电磁干扰问题，严重时将损坏器件。

3.4.7　栅极驱动技术总结

　　表 3-5 将已有驱动速率调节方法与传统驱动速率不调节的驱动电路进行对比，从调节参数对象、电路控制结构、对工况波动适应能力、电磁干扰等方面给出了对比情况。

表 3-5　　　　开关速率可调的 IGBT 栅极驱动与驱动速率不控的
常规驱动技术对比

主动/被动	调参方式	开环/闭环	工况发生波动时的自适应调节能力	与驱动速率不控的常规驱动相比的效果				
				电磁干扰	电流过冲	电压过冲	导通损耗	开关损耗
被动	外部更换栅极大电阻	开环	弱	被动可控，且调节能力弱	降低	降低	增加	增加
	外部加米勒电容							
	外部加门射极电容							
主动	内部控制切换栅极电阻		较强	主动可控，调节能力和精度主要取决于预设模型和电阻的调节级数	降低	降低	降低	降低
	内部控制调节栅极电压			主动可控，调节能力较强，且主要取决于预设模型				
	内部控制调节栅极电流							
	内部控制切换栅极电阻	直接闭环反馈	强	主动可控，调节能力和精度主要取决于预设模型、电阻的调节级数及采样反馈的精度和响应速度	降低	降低	降低	降低
	内部控制调节栅极电压			主动可控，调节能力较强，且主要取决于预设模型、采样反馈的精度和响应速度				
	内部控制调节栅极电流							
	内部控制切换栅极电阻	基于参数估计模型的闭环反馈	强，并可以利用估计模型对调节后效果做出权衡，但响应速度一般较慢	主动可控，调节能力和精度主要取决于预设模型、电阻的调节级数及采样反馈的精度和响应速度	降低	降低	降低	降低

为了实现轻载高效，采用谐振驱动或者栅极驱动电压/电荷控制来减小驱动损耗从而达到减小变换器总体损耗的目的，这种方法适用于小功率电路。对于中、大功率变换器，驱动损耗往往可以忽略不计，器件本身的开关损耗才是关键要素。闭环栅极驱动技术在抑制电气应力的同时，相比传统方法，开关损耗有所减小，但受限于现有的闭环栅极驱动控制技术，无法跟随负载和母线电压变化做出相应的参数调节，开关损耗仍然有较大的优化空间。

3.5 检测与保护电路

3.5.1 管压降检测电路

在正常情况下，IGBT 工作在饱和状态。这意味着集电极与发射极之间的电压已降至饱和值 U_{CEsat}。以 ABB 公司 3.3kV/1.5kA 的 IGBT 为例，其输出特性详细描述了管压降随电流和温度变化的关系曲线，如图 3-46 所示。然而，如果负载 I_C 增加至额定值的 4 倍以上，IGBT 将退出饱和，即管压降升高，最终达到直流母线电压 U_{DC}。

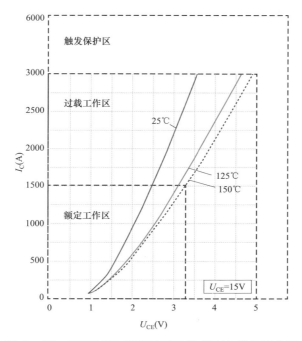

图 3-46 IGBT 管压降随电流和温度变化的关系曲线

由于驱动器与 IGBT 并联连接，驱动器无法直接检测 IGBT 的导通电流，可以通过 IGBT 两端的管压降 U_{CE} 和结温计算出电流。传统的 IGBT 驱动器检测导通压降 U_{CE} 的方式有二极管检测与阻容分压检测。如图 3-47（a）所示，采用二极管的检测方式，检测回路里串入了二极管，开通时检测支路电流经过二极管流入 IGBT，检测结果包含了 IGBT 的管压降和二极管管压降，由于二极管管压降受到电流大小和温度变化影响，导致 U_{CE} 检测误差大；如图 3-47（b）所示，采用阻容分压的检测方式，检测回路通常选用多个耐压高、阻值大的电阻串联，多个耐压高、容值小的电容与上述电阻串联，检测到输出端电压一般只有几伏到十几伏，而输入端电压一般有几千伏，该方法难以精确检测低电压。以上两种方法实现的管压降检测，其结果通常用于判定 IGBT 严重过电流故障，然后闭锁 IGBT。如果不能准确测量 IGBT 工作的管压降，就无法对 IGBT 的工作状态进行准确预测。

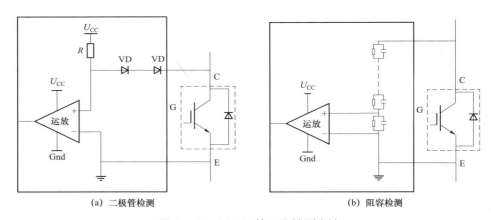

（a）二极管检测　　　　　　　　　　　　（b）阻容检测

图 3-47　IGBT 管压降检测方法

针对传统 IGBT 管压降 U_{CE} 检测精度低、误差大的问题，图 3-48 是一种带补偿电路的 IGBT 管压降的检测方法，针对传统检测方式的弊端，设计基于高精度恒流源的二极管检测方式，消除了负载波动对检测回路的影响；增加了镜像补偿电路，用于抵消二极管的非线性和环境温度带来的影响，可实现 IGBT 管压降的精确检测。

高压检测电路可以承受 IGBT 关断后的高压，IGBT 导通时，为高稳定恒流源 1 提供电流通路，高压检测电路可以采用电阻串联多个二极管方式。镜像补偿电路，电路形式和器件参数与高压检测电路系统相同，其目的是抵消高压检测电路引入的测量误差。钳位与旁路回路包括电压钳位功能与旁路功能，当 IGBT 两端电压过高时，为防止输入到比较器的电压过高，因此在比较器输入端增加二极管钳位；当 IGBT 关闭时，旁路回路导通，为恒流源 1 提供续流回路，当 IGBT 导通时，旁路回路断开。差分运放单元将输入"+"端信号与输入"–"端信号作差，消除了检测回路引入的偏差，最终输出 IGBT 的管压降 U_{CE}。

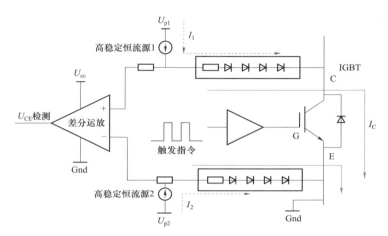

图 3-48 带补偿电路的 IGBT 管压降检测方法

3.5.2 多段式退饱和保护

IGBT 的过电流保护电路可分为两类：一类是低倍数的（1.2～1.5 倍）的过载保护；另一类是高倍数（8～10 倍）的短路保护。桥臂内短路（直通）为一类短路，短路回路中电感量很小（100nH 级），需要用 U_{CEsat} 检测；桥臂间短路（大电感短路）为二类短路，短路回路中电感量稍大（微亨级），可以用 U_{CEsat} 管压降检测，也可以用霍尔传感器，根据电流频率来决定。

通常所说的短路保护和过电流保护是不一样的，不应该混为一谈，短路分为一类及二类两种短路，但这两种短路都有一个共同点，那就是 IGBT 会出现退饱和现象，当 IGBT 一旦退出饱和区，它的损耗会成百倍地往上升，但允许持续这种状态的保护时间只有 10μs，需要靠驱动器发现这一行为并关掉栅极。IGBT 过电流的情况则是，回路电感较大，电流爬升很慢（相对于短路），IGBT 的管压降逐渐增大，同时由于电流比正常工况要高很多，因此经过若干个开关周期后，IGBT 的损耗也会比较高，结温也会迅速上升，从而导致失效。驱动器需要及时发现这一现象，识别出 IGBT 饱和压降的微弱变化，实现快速保护。

驱动器多段式退饱和保护的基本原理：当短路时，集射极电压迅速升高且超过正常的饱和值 U_{CEsat}，U_{CEsat} 退饱和保护就是利用这个原理检测短路故障。如果 U_{CEsat} 测量电路检测到 U_{CEsat} 超过了先前设定的参考电压，测量电路将检测值与设定阈值相比较，如果超过设定阈值一定时间后，认为产生了故障就会关闭 IGBT 栅极驱动单元，并上报故障信息。

以 PI 为代表的模拟驱动通常仅具备硬短路功能，单个饱和电压检测，造成集电极电流达到 4～6 倍额定值，IGBT 出现过度退饱和，并带有振荡，会导致 IGBT 损坏。以国网智研院为代表生产的数字驱动器拥有多段退饱和保护功能，每段电压的数值和时间取决于各种 IGBT 的器件类型，根据客户的不同需求，可以通过修改硬件设定各段电压值。U_{CEsat} 保护设定值较高，跳闸时间较短，用来检测开通时段的硬短路。设定较低的 U_{CEsat}，跳闸时间较长，用来检测软短路或开通时的过电流，在这种情况下，触发过电流保护功能。数字驱动器的四段式反时限保护配置曲线如图 3-49 所示。

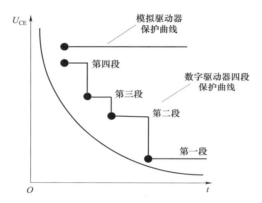

图 3-49　驱动器四段式反时限保护方法

IGBT 驱动器通常采用监测 U_{CE} 实现 IGBT 的过电流保护，其原理是某一温度时 IGBT 的管压降，即 U_{CE} 随着 IGBT 电流的增加而增加。IGBT 工作于 2 倍额定电流以下，且工作电压不超过额定电压，此时关断 IGBT 是安全的。

搭建 IGBT 过电流测试平台，对数字驱动器两段过电流保护值进行测试，验证测试结果是否满足设定要求，图 3-50 为第一段过电流保护测试波形。图 3-51 为第二段短路保护测试波形。图中黑色曲线为触发脉冲宽度，绿色曲线为 IGBT 的集电极电流波形，蓝色曲线为栅极电压波形，红色曲线为 IGBT 的集射极电压波形。

第一段过电流保护测试结果显示，驱动器栅极脉宽小于触发脉冲宽度，说明驱动器检测到 IGBT 过电流，并进行保护，对应的最大电流为 4kA。第二段短路保护测试结果显示，驱动器检测到 U_{CEsat} 电压高于第二段保护设定值，判定 IGBT 进入退饱和状态，闭锁 IGBT，对应的最大电流为 8.08kA。

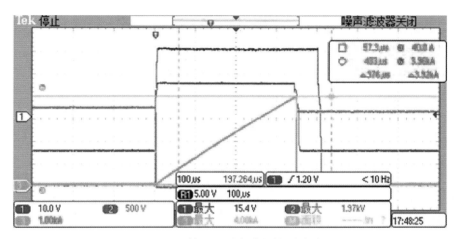

图 3-50　第一段过电流保护测试波形

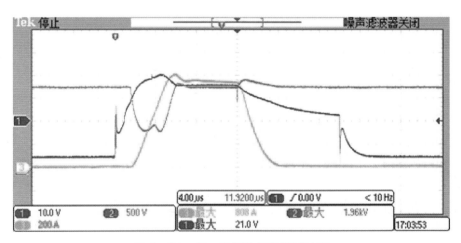

图 3-51　第二段短路保护测试波形

3.5.3　di/dt短路保护

在 IGBT 模块内部，存在两个 E 极。一个是功率 E 极，称为 PE 极，一般接在主回路上；另一个是辅助 E 极，称为 E 极，一般接驱动器。PE 极和 E 极之间会有一个较小的寄生电感 L_{PE-E}，一般小于 10nH。di/dt 短路检测方案主要是检测 IGBT 开通和导通过程的电流上升率。当 IGBT 模块中有电流流过时，会在这个寄生电感上产生一个感应电动势。通过对这个感应电动势的检测，即可判断 IGBT 的工作状态。在 IGBT 开通的过程中，IGBT 的 E 级一般接驱动器驱动电源的地，di/dt 的短路检测实现方案如图 3-52 所示。

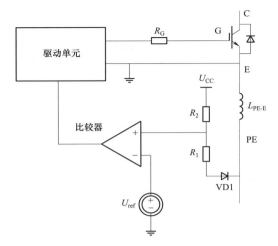

图 3-52　di/dt 短路检测实现方案

di/dt 检测方案在 IGBT 开通过程中进行全程检测，无需经过盲区时间。当 IGBT 正常开通工作时，电流上升速率与母线电压和负载大小有关，电流上升率较小，在寄生电感 L_{PE-E} 上产生的感应电动势也较小，通过设置一个合适的检测阀值 U_{ref}，代表二极管 VD1 正向导通压降，短路检测比较器向驱动器反馈一个代表正常的信号。

当 IGBT 发生 I 类短路后，电流上升率只与栅极电压上升速度有关，集电极 I_C 迅速增大，通常 1μs 内达到数千安，是正常开通的十几倍甚至数十倍。如此大的 di/dt 在 L_{eE} 上产生的 U_{eE} 较大且绝对值可超过驱动电压。此时 U_{ref} 大于采样得到的电压，超过了 di/dt 的阈值，相应的比较器将输出短路信号送给前级控制器，从而采取适当的软关断措施关断 IGBT 模块。只要电流一开始上升，就可通过采样 U_{eE} 电压判断 IGBT 是否发生短路，从而达到最佳的保护方式。

当 IGBT 发生 II 类短路时，电流上升率与母线电压和短路负载有关，电流上升率介于正常工作和 I 类短路之间，在寄生电感 L_{PE_E} 上产生的感应电动势也较大。但是 IGBT 的工作情况非常复杂，在实际应用中的短路状况也是未知的，因此较难设置非常精确的短路检测阀值 U_{ref} 去分辨 II 类短路和正常工作。因此，在实际系统中可以结合电流传感器的反应时间设置短路检测阀值 U_{ref}，让电流传感器执行过电流保护功能，保证 IGBT 时刻处于系统保护之下。综上所述，di/dt 检测方案非常适用于短路负载较小的短路状态检测，比如 I 类短路。di/dt 检测方案能够在 IGBT 电流上升阶段就检测到 IGBT 的短路故障，从而为驱动器采取保护措施赢得更多的时间。

以 ABB 公司的 5SNA1500E330305 为例，介绍驱动器的 di/dt 过电流参数计算过程。通过器件手册可知该 IGBT 模块的寄生电感为 8nH，如表 3-6 所示。该杂感分布于模块的 L_{eC} 和 L_{eE}，因此寄生电感 L_{eE} 为 4nH。假定驱动器设定 di/dt 保护变化率为 1000A/μs，为确保驱动器的 di/dt 保护可靠动作，设定短路检测阈值 U_{ref}=4V。

表 3-6　　　　　　　　　　　　IGBT 模块参数表

参数	符号	测试条件	最大值	典型值	最小值	单位
IGBT 的结到壳的热阻	$R_{th(j-c)IGBT}$	—	—	—	0.0085	K/W
二极管的结到壳的热阻	$R_{th(j-c)DIODE}$	—	—	—	0.017	K/W
IGBT 的壳到结的热阻	$R_{th(c-j)IGBT}$	IGBT per switch, λ grease-1W/（m·K）	—	0.009	—	K/W
二极管的壳到结的热阻	$R_{th(c-j)DIODE}$	二极管 per switch, λ grease-1W/（m·K）	—	0.018	—	K/W
相比漏电起痕指数	CTI	—	—	>600	—	—
模块的寄生电感	L_{CE}	—	—	8	—	nH
芯片的端子间的热阻	$R_{CC'+EE'}$	T_c=25℃	—	0.055	—	mΩ
		T_c=125℃	—	0.075	—	
		T_c=150℃	—	0.080	—	

搭建 IGBT 的短路测试平台，对数字驱动器 di/dt 进行测试，验证测试结果是否满足设定要求，通过慢慢增大直流电压值，逐渐增大短路电流变化率，实测 di/dt 保护值在 1000A/μs 附近，满足设计要求，测试 di/dt 保护动作波形如图 3-53 所示。图 3-53 中的绿色曲线为 IGBT 的集电极电流波形，蓝色曲线为栅极电压波形，红色曲线为 IGBT 的集射极电压波形。

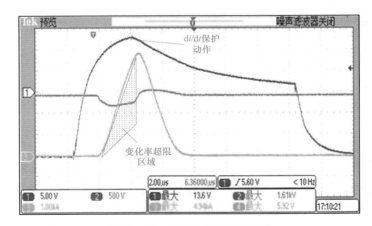

图 3-53　IGBT 的 di/dt 保护

3.5.4 有源钳位保护

当出现电流过载或者短路时，由于 di/dt 很高且在换流通路存在杂散电感，会导致电压过冲，这可能超过 IGBT 的击穿电压并损坏 IGBT。如果直流母线电压很高，将会严格限制 IGBT 的应用范围。一种保护 IGBT 免受高压过冲损坏的方法就是集电极—发射极钳位，也称为有源钳位。

所有的有源钳位电路的目标是钳住 IGBT 集电极电位，使其不要到达太高的水平，如果关断时产生的电压尖峰太高，会使 IGBT 受到威胁。IGBT 在正常情况关断时会产生一定的电压尖峰，但是数值不会太高，但在变流器过载或者桥臂短路时，如果要关断管子，产生的电压尖峰则非常高，此时 IGBT 非常容易被打坏。所以有源钳位电路通常在故障状态下才会动作，或者说 IGBT 快接近安全工作区的边缘时会动作，正常时不工作。

如图 3-54 所示，最基本的有源钳位电路，只需要 TVS 管和快恢复二极管构成，当集电极电位过高时，TVS 管被击穿，有电流流进栅极，栅极电位得以抬升，从而使关断电流不过于陡峭，进而减小尖峰。图 3-54（b）为 TVS 的工作曲线，其中有 2 个不同的工作点。工作点 1 的击穿电流比较小，工作电压比较低，而工作点 2 的工作电压则比较高。在有源钳位应用中，则希望 TVS 管能工作在额定的击穿点附近，而不希望 TVS 管被击穿。如果 TVS 管被击穿后电流剧烈增大，那么 TVS 管则会从工作点 1 下探至工作点 2，其电压也会剧烈上升，这意味着 IGBT 的 U_{CE} 电压也会上升，这时就达不到 IGBT 钳位的效果了。

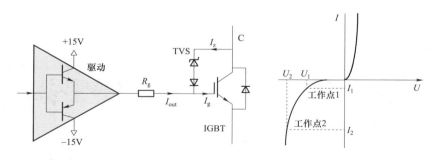

(a) 最基本的有源钳位电路　　　　　　　　(b) TVS 工作曲线

图 3-54　最基本的有源钳位电路与 TVS 工作曲线

当集电极电位过高时，TVS 管被击穿，有电流流进栅极，栅极电位得以抬升，从而使关断电流不要过于陡峭，进而减小尖峰，关断 U_{CE} 电压波形如图 3-55 所示。有源钳位只能保护 IGBT 关断的电压尖峰，无法保护电容过电压，当电容电压超过有源钳位动作值时，由于有源钳位的存在甚至会造成 IGBT 损坏。

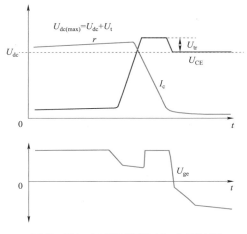

图 3-55　IGBT 关断 U_{CE} 电压波形

最基本的有源钳位电路有个明显的缺点：有源钳位电路工作在 IGBT 关断的瞬间，在这个时刻，IGBT 驱动器的最后一级推动级的三极管的下管是开着的，而 TVS 管的电流一部分流入栅极，另一部分则被这个三极管旁路掉了。显然，由于这个支路的阻抗很低，因此 TVS 管的电流大部分被这个三极管"吃掉了"，TVS 管的电流增大导致其击穿电压持续上升，钳位效果就大打折扣了。此外，TVS 管的功耗非常大，导致必须选取很大的 TVS 管，出现物料比较贵、难以购买、误差偏大、结电容过高等缺点。

图 3-56 为两种改进的有源钳位电路，图 3-56（a）将 TVS 管的电流引至推动级的前级，这相当于给 TVS 管的电流增加了一级增益。这可以减少流过 TVS 管的电流，提高这个电路的性能。但是该电路同样有缺点，有源最后一级的推动级（三极管推挽电路），有较大的时间延迟，相位滞后，导致电路变慢，使集电极电位不能被及时钳住。电路的效果不够好。

图 3-56（b）在图 3-56（a）电路基础上增加了一个内馈回路，使电路的动态性能更好。TVS 管的电流很快就能流入栅极，电路的响应更快。图腾柱推动级的加入为 TVS 管提供了电流增益。这个电路的缺点是，虽然 TVS 管的电流得到了一定程度的减小，但最前级驱动仍然存在电流旁路。TVS 管的工作点仍然不够优化。

以上电路结构简单，可以有效抑制 U_{CE} 电压，但是其击穿电压阈值是固定值，而在牵引变流器、太阳能逆变器、风电并网变流器等应用中，母线电压可能会处于比较高的波动水平，可能会高于有源钳位的动作点，从而导致半桥结构应用中的 IGBT 误导通。

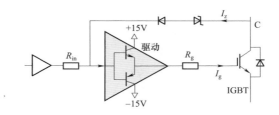

(a) 简易版有源钳位

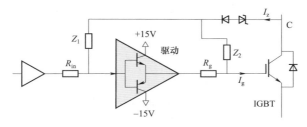

(b) 改进的有源钳位电路

图 3-56　有源钳位原理图

为此提出了数控动态有源钳位电路，如图 3-57 所示，当 IGBT 处于关断状态或者关断过程，IGBT 两端承受的电压大于 TVS 管击穿电压时，TVS 管被击穿，此时钳位电流 I_z 小部分流入电流检测单元，数控单元根据电流大小操作下管 MOSFET。当该电流大于 50mA（可调整）时，下管 MOSFET 开始被线性地关断，当电流大于 500mA 时（可调整），下管 MOSFET 被完全关闭。此时栅极处于开路状态，I_z 会向栅极电容充电，使栅极电压从米勒平台回到 +15V，从而使关断电流变缓慢，达到电压钳位的效果。这个电路的特点是 TVS 管的负载非常小，TVS 管的工作点接近额定点，钳位的准度及电路的有效性大大提高。

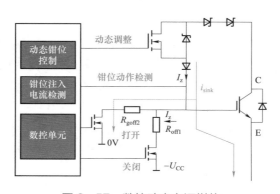

图 3-57　数控动态有源钳位

当 IGBT 处于关断状态时，动态钳位控制单元将 MOSFET 关闭，增加钳位支路 TVS 管串联的数量，从而提高钳位电压值，该值会高于母线波动导致的最高电压。当 IGBT 处于关断过程时，动态钳位控制单元将 MOSFET 打开，TVS 管被旁路，减少了 TVS 管串联的数量，降低钳位电压值。此电路可有效防止在母线电压波动情况下，由于有源钳位电路的作用导致 IGBT 误开通现象的发生。

搭建 IGBT 功率模块单双脉冲测试平台，人为增加子模块母排杂感，使得 IGBT 关断时，关断电压尖峰超过有源钳位动作电压，从而验证有源钳位功能是否可靠动作，动作电压值是否满足设定要求。IGBT 模块正常工作电压为 1800V，设定有源钳位动作值为（2700±100）V，实测结果如图 3-58 所示，有源钳位动作后的钳位电压值为 2.7kV，与设定值基本一致。通过测试结果可知，正常关断时，IGBT 的电流下降为钳位电流注入前指示的路径，有源钳位动作后，钳位的 TVS 管击穿向栅极注入电流，此时 IGBT 的电流下降变为注入后所指的位置，电流下降速度变缓，集射极电压被钳位。

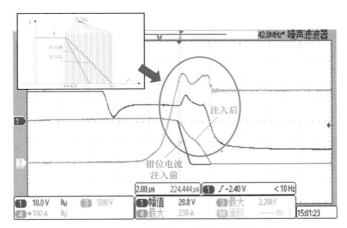

图 3-58　动态有源钳位测试波形

3.5.5　栅极过、欠电压保护

（1）栅极过电压保护。当 IGBT 关断时，位移电流能够通过 IGBT 的米勒电容给栅极充电。这个过程会增加 IGBT 栅极电压，特别是当出现关断过电流和短路电流时，栅极电压会被明显抬升。又因栅极电压越高，导致短路电流越大，器件更加容易损坏。因此，将栅极电压限制在某一最大值很重要，这样可以使得短路电流的值不至于过大，并且不会超出最大的短路能量。

图 3-59 给出了 1.2kV IGBT 栅极电压、短路电流和最大短路时间的关系。

栅极钳位限制了最大的栅极电压，因此也限制了最大的短路电流。

IGBT 栅极过电压保护电路如图 3-60 所示，在 IGBT 的栅极—发射极之间加一个 TVS 管和肖特基二极管，在 IGBT 发生短路故障时，TVS 管击穿或者二极管导通都可以将栅极电压钳位在 U_{cc}。

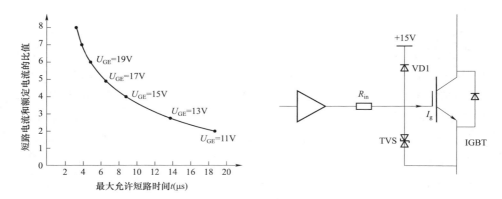

图 3-59　1.2kV IGBT 栅极电压、短路电流和最大短路时间之间的关系

图 3-60　栅极过电压保护电路

利用 TVS 管进行过电压保护，当栅极电压高于所设置的阈值电压时，TVS 管被击穿，将栅极电压钳位在 U_{CC}，该方法电路结构简单，容易实现。但是该方法的缺点也比较明显：TVS 管对环境温度较敏感，在温度较低时，TVS 管的击穿电压会有所下降，可能导致 IGBT 在正常工作时保护电路误动作；TVS 管频繁动作会导致其使用寿命降低；TVS 管的击穿电压具有较大的离散性，在系统设计时，TVS 管的选择保留一定的裕度，防止误动。利用肖特基二极管钳位到 U_{CC}，肖特基二极管的特点是稳定、响应速度较快、导通压降较低，在栅极关断过程中可以为电流提供放电通路，加快关断过程。

搭建 IGBT 功率模短路测试平台，IGBT 短路关断时，集射极电压在上升过程会中会向栅极灌入电流，栅极电压会被抬升，栅极过电压保护电路将电压限制在 18V 以下，保护动作波形如图 3-61 所示。

（2）栅极欠电压保护。当 IGBT 栅极驱动电压过低时，IGBT 会进入线性放大区，损耗加剧，发热严重，影响使用寿命甚至因过热而损坏器件。故驱动器的保护功能需要能够检测 IGBT 栅极电压，当检测 IGBT 栅极电压过低时，强制将输出拉到低电位，以关断 IGBT，达到保护目的。稳定时 IGBT 栅极驱动电压与供电电压 U_{CC} 基本相同，因此采用直接检测供电电压的方式，来判断 IGBT 是否工作在欠电压状态。针对双电源供电的驱动器，既要检测正向电压，也要检测负向电压。

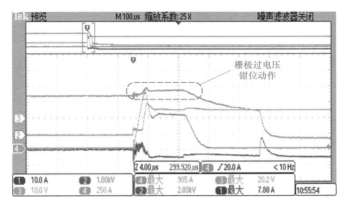

图 3-61 栅极过电压保护动作波形

欠电压故障保护电路的实现方式目前一般利用电压比较器比较驱动电压与预设参考电压，如果驱动电压低于预设参考电压则输出低电平，反之则输出高电平。一般情况下将正向欠电压保护阈值设定在 13V 左右，负向电压欠压值设定为 −5V 左右，但是驱动电压有时可能会在这个电压值上下浮动，导致比较器来回翻转，容易造成驱动电路欠电压故障判断功能紊乱。为了解决这一缺点，设计了带迟滞功能的欠电压故障保护电路。迟滞比较器在输出状态转换之后，当输入电压 U_{in} 的变化幅值不超过ΔU，电压比较器不翻转，依然输出之前的电平。

图 3-62 是一种同时检测栅极双电源欠电压保护电路，其中 VD1 为 5V 稳压管，VD3 取 13V，当驱动电压的负向电压高于 −6.4V 时（VD1 电压+ VD2 导通电压+Q1 的 PN 节电压），A 点电压小于 1.4V，Q1 截止。当正向电压高于 13.7V（Q2 的 PN 节电压＋D3 电压），B 点电压为 0.7V，电路为正常工作状态，C 点保持低电平，控制单元检测到低电平，判定栅

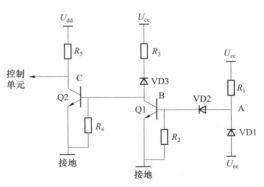

图 3-62 检测栅极双电源欠电压保护电路

极电压正常，驱动开关信号正常工作。反之，正向电压低于 13V 或者负向电压高于 −5V 时，C 点电位翻转为高电平，控制单元检测到高电平，判定栅极欠电压，通过栅极驱动电路，对 IGBT 进行关断操作，并将故障信号传输至上层控制器进行处理。图 3-63 为栅极欠电压主动闭锁波形，欠电压闭锁值为 13V。

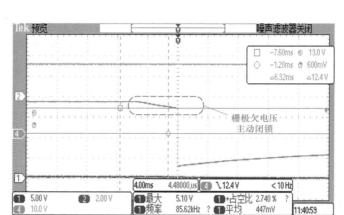

图 3-63　栅极欠电压保护动作波形

3.5.6　过温保护

大功率 IGBT 模块的能量损耗主要分为开关损耗和静态损耗，大功率 IGBT 在实际工作环境中主要处于开关状态，工作频率超高，故而开关损耗为其主要能量损耗形式。模块的开关损耗会导致热量积累引起器件温度上升，随着 IGBT 运行时间的加长，模块的结温会持续上升。器件工作期间温度越高，其老化速度也就越快，模块的可靠性也就越低。特别是 IGBT 发生过电流故障的情况下，开关损耗急剧上升，模块结温也将迅速超过其额定结温，严重时甚至可能损坏 IGBT。过温保护电路的作用就是实时检测 IGBT 模块温度，一般情况下，IGBT 模块最高允许温度为 150℃，如果超过最大温度则会触发相应的反馈电路去控制 IGBT 关断，避免 IGBT 模块被烧毁。

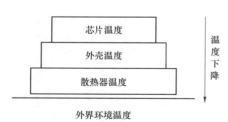

图 3-64　大功率 IGBT 模块内部温度分布模型

IGBT 芯片运行中产生能量损耗，造成结温上升，根据物理学内容可以知道，热量会从高温部分转移到低温部分，芯片温度通过与模块外壳之间的热阻向模块外壳转移热量，模块外壳再将热量转移到散热器上，最后通过散热器将热量传递到外界环境中。大功率 IGBT 模块内部温度分布模型示意图如图 3-64 所示。

考虑到大功率 IGBT 模块集成度的原因，在制造模块时一般不会直接安装温度传感器来对结温直接测量。目前社会上主流过温保护策略都是通过利用陶瓷半导体材料制成的热敏电阻（negative temperature coefficient，NTC），NTC 具有负温度系数特性，随着模块温度升高，其电阻阻值会逐渐下降，然后通过电压反馈来判断 IGBT 模块是否发生过温故障。集成时一般将 NTC 紧靠 IGBT 芯片，提高测量精度，但同时由于 NTC 无法做到完全与 IGBT 芯片相贴合，在设计时需要考虑一定裕量，一般应在 130℃时就要触发保护机制。

过温保护电路如图 3-65 所示，当 IGBT 模块温度升高时，NTC 阻值下降，根据电路串联分压原理，NTC 上的电压也相应减小。正常状态时 NTC 上的电压较高，高于电压比较器预先设立的比较电压，比较器输出低电平；当模块温度上升到一定程度时，NTC 上的电压会下降到低于电压比较器预先设立的比较电压，此时比较器输出高电平，触发过温保护机制，及时关断 IGBT。

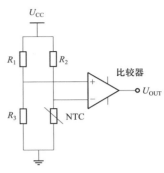

图 3-65　过温保护电路

3.5.7　故障软关断控制

IGBT 内部存在 3 个寄生电容 C_{GE}、C_{CE}、C_{CG}。IGBT 开通和关断的过程就是对栅极电容 C_{GE} 充电和放电的过程。驱动器通过调节对栅极电容 C_{GE} 充电和放电的速度就可以控制 IGBT 开通和关断的速度。

IGBT 发生短路时，IGBT 工作在线性区，流过的最大电流是额定值的数倍乃至十几倍，且与栅极电压 U_{GE} 有较大关系，因此限制住 IGBT 的栅极电压就能限制 IGBT 的短路电流。IGBT 承受短路的时间也与栅极电压 U_{GE} 存在一定的关系。栅极电压越高，IGBT 短路电流越大，如果母线电压值一定，则单位时间内栅极电压越高，IGBT 产生的功耗就越大，IGBT 能够承受的短路时间就越短。

当驱动器检测到 IGBT 发生短路后不能立即关断 IGBT，因为如果 IGBT 发生软短路，此时电流还处在上升阶段，直接关断 IGBT 会使栅极电压迅速下降，为了满足电流要求，IGBT 的集射极电压 U_{CE} 会被迫迅速上升并超过母线电压，且极有可能会超过 IGBT 耐压值而导致 IGBT 损坏。因此，如果使用硬关断策略保护 IGBT，驱动器检测到短路后需要等待一定时间，直到 IGBT 退饱和，使得 U_{CE} 稳定在母线电压值后方可关断 IGBT。IGBT 关断时，因为母线上存在杂散电感，IGBT 电流减小会在杂散电感上产生一个感应电压 $U_k = L_s \cdot di/dt$。此电压与母线电压叠加在一起加在 IGBT 模块上。如果电流下降过快，产生的关断尖峰电压就非常高，若不采取保护措施，其足以击穿 IGBT 模块。

为了保护处于短路状态的 IGBT 模块，可通过慢降栅极电压的软关断策略。其核心思想是缓慢降低 IGBT 短路时的栅极电压。在检测到 IGBT 发生短路后，缓慢地减小 IGBT 的栅极电压 U_{GE}，则 IGBT 集射极电压 U_{CE} 被迫上升的速率会比直接关断 IGBT 的小得多且能够保证 U_{CE} 只会小幅度超过母线电压，最后稳定在母线电压值。随着栅极电压的缓慢减小，IGBT 短路电流也会缓慢减小，杂散电感上感应的电压会非常小。如果能将栅极电压缓慢地减小到 IGBT 开通阈值电压之下，IGBT 的电流会缓慢减小到 0，IGBT 完全关断。当驱动器检测到 IGBT 发生短路后，可以立即执行软关断动作，缓慢减小 IGBT 栅极电压而不需要等待 U_{CE} 稳定在母线电压。软关断持续足够长的时间，在软关断过程中 IGBT 电流完全下降到 0A，即 IGBT 完全关断。这样既能保证 IGBT 的短路时间不超过允许范围，又能减小 IGBT 短路电流和短路功耗，并且大大减小关断尖峰电压。IGBT 模块驱动器一般选择 +15V/−15V 作为开通/关断电压，通过调节栅极电阻 R_G 控制 IGBT 模块的开通和关断速度。

图 3–66 为软关断策略实现原理。图 3–66（a）为 IGBT 正常开通状态。驱动器检测到 IGBT 发生短路后，如果能将驱动器的 G 极和 E 极同时接地，即此时驱动器提供的驱动电压为 0V，并使用一个合适的电阻（十几欧至几十欧）使 IGBT 栅极电容 C_{GE} 通过 R_{gst} 放电，如图 3–66（b）所示，就能使栅极电压缓慢下降，电流也会随着栅极电压的下降而缓慢下降。软关断过程结束后可以正常关断 IGBT，如图 3–66（c）所示。

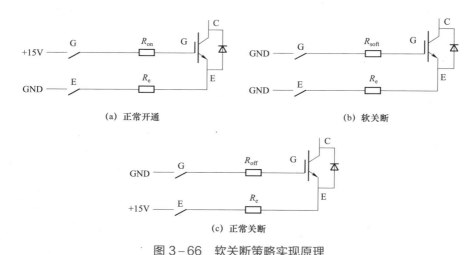

(a) 正常开通　　　　　　　　　(b) 软关断

(c) 正常关断

图 3–66　软关断策略实现原理

搭建 IGBT 不同工况下的关断测试平台，以 ABB 公司的 5SNA1500E330305 为例，电压等级为 3300V，电流等级为 1500A。图 3–67 给出了正常关断波形和短路关断波形对比。蓝色曲线为栅极电压，绿色曲线为集电极电流，红色曲线为集射极电压，直流母线电压为 1800V。

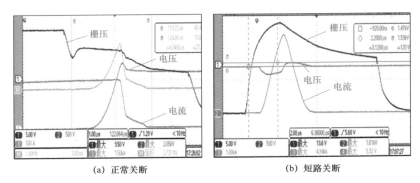

(a) 正常关断　　　　　　　　　(b) 短路关断

图 3-67　IGBT 正常关断和短路关断波形对比

图 3-67（a）为 IGBT 正常关断 1500A 电流，采用正常关断方式，驱动器栅极关断电压为 0V，关断电阻选择 4.7Ω，实测关断电压尖峰为 280V。

图 3-67（b）为 IGBT 在短路工况下保护关断，最大电流为 4.9kA，采用故障软关断方式，驱动器栅极关断电阻为 10Ω，实测关断电压尖峰为 120V。

3.5.8　异常脉冲抑制

（1）窄脉冲抑制。受工作环境的影响，温度、湿度、负载等各方面因素的变化都可能对控制回路的信号产生瞬态干扰，从而产生一个脉冲宽度很小的毛刺信号，即窄脉冲信号。IGBT 在半桥模式应用时，由于窄脉冲信号的原因，可能会导影响 IGBT 开关状态，在半桥模式下，上、下桥臂的 IGBT 的开关状态是互补的，由于干扰而产生的窄脉冲信号会使本应处于关断状态下的 IGBT 再次打开，造成上、下桥臂直通而使 IGBT 处于短路的状态下，IGBT 功耗激增，严重时会有烧毁的危险。窄脉冲干扰抑制原理如图 3-68 所示。当脉冲宽度小于设定宽度时，驱动器不响应驱动信号，图中 t_D 为传输延时。窄脉冲抑制可以通过数字方式（如微处理器、CPLD、FPGA）或模拟电路方式实现。

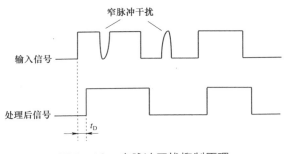

图 3-68　窄脉冲干扰抑制原理

（2）开关最小脉冲抑制。最小脉冲抑制是为了防止没有足够长的开通或者关断时间来控制半导体的开通或关断。从栅极控制信号输出到器件开关过程需要一定的反应时间，过短的开通脉冲可能会引起过高的电压尖峰或者高频振荡问题。这种现象随着 IGBT 被高频 PWM 调制信号驱动时，时常会发生，占空比越小越容易输出窄脉冲，且 IGBT 反并联续流二极管在硬开关续流时反向恢复特性也会变快。

从半导体基本原理上看，窄脉冲现象产生的主要原因是由于 IGBT 或 FWD 刚开始开通时，不会立即充满载流子，当在载流子扩散时关断 IGBT 或二极管芯片，与载流子完全充满后关断相比，di/dt 可能会增加。相应地在换流杂散电感下会产生更高的 IGBT 关断过电压，也可能会引起二极管反向恢复电流突变，进而引起阶跃恢复现象。但该现象与 IGBT 和 FWD 芯片技术、器件电压和电流都紧密相关。

从双脉冲测试波形出发，图 3-69 为 IGBT 栅极驱动电压、电流和电压的开关逻辑，从 IGBT 的驱动逻辑看，可以分为窄脉冲关断时间 t_{off}，实际是对应 FWD 的正向导通时间 t_{on}，其对反向恢复峰值电流、恢复速度都有很大影响，图中 A 点反向恢复最大峰值功率不能超过 FWD 的 SOA 限制。窄脉冲开通时间 t_{on} 对 IGBT 关断过程影响比较大，图中 B 点主要是 IGBT 关断电压尖峰和电流拖尾振荡。

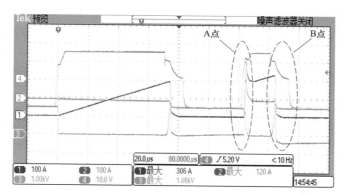

图 3-69　IGBT 栅极驱动电压、电流和电压的开关逻辑

IGBT 关断大电流时对脉冲宽度 P 有一定依赖性，脉冲宽度越小电压尖峰越高，且关断电流拖尾会突变，发生高频振荡。FWD 特性随导通时间变短其反向恢复过程会加速，越短 FWD 导通时间会引起很大 du/dt 和 di/dt，尤其在小电流条件下。窄脉冲时间限制的设定要按照大功率 IGBT 的双脉冲实测结果来配置，开关过程的时间包括开通延时、上升时间、反向恢复时间、关断延

时、下降时间、拖尾时间。窄脉冲宽度不能小于以上时间之和，另外，高压IGBT 一般都给出明确最小二极管导通时间 10μs。在低压 IGBT 应用中比较难对最小允许开通窄脉冲去定义和计算，推荐通过精确测量来调整或评估 IGBT和 FWD 的最小脉冲。

3.5.9 故障分类处理逻辑

IGBT 驱动是实现 IGBT 器件正常开通、关断，以及 IGBT 器件在各种异常工况下可靠保护的电路。它是控制系统和功率器件 IGBT 之间链接的纽带，因此驱动器除需要对 IGBT 各种故障进行监测并保护外，还需对上一层控制系统的命令进行监测，当上层控制系统受到干扰发出异常脉冲时，驱动器也需可靠关断IGBT，防止 IGBT 损坏。

IGBT 和上层控制器工作时，可能发生以下故障：电流变化率故障、过电流故障、短路故障、栅极欠电压故障、异常窄脉冲故障等，驱动器的保护类别可参考表 3－7。智能驱动可以通过不同的检测电路识别到 IGBT 发生的故障类型，然后通过不同的保护算法，通过查表法在纳秒级切换不同栅极电阻实现 IGBT 的可靠关断。通过不同的软关断算法，既可以保证 IGBT 在正常开通或关断时对损耗的要求，又可以满足 IGBT 在短路、过电流等故障时对电压尖峰抑制的需求。图 3－70 为智能驱动器分类处理策略。

表 3－7 驱动器保护类别

保护类别	功能说明
过电流保护	根据 IGBT 管压降与导通电流的关系特性，当 IGBT 导通电流大于 2 倍额定电流时，驱动器根据管压降变化识别出过电流故障，快速闭锁 IGBT
短路保护	根据 IGBT 退饱和特性，当 IGBT 流通短路电流时，IGBT 进入放大区，两端电压增大到母线电压，驱动器需 10μs 内闭锁 IGBT
电流变化率保护（di/dt 保护）	根据电流变化率，提前预判故障，缩短保护时间
频率超限	防止 IGBT 开关频率过快导致器件发热损坏
有源钳位	用于过电压保护，防止器件过电压击穿
欠电压保护	用于栅极电压欠电压保护，防止栅极电压过低引起 IGBT 通流能力不足

智能驱动器包含了 FPGA 主控芯片，因此它不仅可以对 IGBT 发生的故障进行识别，还可通过高速的串行协议在满足实时性的前提下将故障分类上报给上一层控制系统。此外，从驱动级对 IGBT 故障进行分类，可以为系统故障分析定位提供依据。

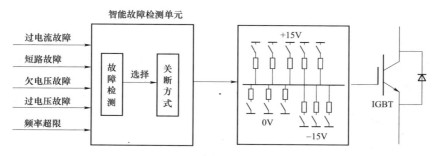

图 3-70　智能驱动器分类处理策略

3.6　通　信　功　能

3.6.1　驱动器通信接口

根据与驱动器连接的上层控制器通信接口需求的不同，驱动器通常采用光信号接口和电信号接口两种方式实现通信功能。驱动器的通信接口和通信协议都可以根据应用需求进行灵活的配置。

驱动器通常配置 2 路通信接口，一路用于接收上层控制器下发的 IGBT 开通关断指令，定义为 TX 端口；一路用于将当前 IGBT 开通关断状态、故障监测等信息发送至上层控制器，定义为 RX 端口。其中 TX 端口交互信息较为简单，因此通常采用高、低电平方式进行信息交互。以光接口方式为例，定义有光为开通 IGBT 指令，定义无光为关断 IGBT 指令。对于 RX 端口，由于驱动器技术路线不同，以及回报信息内容的不同，协议方式有较大区别，下文将对主要几类实现方案进行逐一介绍。

3.6.2　脉冲宽度回报

采用脉冲方式进行信息交互是目前模拟型驱动器 RX 端口主要的实现方案。通过监测脉冲宽度来实现驱动器正常工作和故障信息的交互。这种方案实现简单，对上层控制器处理要求低，但其缺点在于仅能传递简单的信息，无法区分故障信息。

以 PI 公司 1SP0635 型驱动器为例，图 3-71 和图 3-72 分别展示了驱动器在正常工作状态和故障状态的回报波形。

在正常工作状态下，RX 端口长期保持有光，在接收到上层控制器通过 TX 端口下发的开通和关断指令后，RX 端口分别在延时 250ns 之后，向上层控制器发送 700ns 的无光信号。当驱动器监测到故障时，RX 端口产生无光信号，为保证上层控制器能够准确识别到故障脉冲，无光时间需要至少保持 1.5μs 以上，在保持时间内，驱动器不再响应任何输入信号。保持时间结束后，驱动器将自动复位，之后可以继续执行上层控制指令，保持时间的设置因驱动器类型而异，PI 公司 SCALE 型的光接口即插即用型驱动器的阻断时间为 1s，2SP032V/S 型驱动器的阻断时间为 11μs，1SP0335/1SP0635 型驱动器的阻断时间为 9μs。

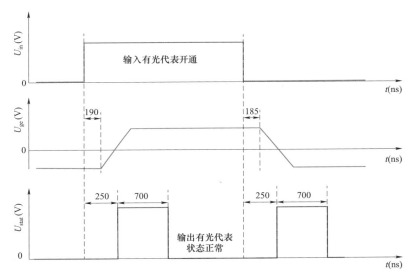

图 3-71　1SP0635 型驱动器正常工作状态的回报波形

3.6.3　编码回报

随着高压大功率电力电子装备的广泛应用，对装备运维的智能化和精细化要求逐步提高，驱动器传统的仅反映正常和故障两种状态的回报方式已无法满足需求。目前数字型驱动器可实现回报信息的灵活编码，在保证信息回报快速性的同时，实现故障精细化分类，以便操作人员进行故障定位与运行维护。

目前数字驱动器能够区分不少于 7 类故障类型，其中包括 IGBT 4 段退饱和故障（Msat1、Msat2、Msat3、Msat4）、2 段短路故障（di/dt_1、di/dt_2）、驱动栅极欠电压故障、输入脉冲过窄故障、驱动器电源欠电压、有源钳位动作、上层控制器无通信等故障。驱动器将上述各类故障逐一编码进行区分，当故障发生时，驱动器应答相应编码，上层控制器可根据故障编码协议解码出当前故障类型。

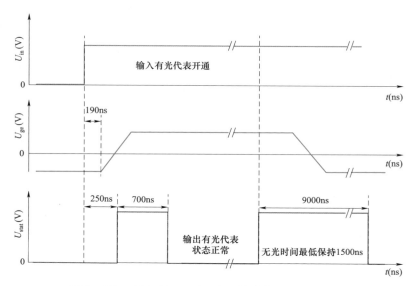

图 3-72 1SP0635 型驱动器故障状态的回报波形

以国网智研院 1MTPI33S 型驱动器为例，图 3-73～图 3-75 分别展示了驱动器在正常工作状态和故障状态的（图中仅罗列了典型短路故障和过电流故障回报信号）回报波形。

正常状态下，驱动器接收到触发指令和关断指令后分别回复应答信号，驱动器逻辑为检测到开通或者关断变化沿后，向上位机应答 1μs 宽的无光脉冲。

当驱动器检测到短路故障发生后（di/dt_1），向上位机发送 4μs 宽的无光脉冲信号，之后再回复 1μs 宽有光脉冲，上层控制器根据故障编码协议解码出该短路故障（见图 3-74）。

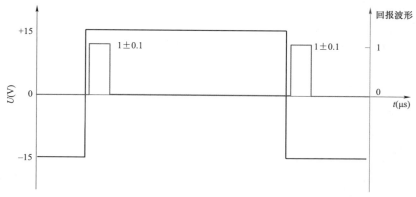

图 3-73 1MTPI33S 型驱动器正常工作状况的回报波形
（0 代表有光，1 代表无光）

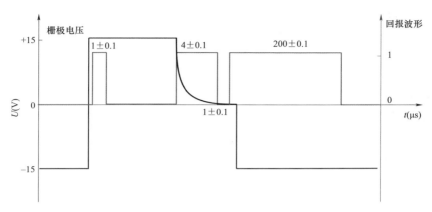

图 3-74　1MTPI33S 型驱动器短路故障回报波形
（0 代表有光，1 代表无光）

当 IGBT 开通后，驱动器检测 IGBT 的 CE 端电压超过参考电压，驱动器会上报过电流故障信息。1MTPI33S 型驱动器设定了 4 段过电流故障，以第 1 段过电流故障为例（Msat1），当 Msat1 故障发生后，驱动器回报 4μs 宽的无光脉冲，之后以有光—无光的顺序依次回报 9 个 1μs 宽脉冲信号，如图 3-75 所示，上层控制器根据故障编码协议解码出该故障。

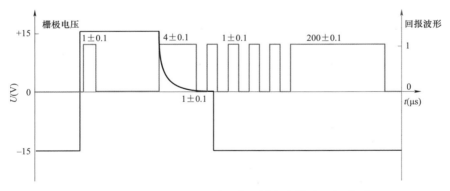

图 3-75　1MTPI33S 型驱动器过电流故障回报波形
（0 代表有光，1 代表无光）

3.6.4　标准协议回报

在一些电力装备应用场景中，需要通过驱动器将采集到的 IGBT 器件状态及电气量数据进行实时上传，需要驱动器采用更为复杂的通信协议对数据进行汇总组包后上传。目前主要采用的协议方案如下。

1. UART 通信方案

下面以 PI 公司的数字型驱动器 1SP0635V2A0D 为例，对该协议方案进行介绍。图 3-76 为 UART 的数据帧格式和收发时序。协议中每个 UART 帧包括 1 个开始位、6 个数据位、1 个短路数据位、1 个奇偶校验位（偶数）和 1 个停止位。数据帧长度和传输速率分别通过特定寄存器进行配置。首先发送数据的最低有效位，之后依次发送数据位（bit0～bit5）、奇偶校验位和停止位。其中奇偶校验位定义为对所有数据位和短路数据位进行奇偶校验计算得出；短路数据位用于指示 IGBT 短路状态；定义从有光变成无光时为开始位；定义从无光变成有光时为停止位；定义有光为数据逻辑 0，无光为数据逻辑 1；在数据传输空闲状态保持有光。

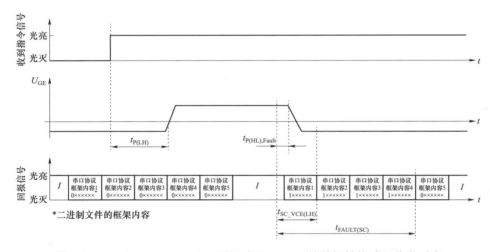

图 3-76　1SP0635V2A0D 型驱动器 UART 的数据帧格式和收发时序

2. I2C 协议方案

目前 TI 和英飞凌等公司在其驱动产品中采用 I2C 总线作为信息交互协议，I2C 总线是由飞利浦公司开发的一种简单、双向二线制同步串行总线。它只需要两根线（串行数据线和穿行时钟线）即可在连接于总线上的器件之间传送信息。下面以英飞凌 1ED38X0 系列驱动器为例进行介绍。1ED38X0 系列驱动器配备了标准 I2C 总线接口，用于配置栅极驱动器的各类参数，并读出测量和监控寄存器的数据，IED38X0 系列驱动器传输协议示意如图 3-77 所示。

其主要特点如下：

（1）I2C 总线的从设备遵照规范 UM10204 修订版中的所有强制性从总线

协议。

（2）采用 7 位设备地址，支持单个和组寻址。

（3）初始设备地址为 1A（MSB 对齐）。

（4）信号电压支持 3.3V 和 5V。

（5）通信速率支持标准模式、快速模式和增强型快速模式：标准模式速率最高达 100kbit/s，快速模式速率最高达 400kbit/s，增强型快速模式速率最高达 1Mbit/s。

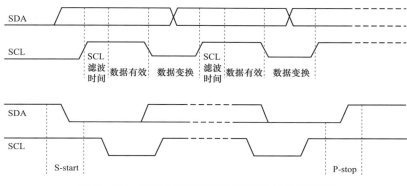

图 3－77　1ED38X0 系列驱动器传输协议示意

3. 曼彻斯特编码形式方案

部分驱动器通信编码方式采用 IEC60044－8 标准中描述的曼彻斯特编码形式，相比于传统串行通信，其数据传输更快且校验方式更为可靠。典型的曼彻斯特编码传输规则见图 3－78。

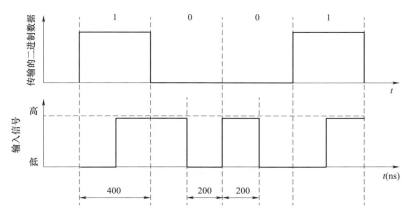

图 3－78　典型曼彻斯特编码传输规则（2.5Mbit/s 为例）

其物理层要求为：

（1）信号在光纤中传输时，高位定义为"光线亮"，低位定义为"光线灭"。

（2）数据发送采用曼彻斯特编码，最高有效位先发。

链路层要求为：

（1）空闲状态是二进制"1"。两帧之间按曼彻斯特编码连续传输二进制"1"。为了使接收器的时钟容易同步，由此提高通信链接的可靠性。两帧之间应传输最少 70 个空闲位。

（2）帧的最初 1 个 8 位字代表起始符，典型取值为 0x7E。

（3）校验方式。采用 16 位循环冗余校验（cyclic redundancy check，CRC）方式，检验多项式为

$$G(x) = x^{16} + x^{13} + x^{12} + x^{11} + x^{10} + x^8 + x^6 + x^5 + x^2 + 1 \qquad (3-57)$$

3.7 安 装 样 式

驱动器的安装方式主要有外接式和即插即用两种。不管采用何种安装方式，都会不可避免地在栅极引入寄生电感。这些电感包括引线电感、驱动电阻内部电感和高压 IGBT 模块内部的栅极引线电感。在实际应用中，需要尽量将栅极引线电感减至最小。合理的驱动电路布局和栅极布线对防止潜在振荡、减小干扰、保证高压 IGBT 模块正常工作有很大帮助。

3.7.1 即插即用式安装

即插即用式驱动器连接方式如图 3-79 所示，分别为 IHM、PrimePACK 和 EconoDUAL 封装的 IGBT 及驱动器，此种方式将驱动器或者至少是驱动器的输出极直接连接到高压 IGBT 模块端子上。这种方式不仅使栅极引线电感最小，而且电力电子装置中所有模块的栅极引线可以保持一致。但是驱动器邻近的 IGBT 模块，电磁环境恶劣，而且环境温度高。

图 3-79 即插即用式驱动器连接方式

3.7.2　引线式安装

引线式驱动器连线方式如图 3 − 80 所示，分别为焊接型和压接型 IGBT 的连接方式。栅极连接一定要采用同轴电缆，且不要过长，引线过长容易导致栅极开通和关断振荡。外接式驱动的好处是便于维护，不需要拆下 IGBT 模块即可更换驱动器，且功率模组结构设计更加容易。

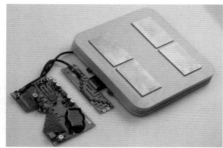

图 3 − 80　引线式驱动器连接方式

4　IGBT 多器件驱动控制技术

　　虽然现代高功率半导体器件具有非常高的额定电流和电压，但一些应用需要串联或并联器件，以获得更高规格的额定输出电压和额定输出电流。典型的例子是高压直流传输和铝冶炼厂的大电流整流器。通过功率器件的串并联，使它们各自承担大致相同的电流或电压，可以实现更高规格的电流和电压设计。

　　功率半导体需要经过特殊选择和参数划分，保证一组串联或者并联的器件具有相近的特性参数，保证工作时工作曲线的一致，实现良好的均流或均压。但是仅保证功率器件的一致性并不足以保证模块的良好性能，还必须考虑以下外部因素：① 控制。栅极驱动器对 IGBT 的开通过程有很大影响，通过保证模块同时开关，在确保电压和电流均衡方面发挥着关键作用。② 热设计。功率器件参数通常与温度相关。因此，确保散热器和冷却介质温度一致以得到相同的冷却效率，对于所有串联或并联连接的模块非常重要。还必须确保对于所有模块，安装压力均匀并在数据表规定的范围内。仅当夹紧压力在指定范围内时，数据表中给出的热阻值才有效。夹紧力的差异将导致不同的热阻和不同的结温，同样对电流和电压均衡产生不利影响。③ 机械设计与装配。并联的主要目的是在所有并联电流路径中实现相似的电阻和电感值。电流路径的差异将导致不均流，迫使一个或多个模块比其他模块在更高的温度下运行。这可能会导致故障，甚至可能导致一个或多个模块因过热而损坏，或将导致一种不经济的解决方案，即只有一个或两个模块满负荷使用，其他模块并联未被充分利用。仔细的机械设计和合适的元件选择是平衡电流的唯一方法。除了仔细的机械设计，还必须保证所有元件的正确安装。安装不当的器件可能使散热器具有较高的热阻和电接触电阻，导致饱和压降差高于器件之间实际参数分布所产生的饱和压降差，从而阻碍良好的均流。

　　IGBT 的串并联分成以下两种情况：① IGBT 模块内多个 IGBT 芯片的串并联；② IGBT 模块的串并联应用。当前 IGBT 和二极管的生产和设计结构水平，可以保证单芯片在结温 150℃时，最大工作电流做到 200A，另外单芯片最大 U_{CE} 耐压能力一般在 1200～1600V。如果电流增大，需要 IGBT 芯片和二极管并联运行。若母线电压增大，则需要将 IGBT 芯片和二极管串联应用。将多个 IGBT 芯片及二极管封装到一个模块中，可以实现更大容量，如图 4-1（a）所示。目前市场上 IGBT 模块最大耐压达到 6.5kV（750A），最大电流达到 3.6kA（1200V）。如果想要达到更高电压和电流等级，需要将 IGBT 模块进行串并联，如图 4-1（b）和图 4-1（c）所示。IGBT 模块设计非本书关注内容，本章重点阐述对于 IGBT 模块串并联的驱动方法。

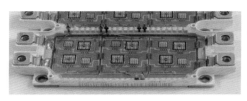

(a) IGBT 模块内部示意图　　(b) IGBT 模块串联示意图　(c) IGBT 模块并联示意图

图 4-1　IGBT 芯片及模块串并联

4.1　串　　联

　　IGBT 模块串联是将低电压等级的器件串联以承受更高的母线电压，既解决了提高耐压等级的问题，也降低了成本，低电压等级器件串联成本明显低于高电压等级器件，同时由于高电压器件具有更大的导通电阻和寄生电容，往往损耗更高且开关频率更低。

　　串联连接面临的主要问题是均衡电压问题，如果串联设计不正确的话，包括不合理的模块选择，以及驱动器设计和有源或无源分压器的设计不合理，会导致轻度或者严重的电压不匹配，最终引起过载或者超过模块的最大阻断电压，致使失效。因此串联时，无论是静态运行还是动态运行，确保所有的串联模块实现均压非常重要。

　　静态工作分为通态和断态，在这两种稳态之间切换会产生两种动态工作，分别是开通和关断。通态工作期间，串联器件压降为几伏的饱和压降，不存在耐压问题；断态时，串联器件共同承担母线电压，存在耐压问题，但是通过平衡电阻较易解决。串联器件开通过程中，电压从母线电压降低到饱和压降，此时主要问题在于串联器件中由于驱动信号延时、驱动能力差异等问题导致某个模块滞后开通，可能最大会承担到母线电压，因此在开通初期存在不均压问题，一般通过保证开启信号的一致便能很大程度缓解。关断过程中最容易发生不均压问题，不仅和驱动信号一致性相关，也和不同模块的自身特性相关，是解决串联不均压问题的重点。

在图 4-2 中展示了当存在动态和静态工作电压不平衡时，三个串联连接的 IGBT 的电压及开通、关断电压波形示意图。由于开关速度不同或驱动延时的差异，导致关断最快和开启最慢的 IGBT 承受着高压，可能会引发击穿风险。在静态运行时，导通状态下不存在不均压问题，但关断状态下的电压不匹配是由于不同的漏电流引起的，而漏电流受到栅极关断电压和结温的影响。

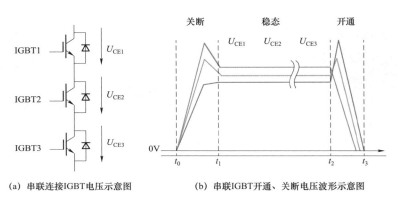

(a) 串联连接IGBT电压示意图   (b) 串联IGBT开通、关断电压波形示意图

图 4-2　串联连接 IGBT 电压及开通、关断电压波形示意图

4.1.1　静态均压

一般而言，串联器件的静态不均压指的是在关断状态下出现的电压不平衡问题。在功率器件关断时，实际上会存在漏电流，因此可以将功率器件视为具有较大电阻的状态。然而，由于漏电流的变化通常在两个数量级范围内，并且在百微安级别内，因此不同器件的关断电阻存在明显的差异。

为解决此问题，可以采用平衡电阻，带有平衡电阻的 IGBT 串联连接如图 4-3 所示。模块断态运行时，可以给 IGBT 并联电阻，只要电阻分流大于 IGBT 的漏电流就可以实现电压匹配。通常平衡电阻电流和 IGBT 模组漏电流的比值可以取 5:1 左右的数值。这样保证了平衡电阻明显小于器件电阻，且平衡电阻上的电流远大于器件的漏电流，因而器件电阻与平衡电阻的并联电阻主要由平衡电阻决定。在开启状态时，IGBT 模块上饱和

图 4-3　带有平衡电阻的
IGBT 串联连接

压降约为几伏,平衡电阻上电流很小,不影响正常运行,因而综合解决了静态均压问题。

4.1.2 动态均压

由于在串联器件的开通过程中,通过确保开关动作的相对一致,一般可以解决不均压问题。动态不均压通常指的是在关断过程中出现的不均压情况。关断过程非常短暂,电路中的电压和电流会迅速变化,除了器件本身参数不一致,电路中的寄生参数也会明显影响动态不均压,如阈值电压、跨导和寄生电容等。即使是同一批次生产的功率器件,也很难保证其参数一致性。以阈值电压为例,功率器件的数据手册通常提供最小值、典型值和最大值。例如,英飞凌FF800R12KE7 型号的 IGBT 模块,其栅极阈值电压的最小值为 5.15V,典型值为5.80V,最大值为 6.45V。阈值电压的不一致性相当于产生了不可控的驱动延迟,导致动态不均压问题。此外,器件的关断需要由驱动电路控制,驱动电路之间的差异必然导致串联器件在关断过程中栅极电压的变化不一致,同样会引起动态不均压问题,如驱动电阻的差异、驱动电压的差异和驱动信号延迟的差异等。串联器件在主电路中工作,每个器件所处的电气环境并不相同,如电磁干扰、对地寄生电容和线路寄生电感的差异,也会导致动态不均压问题。温度和散热对功率器件的特性有直接影响。如果串联器件无法保持相同的工作状态,必然导致串联器件的结温存在差异,从而导致器件特性的差异,同样也会导致动态不均压问题的出现。

(1)缓冲电路。每个 IGBT 可以配备一个并联的缓冲电路,以提高动态分压性能,降低关断负载的缓冲电路如图 4-4 所示。缓冲电路的构成可以简单地由单个电容器组成,也可以采用由电容器、电阻器和/或二极管组成的缓冲网络。通常情况下,缓冲电容器的值远大于功率器件的输出电容。当将其与器件并联时,它能够有效地增加器件的输出电容,从而有助于减轻串联器件中的电压不均衡程度。缓冲电容器的容值越大,引起串联电压不均衡因素的影响就越小。缓冲电路的实现相对简单,并且完全依赖于无源元件,因此具备简单可靠的特

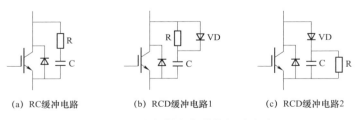

(a) RC缓冲电路　　(b) RCD缓冲电路1　　(c) RCD缓冲电路2

图 4-4　降低关断负载的缓冲电路

点。然而，这种方法也存在一些局限性，因为它需要昂贵且有时体积庞大的缓冲电容器。无源缓冲电路会减缓开关速度，增加开关损耗，并引入额外的缓冲损耗。因此，它更适用于对开关速度和损耗要求不那么严格的应用场合。

（2）单驱动方案。在单驱动电路方案中，只有最低位的器件接收到驱动信号。低位器件的电压变化会导致紧邻的上一位器件的源极电动势发生变化，进而影响到该器件的栅极电压，决定器件是开通还是关断状态。这个过程依次发生，并传递到最高位的器件，最终完成整个串联器件的开通和关断，但是由于电容两侧电压无法突变，因而串联器件的栅极实际会同步开启。这种方案的关键在于利用自举电容来存储开通器件所需的能量，因此可以省去除最低位器件以外的驱动电路。图 4-5 是一种单驱动串联方案，该方案重点在于利用 C_1 电容在关断期间，通过上管器件 VD2 栅极连接的齐纳二极管 Zd3、Zd4 从 M 点进行取能。

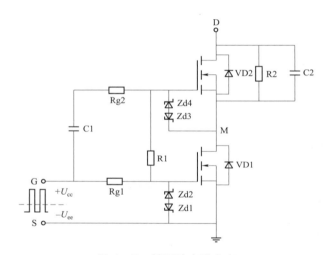

图 4-5　单驱动串联方案

单驱动方案虽然节省了串联器件的驱动电路，但该方案存在一些固有的问题。首先，串联器件按照从下到上的顺序逐个导通，这导致不同器件的开关损耗存在差异。长时间运行后，开关损耗的累积将导致器件结温差异的出现。其次，位于高位的器件缺乏独立的驱动电路来提供稳定的电源电压，这导致不同器件在导通和关断过程中栅极电压不一致，进而影响到器件的工作一致性。此外，单驱动电路也不便于扩展串联器件的数量。

（3）有源钳位。为了防止串联器件出现过电压情况，可以采用有源钳位的保护方法。有源钳位的工作原理可以参考 3.5.4，并可参考图 4-6 中展示的栅极有源钳位方案。然而，这种方案存在一些缺点。首先，稳压二极管的雪崩击穿电压存在较大误差，并且易受温度的影响。其次，这是一种被动的保护方法，无法主动控制串联不均压的问题。仅依赖此方案可能导致频繁触发有源钳位，增加钳位二极管和 IGBT 的损耗。因此，在采用该保护方案时需要综合考虑各种因素。

（4）反馈控制。首先，可以根据集电极电压的变化来进行电压反馈控制，反馈控制方案如图 4-7 所示。在 IGBT 开通或关断时，检测集电极和发射极之间电压随时间的变化率（dU_{CE}/dt），并将其与预设的参考值进行比较。如果存在偏差，就相应地调整栅极的驱动控制方式。然而，这种方法的缺点是设计复杂，对逻辑电路的响应要求较高。为了简化设计，可以通过在集电极和栅极之间插入一个电容来实现简化的 dU_{CE}/dt 控制方法，但同时也会引入更多的干扰。

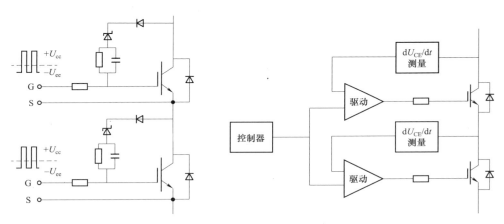

图 4-6　栅极有源钳位方案　　　　图 4-7　反馈控制方案

图 4-8（a）所示的栅极动态电阻—电容—二极管（resistance-capacitance diode，RCD）方案利用 RC 网络将器件集电极电压反馈到栅极，当器件发生过电压时额外电流通过 RC 网络注入器件栅极，降低栅极关断速度并减缓集电极电压升高。然而该方案存在难设计 RC 网络参数、易电压振荡等问题。图 4-8（b）所示的栅极辅助电流源的均压方案，是通过监测器件集电极电压，反馈调节控制辅助电流源注入或者抽取栅极电流的大小，实现器件开关速度的调节。

如图 4-9 所示的器件电压单闭环方案，将器件的集电极电压与设定的参考电压 U_{CE}^{*} 之间的误差作为反馈信号，用于输出控制实时的栅极电压，以实现器件的集电极电压与参考电压 U_{CE}^{*} 保持一致。然而，功率器件的电压与栅极电压之间存在复杂的非线性关系，并且电路中的寄生参数会导致模拟电路的功能效果受到限制。

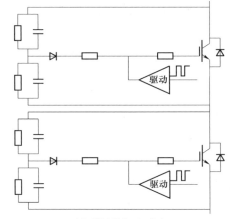

(a) 栅极动态RCD方案

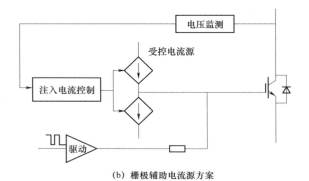

(b) 栅极辅助电流源方案

图 4-8　额外电流注入方案

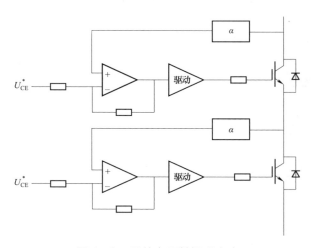

图 4-9　器件电压单闭环方案

（5）延时控制。如图 4-10 所示的栅极同步变压器方案，同步变压器将相邻器件的驱动电流互相耦合，使得所有串联器件的驱动信号同步，可以有效缓解驱动信号延时不一致的问题，但是其他均压影响因素无法解决。

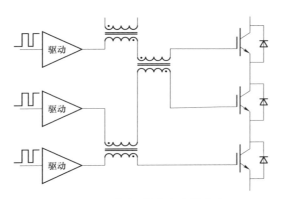

图 4-10　栅极同步变压器方案

栅极驱动延时均压控制方案如图 4-11 所示，是一种常见的解决串联不均压问题的研究方案。该方案采用延时控制方法，通过检测当前开关周期中串联器件的不均压情况，并将其作为闭环控制器的反馈信号。闭环控制器根据反馈信息调节下一个开关周期的驱动延时，逐步缓解不均压情况。该方案需要多个 IGBT 开关周期后才能达到较理想的均压状态。因此，不需要控制器具有快速响应速度的要求，但它无法控制器件的开关曲线，并且在应对串联均压缓解的速度方面较慢。因此，在具体应用情况下需要进行综合考虑。

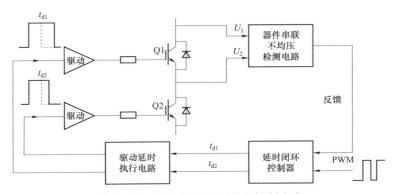

图 4-11　栅极驱动延时均压控制方案

（6）其他。IGBT 的串联应用涉及的影响因素较多，理论分析难度较大，往往需要在具体的工程应用中进行分析，并采取多种缓解措施，比如采用平衡电阻、缓冲电路和有源钳位等。

此外，在关断短路电流和过载电流时，必须所有 IGBT 模块在同一时间开关，所以需要快速检测的方法，将故障信号上传到命令终端，同时命令关闭所有 IGBT 模块。与常规的 IGBT 保护方法不同，串联的保护需要将通信时间考虑在内。

4.2　并　联

IGBT 模块并联应用主要为了解决电流容量有限的问题，当需要的单个 IGBT 模块封装无法满足电流要求时，就需要将多个 IGBT 模块并联使用。并联连接无论是静态工作还是动态工作期间，最重要的问题是要保证模块之间的电流分布平均，防止某一 IGBT 模块因过电流导致损坏。

在理想情况下，IGBT 模块的通流能力随并联模块数量的增加而增加。由于每个模块连接的阻抗不能完全匹配，并且由于不同模块的参数不一致等原因，直接驱动并联的多个 IGBT 模块并不能实现均流。此外，因为 IGBT 模块的器件特性依赖于结温，散热不均匀也可能导致模块内和模块之间的电流不平衡。本节主要讨论涉及静态和动态电流均衡的影响因素。

4.2.1　静态均流

并联模块的导线连接电阻和器件导通特性的差异是影响静态电流分担的主要因素。图 4-12 显示了两个并联模块的线性模型，假设模块的导通特性是线性近似的。每个模块的连接电阻集中在一个简单的电阻中。连接电阻的值与具体应用相关。

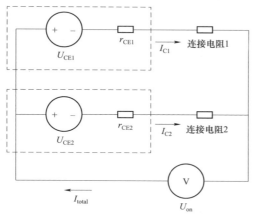

图 4-12　并联模块的线性模型

（1）模块参数不一致。图 4-13 显示了在同一年生产的某种 IGBT 在开启状态下的饱和电压分布概率图。U_{CEsat}（开启饱和电压）中位数为 5.4 V，标准差为 0.065 V。图 4-14 显示了随机抽取两个 IGBT 器件，二者饱和电压差的分布概率图。

为了计算模块中的电流差异，在器件标称电流到 1/3 标称电流之间，假设导通饱和电压（U_{CEsat}）与导通电流是近似线性关系，则可得

$$U_{CEsat}(I_C) = U_{t0} + I_C \cdot R_{CE} \qquad (4-1)$$

式中：U_{t0} 为导通电流为 0 时的阈值导通状态电压；I_C 为器件中流过的电流大小；R_{CE} 为假定线性关系下的器件内阻。

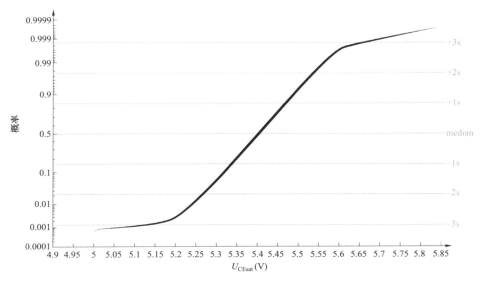

图 4-13　某种 IGBT 在开启状态下的饱和电压分布概率图

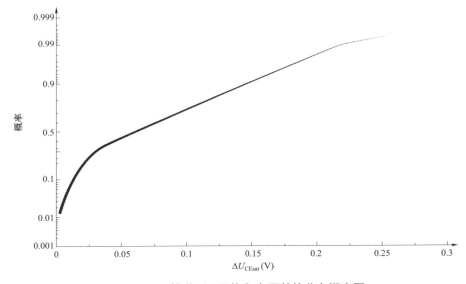

图 4-14　并联 IGBT 饱和电压差的分布概率图

作为一种简化，0A 时的阈值导通状态电压（U_{t0}）被设置为 2.5 V。这与实际情况非常接近，因为大多数工艺变化对 U_{t0} 影响较小。仅评估由于模块变化引

起的电流不平衡，假设导线连接电阻为 0，两个并联模块承担相同的平均压降，这样就可以计算出并联时每个模块中经过的电流，即

$$I_{C(n)} = \frac{\dfrac{U_{CEsat(1)} + U_{CEsat(2)}}{2} - U_{t0(n)}}{R_{CE(n)}} \qquad (4-2)$$

式中：n 可全部取值为 1 或者全部取值为 2，代表并联的两个模块中对应的参数。

图 4-15 中成对模块之间的电流不平衡表示为两个模块中的最大电流减去平均电流，再除以平均电流。电流不平衡的中位数为 1.1%，观察到的最大电流不平衡为 4.5%。图 4-16 为电流不平衡比例与导通状态饱和电压差的关系。可见，如果根据导通饱和电压专门选择并联连接的模块，或者使用同一生产批次的模块，则可以提高静态均流能力。

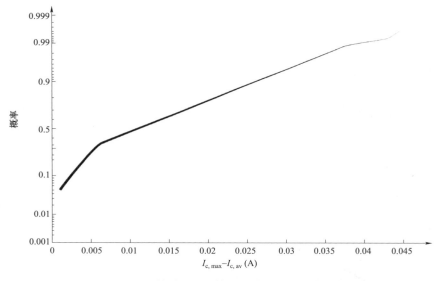

图 4-15　并联 IGBT 饱和电流差的分布概率图

（2）电流均衡的外部影响。连接电阻的影响可以根据图 4-12 所示的模型直接计算。特别是对于具有低导通电压的功率半导体器件，连接电阻对均流有显著影响，至少与模块特性影响在同一量级内。除连接电阻外，由于半导体的导通特性或多或少与温度有关，散热对均流也有影响。

如果一个模块在 25℃下工作，另一个模块在 125℃下工作，则较低温度的模块将占总电流的更大份额。但是由于温度系数为正，实际中的均流状态将得到改善，因为较低温度模块中的电流更高，产生热量更多，反之亦然。因此，在短时间内均流状态就会稳定下来。然而，温度平衡之后，两个模块散热器的

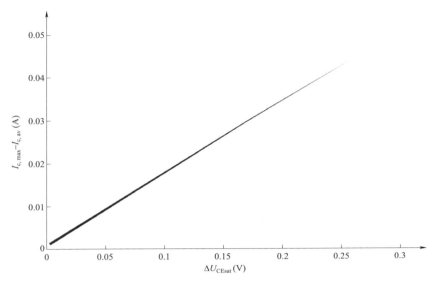

图 4 – 16 电流不平衡比例与导通状态饱合电压差的关系

散热能力差异是至关重要的，散热能力差异会导致模块温度不相同。值得注意的是二极管的工作模式，因为二极管的导通状态特性在整个电流和温度范围内不一定提供一个正的温度系数。另外，栅极驱动提供的栅极电压对 IGBT 的导通特性也有影响，因此要求所有并联 IGBT 模块的栅极电压差异很小，或者使用相同的栅极电压电源。

4.2.2 动态均流

动态电流分担很大程度上取决于外部电源电路的设计。如果所有模块使用公共栅极驱动器，在导通过程中，不同的发射极阻抗电感值对并联 IGBT 的栅极电压将直接影响。如果每个模块使用单独的栅极驱动器，则不同驱动器之间需要参数差异很小。

（1）电流均衡的外部影响。图 4 – 17 显示了两个 IGBT 模块并联的简化原理图，它们具有一个共同的栅极驱动单元，并且连接到地的阻抗电感值略有不同，这种阻抗在辅助发射极和共发射极之间是不可避免的。

特别是在导通过程中，这对动态电流分担有重要影响。假设相同的初始导通 $\mathrm{d}i/\mathrm{d}t$，在辅助发射极电位和共地点之间的杂散电感上得到一个成比例的压降，即

$$U_{\mathrm{LE}(n)} = \frac{\mathrm{d}i_{\mathrm{C}}}{\mathrm{d}t} \cdot L_{\mathrm{sE}(n)} \tag{4－3}$$

式中：i_{C} 为器件电流；$\mathrm{d}i_{\mathrm{C}}/\mathrm{d}t$ 为集电极电流随时间的变化率；$L_{\mathrm{sE}(n)}$ 为辅助发射极和共地点之间的杂散电感值。

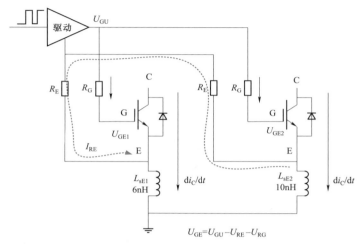

图 4-17 两个 IGBT 模块并联的简化图

在这个连接的辅助发射极阻抗上得到一个电压降，它改变了栅极到发射极的有效开启电压，如图 4-17 所示。图中具有较低发射极电感的左侧 IGBT 的栅极电压提升阻力较小，而右侧 IGBT 的栅极电压将被阻尼，因此在一开始的开启动作中，左侧 IGBT 将流过大部分的初始电流，因此也产生更高的导通损耗。如图 4-18（a）所示的两个 3300V、1200A IGBT 具有不同辅助发射极阻抗的模拟

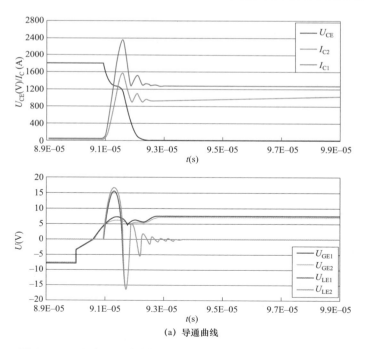

(a) 导通曲线

图 4-18 具有不同发射极阻抗的 IGBT 模块开关曲线（一）

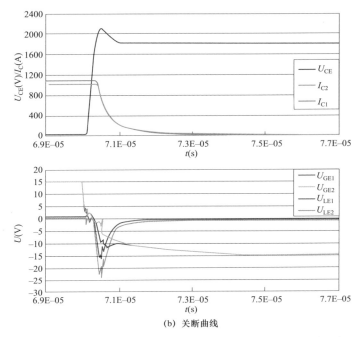

(b) 关断曲线

图 4-18 具有不同发射极阻抗的 IGBT 模块开关曲线（二）

导通曲线。显然，开启时电流不均衡程度非常显著，导致左侧开关的导通损耗比理想电流分担时的预期损耗高 20%～25%。因此如果不能改进电源电路的设计，为了避免过电流损坏 IGBT，则需要采用更高电流等级的 IGBT 模块。

图 4-18（b）显示了一个关断状态曲线，虽然不相等的阻抗电感 L_{sE} 对 U_{GE} 的影响是非常明显的，但它对集电极电流和整体特性的影响可以忽略不计。

（2）具有共模扼流圈的共享栅极驱动。一种方法是使用共模扼流圈来纠正不相等的连接阻抗值。共模扼流圈几乎不影响栅极—发射极的阻抗，但是会阻尼由 L_{sE} 两端的电压降引起的共模电压跳变。图 4-19 显示了在栅极中具有共模扼流圈的 IGBT 并联简化图，其中共模扼流圈将栅极驱动单元与 IGBT 发射极解耦。

图 4-20 显示了与图 4-19 所示的发射极阻抗相同的非理想条件下的开启曲线，但这次使用了共模扼流圈。结果显示电流失配及导通损耗失配被最小化，并与发射极阻抗大小不再相关。共模扼流圈的设计应具有最小的差分电感和电阻，并应能够处理门电流负载。

（3）独立栅极驱动。另一种避免辅助发射极产生环路电流的方法是每个 IGBT 模块使用单独的栅极驱动单元。如果不同驱动器参数均完全匹配，则结果将与图 4-21 所示非常相似，从而实现良好的均流。需要考虑的是，与其他组件

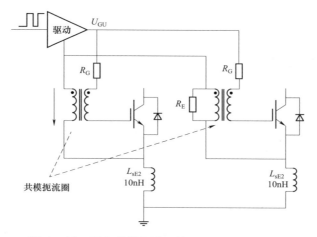

图 4-19 具有共模扼流圈的 IGBT 并联简化图

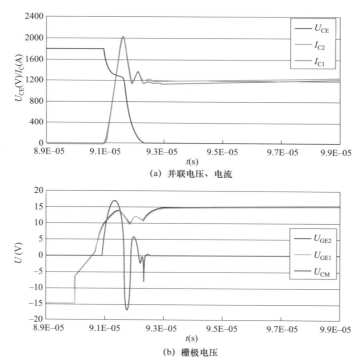

（a）并联电压、电流

（b）栅极电压

图 4-20 使用共模扼流圈时具有不同发射极阻抗的 IGBT 模块开启曲线

一样，驱动器在时序和栅极电压方面也会受到参数变化的影响，不同驱动器的参数往往会存在一些偏差。

图 4-21 显示了 IGBT1 和 IGBT2 存在 100ns 延时的开通和关断曲线，结果得到明显的动态电流失衡，与理想电流均衡状态开关损耗相比高出 15%～20%。

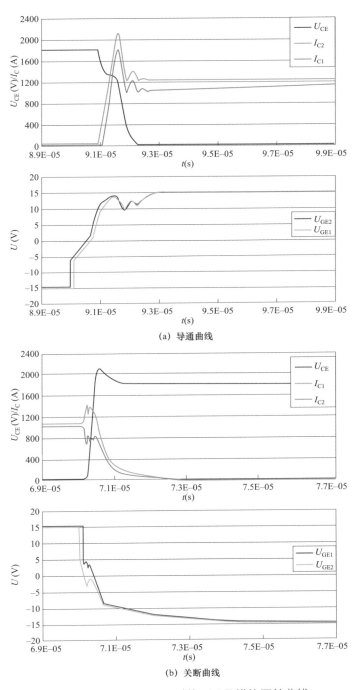

图 4-21 具有不同延时的 IGBT 模块开关曲线

此外，关断电流比平均关断电流高 40%。IGBT 模块选择时需要考虑到这种情况。

图 4-22 分别给出了 U_{GE} 差 0.5 V 时的导通和关断曲线。即使 U_{GE} 对动态电流均衡的影响似乎较小，也需要考虑它，特别是对于导通损耗，图中损耗失配达到 5%～10%。

（4）杂散电感和钳位。对于可靠的模块运行，至关重要的是，即使在开关过程中，峰值电压也始终保持在模块的最大额定电压以下。特别是当大电流模块并联时，容易因寄生电感产生较大电压。峰值电压与开关速度和杂散电感值的关系为

$$U_{CEm} = \left| \frac{di_C}{dt} \right| \cdot (L_{\delta CE} + L_\sigma) + U_{DC} \qquad (4-4)$$

式中：di_C/dt 为器件中电流变化率；$L_{\delta CE}$ 为器件中存在的寄生电感；L_σ 为连接线路中存在的寄生电感；U_{DC} 为母线电压；U_{CEm} 为器件中承担的集电极到发射极的峰值电压。

对于并联，一个有效的假设是总开关速度随并联模块的数量 n 的变化而变化，即

$$di_C / dt_{tot} = di / dt \cdot n \qquad (4-5)$$

式中：di_C/dt_{tot} 为总电流变化率；di/dt 为单个器件模块中的电流变化率。

为了确保并联模块的栅极—源极电压（U_{GEm}）变化保持在与单个模块相似的水平，必须显著减少杂散电感的影响。此外，调节控制 IGBT 关断电流的 R_{goff} 阻值对 di/dt（电流变化率）影响不大。对于大电流模块而言，设计具有所需低杂散电感的电源电路是一项艰巨的任务。

（5）有源钳位。为了解决并联时的过电压问题，3.5.4 的有源钳位是一种解决方案。值得注意的是，并联连接中的每个模块必须具有自己的有源箝位。如果并联中只有一个 IGBT 模块具有有源钳位电路，则关断时触发有源钳位后，关断电流将集中到带钳位的单个 IGBT 模块上，又将造成过电流问题。为了避免抑制二极管过载，强烈建议有源钳位输出到驱动电路最终推挽级，如图 3-56（a）所示，而非仅反馈到栅极。

（6）结温影响。结温对开关特性有重要影响，进而影响动态电流均衡。特别是在关断期间，确保所有模块在其安全工作区域内运行是至关重要的。为了研究动态电流均衡，对具有不同结温的 3300 V/1200 A IGBT 模块进行了特殊测量，图 4-23 显示了在不同结温下并联模块的关断曲线。虽然温度低的模块在关断状态启动之前通过更多的电流，但是温度高的模块在关断期间耗散更多的能量，因为关断期间电流集中到温度高的模块。结果热模块将被加热更多，所以动态关断时，无法预期到稳定的电流结果，因而设计能力相近的散热器以冷却

两个模块也是至关重要的。

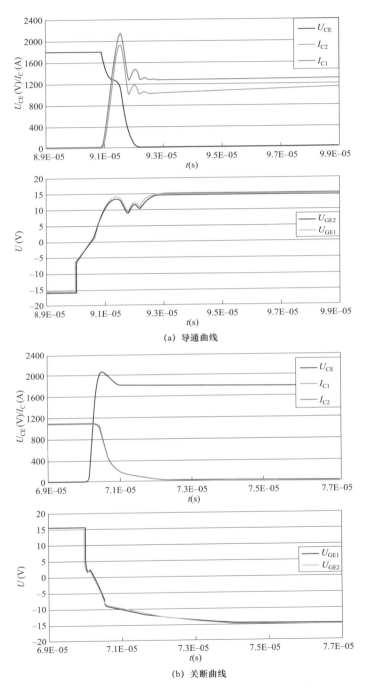

(a) 导通曲线

(b) 关断曲线

图 4-22 具有不同开通电压的 IGBT 模块开关曲线

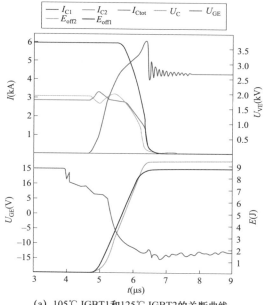

(a) 105℃ IGBT1和125℃ IGBT2的关断曲线

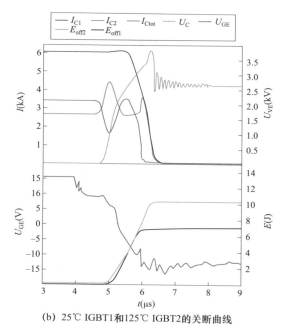

(b) 25℃ IGBT1和125℃ IGBT2的关断曲线

图 4-23 不同结温下并联模块的关断曲线

（7）模块参数的影响。理论上，导致并联模块之间电流不平衡的主要影响参数是开关时间、各自 IGBT 导通和关断的延迟时间、器件特性等。在实践中开关延迟时间的影响很小，一般能满足产品测试要求的均流变化范围。电流不平衡的主要原因是并联 IGBT 之间的阈值电压差异。但从另一个角度理解，不同的阈值电压也是不同 IGBT 之间开关延迟时间变化的主要原因。由于阈值电压是一个可以精确测量的静态参数，因此，选择并联模块匹配时主要依据该参数。

　　并联模块具有不同阈值电压时的开关曲线，与具有相同阈值电压但栅极驱动单元的驱动电压不同时的开关曲线效果类似。因此，图 4－22 显示了 0.5 V 阈值失配的预期效果（阈值高 0.5 V 与开启电压低 0.5V 相似）。类似的，对器件开启的影响比关闭的影响要明显得多。

　　（8）其他。为了在并联模块之间实现相等的均流，均匀冷却对于保持单个模块结温的紧密匹配并避免可能的热失控至关重要。此外，每个模块使用结构对称、阻抗值相同的驱动电源电路也是必需的。

　　因为模块静态和动态无法达到完全理想的均衡状态，所以工作电流相对于模块的额定负载电流必须适当降低，这种做法称为降额法。并联时模块的降额首先要考虑的是安全工作区域，模块必须始终处于安全工作区域范围。因此，主要需考虑动态开关时电流不平衡问题。例如，在由栅极驱动引起的开关延迟的情况下，关断电流可能高达 50%的电流不平衡，在这种情况下，为了保持在安全工作区域内，工作电流不能超过器件额定电流的 60%。另外，也要考虑结温导致的降额。

　　此外，通过选择合适的器件参数，如饱和压降、阈值电压等，可以减小模块参数失配。从经济角度看，使用并联方案增加的器件选择试验成本，低于使用更高 IGBT 电流等级的器件以及因过电流损坏风险增加的成本。

5　驱动器可靠性设计

可靠的 IGBT 驱动器电路设计直接关系或影响整个 IGBT 甚至变频功率单元直至系统的可靠性，对 IGBT 器件的应用至关重要。

5.1　电路可靠性设计

IGBT 是压控型的功率器件，是将 MOSFET 的高速易驱动及 BJT 的低饱和压降结合的产物。IGBT 栅极电压可由不同的驱动电路产生，栅极驱动电路的设计优劣直接关系到长期系统运行的可靠性。

5.1.1　驱动电源

（1）驱动电压幅值。IGBT 需要有一定的正、反向栅极电压，在 IGBT 栅极加足够令其产生完全饱和的正向电压（如 15～20V）时，可使 IGBT 的通态损耗降低至最小，同时可以限制 IGBT 发生短路时所带来的功率应力。理论上，当栅极电压为零时，IGBT 处于断态。但是，为了保证在 IGBT 的集电极 C 和发射极 E 之间出现高速的 du/dt 时，IGBT 仍能够保持可靠关断，必须在 IGBT 关断时，在栅极加反向电压（ -15 ～ $-5V$ ）。同时，采用反向电压可以加速关断过程，减小 IGBT 关断损耗，从而提升 IGBT 的可靠性。

（2）驱动电压稳定性。IGBT 在关断期间，施加在 IGBT 的集射极之间寄生电容 C_{gc} 上的高速 du/dt 导致有充电电流引入 IGBT 栅极，导致栅极电位抬升，进而引发 IGBT 的误导通。因此，栅极电阻选型时，阻值较低是可以增加 IGBT 驱动器的抗扰特性——防止 du/dt 带来的误导通。但是，较小的栅极电阻会使得 IGBT 开通期间的 di/dt 变大，导致较高的 du/dt，增加了 FWD 的反向恢复时的浪涌电压。因此，在 IGBT 驱动器栅极电阻选型时要兼顾上述两方面的问题。

5.1.2 电压钳位

IGBT 工作中，其栅极电压需处于安全范围之内，一般为 $-20\sim+20\text{V}$。若栅极电压超过此范围，则可能导致 IGBT 栅极与发射极发生电压击穿失效，因此必须采取电路设计将栅极电压钳位。

在应用中有时虽然保证了栅极驱动电压没有超过栅极最大额定电压，但栅极连线的寄生电感和栅极与集电极间的电容耦合，也会产生使氧化层损坏的振荡电压。为此，通常采用双绞线来传送驱动信号，以减少寄生电感。在栅极连线中串联小电阻也可以抑制振荡电压。

对于外部可能引入的能量，如通过集电极—栅极电容注入的电流，会引起栅极电位抬升，可采用上拉二极管将栅极电压钳位到开通电源电压。对于瞬态引起的过电压尖峰，可利用瞬态抑制二极管吸收尖峰能量，实现对栅极的保护。

在使用 IGBT 的场合，当栅极回路不正常或栅极回路损坏时（栅极处于开路状态），若在主回路上加上电压，则 IGBT 就会损坏，为防止此类故障，应在栅极与发射极之间并接一只千欧级电阻。

5.2 驱动器绝缘设计

IGBT 驱动器由于器件高度集成，包含高速集成电路芯片，板卡体积小，芯片及器件集成度高，且板卡上电气接口众多，各个接口之间要求不同的隔离耐压，电位隔离复杂，并且与常规的变频器应用场景相比，柔性直流换流阀、直流断路器等大型直流输电装备的应用场景有一定的不同。这些都给 IGBT 驱动器在传统的功率要求的基础之上提出了更加复杂的绝缘设计。国外某公司的 IGBT 驱动器产品，曾出现为了满足爬电距离要求，板卡割槽过多、过密，致使在工程使用中出现了大量因驱动板破裂，引起焊点开焊，以及板卡断裂，导致 IGBT 驱动误报过电流，甚至无法正常上电的情况。综上所述，驱动器绝缘设计难度大、要求高，既要满足电气间隙及爬电距离要求，又要保证板卡的机械强度。绝缘设计的优劣是驱动器性能可靠与否的先决条件之一。

5.2.1 驱动器硬件绝缘爬距设计

IGBT 驱动器的电气间隙及爬电距离设计标准，兼顾以下两方面进行考量：① 严格按照 PCB 的绝缘爬距标准 GB/T 12668.501《调速电气传动系统　第 5—1 部分：安全要求　电气、热和能量》，参照阀厅的使用条件以及污秽等级标准，按照最严苛的单位电压爬距标准进行设计；② 针对柔性直流输电换流阀本体的极限工况和特殊应用场景，参照一次设备电气间隙及爬电距离要求，对 IGBT 驱动器的绝缘设计进行考量。图 5−1 为数字式 IGBT 驱动器。

IGBT 驱动器的硬件隔离防护设计，依据板卡上不同电位之间的隔离耐压要求，主要包括以下几类：

（1）输入供电端与板卡电源之间的耐压，包括 DC/DC 开关电源变压器耐压设计。

（2）驱动板集电极 C 和发射极 E 之间。

（3）集电极 C 和栅极 G 之间。

（4）适配板的集电极 C 与发射极 E 及栅极 G 之间的绝缘耐压设计。

图 5−1　数字式 IGBT 驱动

5.2.2　输入隔离电源隔离耐压及爬距设计

按照 IGBT 驱动的应用特性，IGBT 驱动器的供电端——取能电源提供的输入端的 15V 供电的参考地与 IGBT 驱动板的板级供电地不是同一个地电位。因此，该电源引入驱动板之后，不能直接应用于 IGBT 驱动器，而要通过隔离开关电源的 DC/DC 变换之后，才能使用。

输入端的参考地与 IGBT 驱动器后级的参考地必须完全隔离。以目前市面上应用于柔性直流输电领域的 IGBT 及柔性直流换流阀子模块为例，考虑便于产品的工程化和硬件的兼容性，采用世界首个柔性直流电网工程——张北柔性直流电网试验示范工程作为设计参考。子模块额定电压 2.2kV，所用 IGBT 为压接型 4500V/3000A 的 IGBT，按照隔离耐压设计的设计标准及柔性直流工程绝缘耐压设计的常规原则，取用 IGBT 极限耐压的两倍加 1kV，即 10kV 作为隔离耐压的设计上限，爬电距离理论上按照子模块额定电压设计，考虑一定的裕量（10%），按照 2.5kV 进行设计。

综合考虑国际标准及柔性直流阀厅应用环境要求，爬电距离标准按照 14mm/kV 进行设计，电气间隙标准按照 1mm/kV 进行设计。隔离电源的设计，在保证板卡机械强度的前提下，采用割槽与板卡切割兼有的方式，将输入供电端的参考地与驱动板上的后级电源参考地以及模拟信号地、数字信号地完全隔离开来，确保了隔离耐压设计的可靠性。

针对开关电源变压器的耐压设计，变压器采用了三层绝缘线缠绕磁环的方式，并且一次、二次侧的导线采用分开绕制，不重叠，如此加强隔离设计，确保了变压器本体能够耐受一次、二次侧之间 10kV 的高压。此外，变压器在 PCB 上的丝印位置，不是直接将变压器作为普通的直插件接插在 PCB 上，而是将变压器封装对应的位置全部挖空，只保留焊盘位置，并配合一定的割槽，确保板卡上对应位置的爬距能够满足要求。

5.2.3　IGBT 集电极隔离爬距设计

IGBT 在子模块内部，柔性直流子模块随着半桥 IGBT 不断的通、断，子模块的端口电压呈现出额定电压和零电压两种状态，而上、下管 IGBT 的 C 极及 E 极电位也会出现降低和抬升，C 极和 E 极之间的压差会在 IGBT 饱和压降与子模块额定电压之间切换。而 E 极作为 IGBT 驱动器悬浮地电位的基准，则必须与相应的 C 极端口进行电气隔离设计。

5.2.4　适配板卡隔离爬距设计

适配板卡在实现 IGBT 有源钳位功能的前提下，必须保证集电极 C 和栅极 E 之间的隔离耐压和爬电距离满足设计要求。C 和 E 之间的有源钳位涉及的 TVS，以及集电极 C 与短路保护采集电路之间的电位隔离，必须满足设计要求。

5.3　元　器　件

5.3.1　降额设计

降额设计就是使元器件或产品工作时承受的工作应力适当低于元器件或产品规定的额定值，从而达到降低基本失效率（故障率），提高使用可靠性的目的。实践证明，对元器件的某些参数适当降额使用，就可以大幅度提高元器件的可靠性。因电子产品的可靠性对其电应力和温度应力比较敏感，故而降额设计技术和热设计技术对电子产品则显得尤为重要。它是可靠性设计中必不可少的组成部分。

对于各类电子元器件，都有其最佳的降额范围，在此范围内工作应力的变化对其失效率有明显的影响，在设计上也较容易实现，并且不会在产品体积、质量和成本方面付出过大的代价。当然，过度的降额并无益处，会使元器件的特性发生变化或导致元器件的数量不必要的增加或无法找到适合的元器件，反而对产品的正常工作和可靠性不利。

降额使用规则是依据最恶劣的工况来制定的。处于最恶劣工况工作的元件，是实际寿命达不到额定寿命的重要因素。最恶劣的工况，就是元件工作时承受最大应力的工作状况。这种情况一般由外部环境的参数，如温度、电压、开关次数、负载等条件中的一种或多种组合而成。这些应力的边界条件一般在元件的规格书中都是给出来的。一个良好的设计，是应该根据最恶劣工况时，元件的设计风险来评估设计可靠性的。风险评估的同时可以确定失败的原因、潜在的风险、失败的概率、后果的严重性等。

参考目前市面上最为严格的国家军用标准器件降额使用标准 GJB/Z 35—1993《元器件降额准则》，其中，部分指标充分考虑到柔性直流输电换流阀等恶劣的工作环境及以往工程经验，严把器件降额标准，按照器件的不同类别，制定降额标准如下：

（1）电阻器：电压降额≤30%；功率≤20%。

（2）电容：电压降额为≤60%。

（3）二极管：反向电压≤60%。正向电流≤50%。

（4）三极管：集电极电流≤50%。集射极电压≤60%。

（5）MOSFET：漏源极电压≤60%。漏源极电流≤50%。

（6）磁材：磁通密度≤50%。

（7）稳压二极管：反向电流≤30%。

（8）电感：电流≤50%。

结合以上降额标准，对 IGBT 驱动器中所使用的全部器件进行归类，形成器件降额表。

针对上述降额设计，进行器件耐久性测试（加速老化试验）——80℃高温条件下的 1000h 老化测试，用以验证降额设计的合理性和有效性，并在常温下同国外同类产品的温升情况对比，测试表明，在此降额准则的指导下，板卡的可靠性及预期寿命优于国外同类产品，其温升表现明显优于国外同类产品。

5.3.2　元器件的购买、运输及存储

元器件的质量主要由生产厂家的技术、工艺及质量管理体系认证综合保证。

IGBT 驱动器需全部选用国际及国内一线品牌的产品，供货渠道采用一级代理商及同等资质厂家，厂家一旦确定，就不会轻易更换，尽量避免在同一块 IGBT 驱动器中使用不同厂家同一型号的元器件。

元器件的运输、储存要按照相关的运输存储要求进行，对于某些需要存放时间较长的元器件，在使用前需要仔细检测。

5.3.3　筛选测试

驱动器能否可靠工作的基础是电子元器件能否可靠工作。如果将早期失效的元器件装上整机、设备，就会使得整机、设备的早期失效故障率大幅度增加，其可靠性不能满足要求，而且还要付出极大的代价来维修。因此，应该在电子元器件装上整机、设备之前，就要设法把具有早期失效的元器件尽可能地加以排除，为此就要对元器件进行筛选。根据国内外的筛选工作经验，通过有效的筛选可以使元器件的总使用失效率下降 1～2 个数量级，因此不管是军用产品还是民用产品，筛选都是保证可靠性的重要手段。

元器件的筛选老化测试一般在生产前进行，在此阶段淘汰质量不满足要求的产品。筛选老化处理的时间长短与所用元件量、型号、可靠性要求有关，一般为 24h 或者 48h。筛选老化时所施加的电气应力（电压或电流）略高于额定值，选择额定值的 110%。老化后淘汰那些功耗偏大、性能指标明显变化或者不稳定的器件。

5.4　冗　余　设　计

冗余技术也称为容错技术或者故障掩盖技术，是在系统或设备完成任务起关键作用的地方，增加一套以上完全相同功能的功能通道、工作元件或部件，以保证当该部分出现故障时，系统或设备仍能正常工作，以减少系统或者设备的故障概率，提高系统可靠性。对 IGBT 驱动硬件电路中容易产生故障的单元，以串联形式复制；对容易产生开路故障的单元，以并联形式复制。

（1）供电电源。冗余电源设计是其中的关键部分，在高可靠系统中起着重要作用。冗余电源一般配置 2 个以上电源。当 1 个电源出现故障时，其他电源可以立刻投入，不中断设备的正常运行。这类似于 UPS 电源的工作原理：当市电断电时由电池顶替供电。冗余电源与 UPS 电源的区别主要是由不同的电源供电。可靠的供电电源是 IGBT 驱动器能够正常工作的基础，对于可靠性要求高的驱动器，可以采用多冗余供电电源设计。

1）多供电接口。具有冗余的供电接口能够避免由于供电端开路引起的驱动

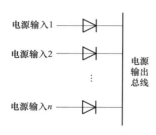

图 5-2　冗余电源方案

器失电。传统的冗余电源设计方案是由 2 个或多个电源通过分别连接二极管阳极，以"或门"的方式并联输出至电源总线上，冗余电源方案如图 5-2 所示。可以让 1 个电源单独工作，也可以让多个电源同时工作。当其中 1 个电源出现故障时，由于二极管的单向导通特性，不会影响电源总线的输出。在实际的冗余电源系统中，一般电流都比较大，可达几十安。考虑到二极管本身的功耗，一般选用压降较低、电流较大

的肖特基二极管，比如 SR1620～SR1660（额定电流 16A）。通常这些二极管上还需要安装散热片，以利于散热。

2）多转换电源并联。驱动器所需的驱动电压一般由供电电源经过一级或多级转换电源产生。为防止转换电源电路失效引起驱动器失电，可采用多个转换电源并联。需要注意的是，多个转换电源的输出之间要采取措施实现解耦，其输出电压相互不会产生影响，如在输出端串联二极管。

（2）驱动支路。传统的驱动器对于 IGBT 的导通控制仅仅是听从上级控制器下发的驱动信号，如果出现通信丢失或异常、驱动电源欠电压、控制芯片失效等情况，无法保证 IGBT 可靠导通。

在特定应用场景中，需要对驱动支路进行冗余设计。以高压直流断路器为例，驱动器在接收到开通指令或者异常状态时，需可靠触发 IGBT 使其处于导通状态。仅有一条驱动支路，可靠性难以保证，无论是驱动电源还是电路中的任何一个元件损坏，均会影响 IGBT 开通。因此需要对驱动支路进行冗余设计。

如图 5-3 所示，U_{CC1} 和 U_{CC2} 为驱动电源输出的两路独立电压，U_{CC1} 为正常驱动支路供电，U_{CC2} 为后备开通支路供电。控制芯片 FPGA 输出两路信号，一路为 IGBT 的正常控制信号送至正常驱动支路，另一路为后备控制信号送至后备开通支路，正常状态下为频率 f 的方波。正常驱动支路包含开通支路和关断支路，其中开通支路经二极管 VD1 接到 IGBT 的栅极，关断支路则直接接到 IGBT 的栅极。后备开通支路包含单稳态触发器和开通支路②，其开通支路经二极管 VD2 接到 IGBT 的栅极。单稳态触发器的最大输出脉冲宽度大于 $1/f$，其输出稳态为高电平，暂稳态为低电平。

正常状态下，FPGA 输出的后备控制信号为频率为 f 的方波，由于后备开通支路中的单稳态触发器的最大输出脉宽大于 $1/f$，因此其输出可一直维持在暂稳态即低电平，开通支路 2 输出零电压，IGBT 被正常驱动支路控制，由于二极管 VD2 的存在，正常开通支路的输出电压不会影响到后备开通支路。

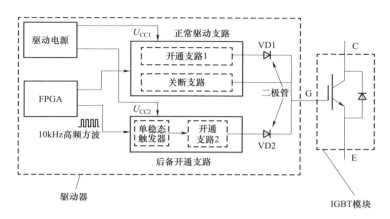

图 5-3 冗余驱动支路

当发生通信丢失或异常、驱动电源 U_{CC1} 欠电压时，FPGA 输出的后备控制信号维持在高电平，后备开通支路中的单稳态触发器因无法维持暂稳态，变为输出稳态即高电平，而开通支路 2 输出开通电压，此时不论正常驱动支路输出的状态，IGBT 的栅极都被施加正电压而开通，同时由于二极管 VD1 的存在，正常驱动支路自身不受影响。

特别是当 FPGA 失效或死机时，输出单一电平（高电平或者低电平），后备开通支路的单稳态触发器同样无法维持暂稳态而输出稳态高电平，开通支路 2 输出开通电压，IGBT 开通。

（3）监测采样电路。电参数采样在工程实践中具有广泛的应用，随着电子技术的发展，对采样的准确性和稳定性提出了更高的要求。IGBT 电气性能过载耐受能力弱，需要驱动器在 IGBT 过载时及时提供可靠保护，其中最关键的就是监测采样电路。如果监测采样电路失效，则无法进行有效保护动作，为避免故障时发生拒动，监测采样电路可采取冗余设计，通过多数有效（如三取二）的机制完成 IGBT 状态的可靠监测。

（4）耐压电路。驱动器中的耐压电路可采用串联冗余设计。在退饱和检测电路中，IGBT 开通时导通阻抗较小，利用电源电压串联一组二极管接到 IGBT 的集电极，从而测量 IGBT 的导通压降。然而当 IGBT 关断后，采样电路中的二极管需耐受系统高压，若无冗余设计，一旦某个二极管失效导通，则会引起连锁反应，导致整个采样电路被击穿，从而毁坏驱动器。

5.5 热 设 计

由于现代电子设备所用的电子元器件的密度越来越高，这将使元器件之间通过传导、辐射和对流产生热耦合。因此，热应力已经成为影响电子元器件失效率的一个最重要的因素。对于某些电路来说，可靠性几乎完全取决于热环境。所以，为了达到预期的可靠性目的，必须将元器件的温度降低到实际可以达到的最低水平。研究表明：环境温度每升高10℃，元器件寿命约降低1/2。这就是有名的"10℃法则"。热设计是采用适当可靠的方法控制产品内部所有电子元器件的温度，使其在所处的工作环境条件下不超过稳定运行要求的最高温度，以保证产品正常运行的安全性、长期运行的可靠性。

驱动器在工作时会产生不同程度的热能，尤其是一些功耗较大的元器件，如变压器、大功率晶体管、功率损耗大的电阻等，实际上它们是一个热源，会使驱动器的温度升高。在温度发生变化时，几乎所有的材料都会出现膨胀或收缩现象，这种膨胀或收缩会引起零件间的配合、密封及内部的应力问题。温度不均引起的局部应力集中是有害的，金属结构在加热或冷却循环作用下会产生应力，从而导致金属因疲劳而毁坏。另外，对于驱动器而言，元器件都有一定的工作温度范围，如果超过其温度极限，会引起驱动器工作状态的改变，缩短使用寿命甚至损坏，导致驱动器不能稳定、可靠地工作。驱动器热设计的主要目的就是通过合理的散热设计，降低驱动器的工作温度，控制驱动器内部所有元器件的温度，使其在所处的工作环境温度下，以不超过规定的最高允许温度正常工作，避免高温导致故障，从而提高驱动器的可靠性。

5.5.1 驱动器热设计

IGBT 驱动器硬件设计开始之前，需评估 IGBT 驱动器的运行环境温度指标，确定板卡上关键器件的温升限值。一般来说，元器件工作时的温升与环境温度无关，普通工业级的器件允许工作温度范围大多在 70～85℃，为了保证在极限环境温度条件下元器件的工作温度还在器件的允许范围内，板卡内部及元器件的温升极限定为 15℃。

在硬件单板设计时，首先明确易发热器件及温度敏感器件（元件随着温度的变化容易发生特性漂移及老化等），布板的时候进行散热开窗及拉大间距的措施，温度敏感器件与易发热的电阻等器件拉开适当的距离，必要时要从系统考虑采取补偿措施。

驱动器设计印制板和元器件时必须留出多余空间；安排元器件时，应注意温度场的合理分布；充分重视应用烟囱拔风原理；加大与对流介质的接触面积。对于大功率晶体管需加散热器，其目的是控制半导体的温度，尤其是结温 T_j，使其低于半导体器件的最大结温 T_{jMAX}，从而提高半导体器件的可靠性。

设计时一般应遵循以下要求：

（1）应尽可能缩短传热路径，增大换热或导热面积。

（2）元器件的安装方向和安装方式，应保证能最大限度利用对流方式传递热量。

（3）元器件的安装方式，应充分考虑到周围元器件的热辐射影响，以保证元器件的温度都不超过其最大工作温度。

（4）对靠近热源的热敏感元器件应采用热隔离措施。

（5）对于功率小于 100mW 的中小功率集成电路及小功率晶体管，一般可不增加其他散热措施。

（6）对于隔离变压器，如果不带外罩则铁芯与支架间的固定平面应仔细加工，以便形成良好的热接触，或在固定面上用支架垫高，并在底板上开通风孔，使气流形成对流。

5.5.2 热分析

热传输是指当存在温差时，能量从高温处传到低温处的物理现象。热传输的基本形式主要有热传导、热对流和热辐射三种。IGBT 驱动电路板集成了大量的电子器件，按照能量守恒定律，其运行过程产生的热量利用这三种基本传热途径释放出去。

（1）热传导。热传导是指同一物体内部或不同物体之间不引起任何流体运动时相互接触存在温度差而发生的能量传递现象。例如印制电路板中的电子器件，在工作时产生热量并升温，和电路板形成了温度差，二者是经过焊接材料相连的，前者由此将热量传递给 PCB 板。在这种热传递途径下，热量和电路板两侧外部温度、传递介质横截面积之间为线性正相关关系，和传导路径长度之间为线性负相关关系，此外还受到 PCB 板材料及铜厚的影响。接触面热传导计算公式为

$$\Phi = \frac{\lambda}{\delta} \Delta t A \tag{5-1}$$

式中：Φ 为热量；λ 为导热系数；δ 为传递路径；Δt 为温差；A 为传导方向横截面积。

（2）热对流。热对流指的是物体外部和与之相邻的流体因温度差而发生的热量传递现象，包括强制对流换热和自然对流换热两种类型。热对流主要由物体表面的热传系数及附近空间的温差所决定，可以通过牛顿冷却方程描述，即

$$q = h_{\mathrm{f}} A \Delta T \tag{5-2}$$

式中：q 为热流量；h_{f} 为表面热传导系数；A 为流体与物体接触的表面积；ΔT

为物体表面与周围流体的温差。

（3）热辐射。如果两个物体并非利用介质而是通过电磁波进行热量的交换，此即为辐射传热。在这种情况下，物体温度升高，由此引发原子振动并形成电磁辐射。最终的呈现方式是热量从温度高的物体传至温度低的一方，计算公式为

$$\Phi = \varepsilon \sigma A(T_S^4 - T_A^4) \qquad (5-3)$$

式中：Φ 为辐射放出的热量；ε 为物体表面辐射率，取值小于 1；σ 为斯特芬—玻尔兹曼常数；A 为辐射面面积；T_S 为物体表面温度；T_A 为周围环境温度。

驱动器热分析通常采取如下三种方法：

（1）解析法是利用数学理论求解定解问题，得到通过函数描述的解。这种方法不太复杂，效率较高。缺点是求解的范围比较小，复杂问题无法解决。

（2）模拟法是把热阻网络近似看作电阻网络，由此将热学参数转化成电学参数，能够解决所有的传热问题，易于操作，缺点是精度低，只能够得出估测的结果。

（3）数值计算法是通过软件对器件进行建模并计算，或得到对应的温度场和应力场等数据。热仿真有建模、网格划分、求解模型及分析结果四个步骤。优点是可以直观地看出器件的温度分布和应力分布。

5.5.3　驱动器热仿真

（1）热仿真流程。IGBT 驱动器设计后需要对 PCB 板的热应力情况进行分析研究。在使用 Ansys Icepak 热力学仿真软件对所设计的 IGBT 驱动电路板进行热分析时，具体步骤如下：

1）建立 PCB 板模型。

2）对所建立模型进行网格划分。

3）计算 PCB 板中发热器件的热损耗。

4）设置边界条件和约束。

5）求解并分析结果。

（2）驱动器模型建立。Ansys Icepak 软件提供了可导入的几何模型文件。首先在 Altium Designer 软件中对所设计的 PCB 板进行绘制并添加器件的 3D 物理模型，然后从软件中导出包含 PCB 板及板上器件信息的 DXF 文件，接着采用 SolidWorks 软件完成模型的简化，将简化后的 x_t 模型文件，通过 Workbeach 软件中的 Geometry 软件转换为 Ansys Icepak 可以识别的文件。Ansys Icepak 在热仿真方面提供的模型主要有详细封装模型、热阻网络模型和简化模型三种模型。

当分析大功率器件的热分布情况时，通常采用详细封装模型。因此，从板级散热分析角度来看，简化模型足以解决这一问题。

在 Ansys Icepak 中对所建立的驱动电路板模型进行网格划分，划分的质量是决定收敛和计算效率及精准度的重要因素。Ansys Icepak 中有结构网格、非结构网格和六面体网格三种网格。其中，六面体网格在效率、网格精度和数量、准确性、守恒性方面具有显著的优势，完全适用于 Ansys Icepak 的原始几何体和导入的不规则 CAD 体，对几何模型有很好的贴体性，且能够避免模型失真。需要参考以下四条基本原则：

1）发热元器件周围网格划分应比较紧密，满足局部仿真精度的要求。

2）对壁面附近网格加密，确保将不同变量的梯度合理捕捉。

3）划分过程中，如果某部位单个网格尺寸超过模型内几何体，那么在仿真过程中，就会出现模型失真的问题，尤其是较窄的空隙，该部位需添加区域，并适当调整。

4）网格与器件贴合，保证模型不失真。

（3）计算驱动器热损耗。IGBT 驱动器中，器件发热形成的热量在很大程度上由其热功耗所决定，并以热量的形式散发出去，因此在分析驱动板的温度分布和热应力之前，需要对元器件工作时产生的功率损耗进行计算。主要考虑功率 MOSFET、电源转换芯片、开通关断电阻等器件的损耗。

（4）添加边界条件。在进行热力学温度分布仿真时，把三维模型输入到 Ansys Icepak 软件中后，还需施加边界条件及载荷。可以通过有限元和实体两种模型实现。Ansys Icepak 软件的 Icepak 模块中包含热流密度、热流率、生热率、热辐射、对流和温度六种热载荷。此次热分析的热载荷仅考虑了电子器件的空气对流、环境温度及热辐射。模型所需的材料参数包括器件的封装外壳、尺寸和 PCB 板的导热率。利用 Ansys Icepak 软件可加载的驱动板边界条件和载荷包括仿真的环境温度、空气自然对流系数、散热方式。

5.5.4　驱动器热控制设计

热控制是指结合具体情况，对电力电子设备或器件选择可行的冷却措施。采用不同的措施，电力电子设备和器件的可靠性是存在差异的。当前应用比较成熟的冷却方式包括自然冷却、强迫通风冷却、液态冷却等。单位面积下，它们的最大功率损耗如表 5-1 所示。IGBT 驱动器的功率损耗集中在驱动电路和电源电路上，并且驱动电路仅在 IGBT 开通关断过程中的瞬时功率大，平均功耗相对较小，整体采用自然冷却即可，而对于发热量较大的功率 MOSFET 可采用散热片加强散热。

表 5-1　　　　　　　　　　单位传热面积最大功率损耗

冷却方式	单位传热面积的最大功率损耗（W/cm³）
空气自然对流冷却	0.08
强迫通风冷却	0.3
液体冷却（间接强迫液冷）	1.6
空气自然冷却（加散热片）	16

（1）PCB 设计改善散热。PCB 一般是 FR4 和铜组成的分层复合结构，由于 Cu 与基材导热性能的差异，多层 PCB 基板导热特性为各向异性，整体的导热系数是各向异性的。在 PCB 平面方向导热系数高，一般范围在 10~45W/（m·K），而在 PCB 法线方向导热系数很低，在 0.3W/（m·K）附近。针对 PCB 的特点，PCB 改善散热的核心思路为：① 把器件的热量传递到 PCB 内部，减少器件向 PCB 的传热热阻，可采取的强化散热措施是在单板上打孔、在单板表面铺铜皮等；② 把 PCB 一点积聚的热量（从器件传入的）扩散到整体 PCB 的表面，再通过对流和辐射传递到外界环境中，可采取的板级强化散热措施是增加单板含铜量，降低热量在单板平面方向传递的扩展热阻。

1）散热过孔。散热过孔主要作用是层与层之间的热连接及增加法向上的导热能力，其示意图如图 5-4 所示。单考虑过孔是没有意义的，因为热量必须从四周汇集到过孔的位置，因此必须考虑过孔区域整体的传热情况。单纯从导热系数的分析看，是否塞孔对导热系数影响很小。不塞孔容易产生漏锡，焊接面有空穴，焊锡漏到背面影响平整度。从实际的热测试对比看，三种处理方式的散热效果排序为：塞焊锡＞塞阻焊＞不塞孔。

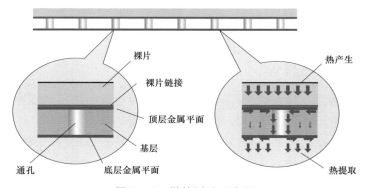

图 5-4　散热过孔示意图

PCB 上设计有大量的过孔，但对于热设计来说，真正起到散热作用的只有器件的衬垫底部的过孔和器件接地管脚旁边的几个过孔，这部分过孔的设计就非常重要。过孔散热效果如图5-5所示。过孔的作用是把器件的热量传递到器件正下方的PCB内，增加过孔的数量可以降低器件与PCB的传热热阻，但是过孔达到一定量后对散热的改进幅度会降低，另外过孔设计也受到单板工艺能力的限制，可以通过热分析优化确定过孔的数量。测试和分析研究表明，散热最优的过孔设计方案为：孔径0.254～0.3048mm，孔中心间距0.762～1.016mm，也可以根据器件的热耗水平和温度控制要求对过孔数量进行优化。

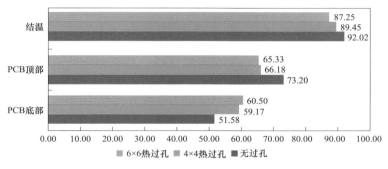

图5-5 过孔散热效果

2）加散热铜箔和采用大面积电源地铜箔。PCB铜皮的作用是把局部传入PCB的热量扩展到更大的范围内，因此增加铜皮的厚度可以增强传热效果。PCB内铜皮只有连续的铜皮才能起到传递热量的作用，因此需要注意铜皮的分割。增加散热铜箔的层数、铜箔厚度及增大铺铜面积都属于增加散热铜箔的方法。

连接方式和铺铜大小对结温的影响如图5-6和图5-7所示，可以看出：连接铜皮的面积越大，结温越低，覆铜面积越大，结温越低。

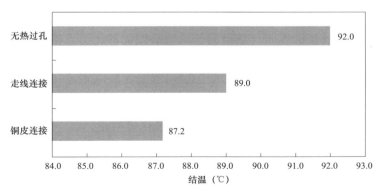

图5-6 连接方式对结温的影响

199

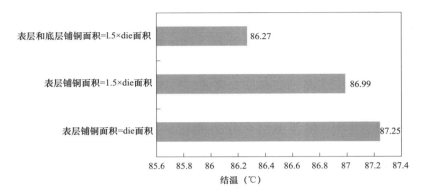

说明：图中 die 代表芯片的裸芯。

图 5-7　铺铜大小对结温的影响

3）PCB 布局散热。PCB 布局热设计的基本原则如下：

a. 发热器件应尽可能分散布置，使得电路板表面热损耗均匀，有利于散热。

b. 不要使热敏感器件或功率损耗大的器件彼此靠近放置，使得热敏感器件远离高温发热器件，常见的热敏感的器件包括晶振、内存、微型单片机（microcontroller unit，MCU）、现场可编程逻辑阵列（field programmable gate array，FPGA）等。

c. 要把热敏感元器件安排在最冷区域。对自然对流冷却设备，如果外壳密封，要把热敏感器件置于底部，其他元器件置于上部；如果外壳不密封，要把热敏感器件置于冷空气的入口处。

4）散热器。MOSFET 在工作过程中会产生大量的热量，如果不能及时散热，就会导致其温度过高，从而影响其性能和寿命。因此，在 MOSFET 的应用中，散热问题是非常重要的。MOSFET 散热片是用于散热的一种重要部件，其主要作用是将 MOSFET 产生的热量快速传递到周围环境中，以保持 MOSFET 的温度在安全范围内。

散热器即为散热扩展面，热阻表征其散热性能的优劣。提高散热器散热效果首先考虑提高表面积，就是要在相同空间内适当增大散热面积，新工艺散热器不断降低翅片厚度，提高翅片密度主要也是基于这方面考虑。此外，需要提高发射率，辐射散热能力提升主要通过提高散热器表面发射率来实现，常用方法包括表面做涂漆或喷砂提高粗糙度、阳极氧化等措施。

在选择 MOSFET 散热片时，需要考虑以下几方面因素：

a. 散热片的材质。散热片的材质直接影响其散热性能。常见的散热片材质有铝合金、铜、钨铜等，其中铜散热片具有更好的散热性能，但价格也更高。

b. 散热片的尺寸。散热片的尺寸需要根据 MOSFET 的功率和工作条件来确

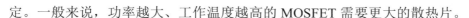

定。一般来说，功率越大、工作温度越高的 MOSFET 需要更大的散热片。

c. 散热片的结构。散热片的结构也会影响其散热性能。散热片表面的凸起或凹陷结构可以增加散热面积，提高散热效果。

在选择散热片之后，还需要注意增加导热介质，机械加工不能制造出理想的平整表面，芯片和散热器之间会有许多沟槽和空隙，其中都是空气。空气的热阻值很高，必须使用其他物质来降低热阻，否则散热器的性能就会下降，甚至不能正常工作。导热介质的作用在于填满处理器与散热器之间的大小间隙，增大发热源与散热片的接触面积。

导热硅脂是目前应用最为广泛的一种导热介质，一般而言，导热硅脂的工作温度在 −50～220℃ 之间，它具有良好的导热性、耐高温、抗老化和防水性能。当装置散热时，导热硅脂加热到一定状态后，即呈现一种半流质状态，充分填充芯片与散热片之间的空隙，使两者接合更加紧密，从而加强热量传导。导热硅脂一般不溶于水，不易氧化，还具有一定的润滑性和电绝缘性。

导热垫主要用于当半导体器件与散热器表面之间有较大间隙需要填充时，导热垫如图 5−8 所示。导热垫可用于几个芯片要同时共用散热器或散热底盘，但间隙不一样的场合，也可用于加工公差较大的场合和表面粗糙度较大的场合。由于导热垫的弹性，使导热垫能减振，防止冲击，且便于安装和拆卸。

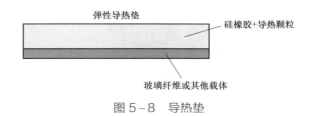

图 5−8　导热垫

其他优化方法如下：

a. 散热片安装的紧密度。散热片与 MOSFET 之间需要有良好的接触，以确保热量能够快速传递。因此，在安装散热片时需要注意其与 MOSFET 的接触紧密度。

b. 散热片的辅助散热。在一些高功率、高温度的 MOSFET 应用中，仅靠散热片可能无法完全解决散热问题。此时可以采用风扇、水冷等辅助散热方法。

总之，MOSFET 散热片的选择和优化对于保证 MOSFET 的正常工作和延长其寿命非常重要。在实际应用中，需要根据具体的工作条件和要求，选择合适的散热片，并采取相应的优化措施，以确保 MOSFET 的散热效果达到较佳状态。

5.6 EMC 设 计

电磁兼容性是指电子设备在各种复杂电磁环境中仍能够协调、有效地进行工作的能力。电磁兼容性设计的目的是使电子设备既能抑制各种外来的干扰，使电子设备在特定的电磁环境中能够正常工作，又能减少电子设备本身对其他电子设备的电磁干扰。

与传统工业电子设备不同，IGBT 驱动器直接与高压功率器件相连，特别是在高电压等级的直流输电换流阀、直流断路器等应用场景中，其所处电磁环境非常复杂。以柔性直流子模块为例，驱动器板卡位于子模块内部（如图 5-9 所示），处于高电压、大电流、高频率所形成的复杂电磁环境之中，强弱电场深度耦合，在整个装置运行期间干扰源众多且包含多种传播途径，这对以微电子元件为核心的驱动器电磁兼容性和可靠性方面的设计提出了极高的要求，驱动器中包含的分立电子元件对电磁环境极其敏感，受到干扰后极易造成驱动控制或保护功能失效，甚至会导致设备损坏。

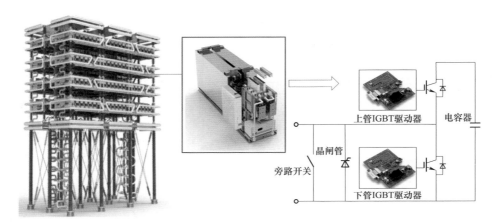

图 5-9 柔性直流子模块中驱动器的布局

5.6.1 驱动器电磁环境分析

以高压大功率柔性直流换流阀为代表的高压换流装备多采用全控型电力电子器件，通过不间断的开通、关断实现对系统电能的控制，区别于普通变流器，由于这些多电平大容量电力电子换流装备工作在高电压下，其工作电压可达到几百千伏，所以其在工作中将产生更强的电磁干扰。和传统的电力系统的电磁干扰问题主要来源于雷击和合闸等偶发性干扰不同,其电磁干扰来自电力电子器件持续高频高速的开关动作,带来的电磁干扰问题更为复杂,涉及的频域更宽。在换流阀子模块中存在众多杂散电感与电容,驱动器杂散参数示意如图 5-10 所示,由于电力电子器件频繁地开通和关断,会通过杂散参数产生持续的电压变化 du/dt 和电流变化 di/dt,而且其在开关过程中电压、电流上升时间短,通断频率高,这种频繁的通断动作会产生大量的电磁干扰。IGBT 器件开关瞬态产生的 du/dt 将会对驱动电路产生严重干扰,主要包括两个方面:① 高 du/dt 引起的驱动的共模噪声,驱动信号隔离通道和隔离电源在控制侧和功率侧之间存在寄生耦合电容,IGBT 开关产生的高 du/dt 通过寄生电容产生较大的位移电流,产生地弹现象,导致驱动信号和控制侧信号误触发。在半桥结构中,一个 IGBT 的开关将会在对管产生同样的 du/dt 和 di/dt,通过对管的米勒电容和发射级电感对驱动电路输出端口产生干扰,导致对管误触发产生桥臂直通现象。本节主要针对高 du/dt 引起的驱动的共模干扰问题进行分析。② 除了功率侧 IGBT 开关动作对驱动电路产生的电磁干扰,驱动板卡中隔离电源同样会产生电磁干扰。隔离电源的开关管动作导致的隔离变压器绕组电位的变化,通过驱动板卡一、二次侧的寄生电容产生共模干扰电流,对驱动板卡上的信号产生干扰。

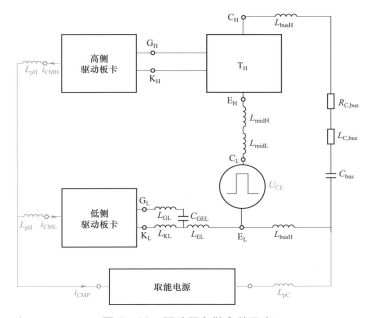

图 5-10 驱动器杂散参数示意

电力电子设备及器件电磁干扰传播的主要途径有两个,其中之一即为传导干扰。当变换器中的 IGBT 导通时,IGBT 两端的电压产生剧烈变化,且流过

IGBT 的电流也会快速增大，而这种变化是在很短时间内完成的，即会产生很大的 di/dt。类似地，在 IGBT 的关断过程中，也会有一个过渡过程，在那之后 IGBT 的电流降为零，达到一个新的稳态。而在这个关断过程中也存在着电流的快速变化。IGBT 在导通和关断过程中所产生的高电压、电流变化率包含有很大的能量，而且具有很宽的电磁噪声频带，这部分电磁噪声中含有大量的高频能量。IGBT 在开关过程中所产生的暂态电磁干扰将沿着电路进行传播，可通过电气连接或是直接耦合进入敏感装置然后产生传导电磁干扰，即 IGBT 在导通和关断的过程中成为传导干扰源。

5.6.2　驱动器电磁防护方法

为了提升 IGBT 驱动器在复杂电磁环境下的电磁兼容能力，需对 IGBT 驱动器的电磁兼容能力进行升级设计。电磁兼容三要素包括骚扰源、耦合路径和敏感设备，抑制驱动器电磁干扰可从这三个方面采取有效防护措施，在实现方式上可分别通过软件方式及硬件方式两方面实现。软件方式包括数字滤波、软件冗余、程序运行监视及故障自动恢复技术等；硬件方式主要包括滤波技术、屏蔽技术、接地技术、旁路耦合、地平面的设计、减小主信号环路面积等方式。

IGBT 驱动器可采取以下方式加强 EMC 的特性：

（1）屏蔽与接地。该方式是屏蔽式电磁干扰防护控制的最基本的方法之一，驱动器屏蔽罩及开孔示意图如图 5-11 所示。子模块监控电路板的干扰源频率较高，因此需要同时考虑电场屏蔽与磁场屏蔽，高频电磁屏蔽的原理主要依据电

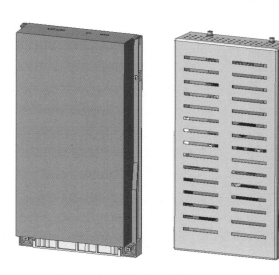

图 5-11　驱动器屏蔽罩及开孔示意图

磁波到达金属屏蔽体时产生的反射和吸收作用，因此驱动器电路板可采用铝壳、坡莫合金等金属材料进行屏蔽，同时外壳可靠接地。

对 IGBT 驱动器建立完善的屏蔽结构，屏蔽层接到公共接地点上。对内部电路，IGBT 驱动器与金属外壳之间采取单点接地方式链接，防止放电电流流过 IGBT 驱动器，对板卡本身造成伤害。采用屏蔽的目的有两个方面：① 限制板卡自身的辐射超标影响和其他电子设备；② 防止外来的辐射进入这一区域。主要对电场及磁场进行屏蔽。接地的目的包括防止雷击和去除干扰两方面。接地分为安全接地与信号接地两类。接地时应注意：接地线越短越好，采用单点接地系统，去除接地环路。

（2）滤波。在实际板卡设计中，无法完全通过接地与屏蔽实现 EMC 的要求，因此会采用滤波方式来弥补电路设计的不足。滤波是抑制传导干扰的一种重要方法，滤波器既可抑制从电子设备产生的传导电磁骚扰，又能抑制从电网引入的传导电磁骚扰。为抑制驱动器电路板的电磁骚扰，可在高压取能电源的高压端口设置滤波器，隔离电网的瞬态电磁干扰。

（3）提高敏感设备抗扰度。为提高子模块监控电路板的抗扰度，可采取避免板卡出现环形电路，避免 90° 接线，在板卡的电源端口与信号端口处添加滤波器等措施，并且在板卡端口处设计添加 TVS、共模扼流圈、安规电容等高频抑制器件。

驱动器端口处通常布置 TVS 来抑制外部环境带来的浪涌冲击，如图 5 - 12 所示。TVS 是一种限压型的过电压保护器件，以皮秒级的速度把过高的电压限制在一个安全范围之内，从而起到保护后面电路的作用。TVS 在线路板上与被保护线路并联，当瞬时电压超过电路正常工作电压后，TVS 便产生雪崩，提供给瞬时电流一个超低电阻通路，其结果是瞬时电流透过二极管被引开，避开被保护元件，并且在电压恢复正常值之前使被保护回路一直保持截止电压。当瞬时脉冲结束以后，TVS 自动恢复高阻状态，整个回路进入正常电压。许多元件在承受多次冲击后，其参数及性能会产生退化，而只要工作在限定范围内，二极管将不会产生损坏或退化。在器件选型期间，应确保 TVS 的最大钳位电压 U_C 应小于被保护电路的损坏电压，对于数据接口电路的保护，还必须注意选取具有合适电容 C 的 TVS 器件。

为了进行静电防护，驱动器通常布置静电防护二极管（electro-static discharge，ESD），ESD 通常并联于电路中，当电路正常工作时，它处于截止状态（高阻态），不影响线路正常工作，当电路出现异常过电压并达到其击穿电压时，它迅速由高阻态变为低阻态，给瞬间电流提供低阻抗导通路径，同时把异常高压箝制在一个安全水平之内，实现电路保护；当异常过电压消失，其恢复至高阻态，电路正常工作。ESD 使用时是并联在被保护电路上，正常情况下对线路的工作不应产生任何的影响；击穿电压 U_{BR} 的选择：ESD 的击穿电压应大于线路最高工作电压 U_m 或者信号电平的最大电压值。TVS 管特性与电压选型如图 5-13 所示。

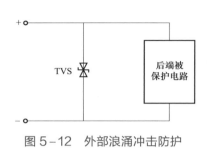

图 5-12　外部浪涌冲击防护

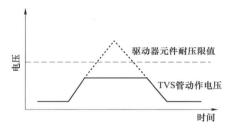

图 5-13　TVS 管特性与电压选型

5.7　PCB 布线设计

PCB 技术的可靠性设计是保证电路板长期稳定运行的基础。设计优良的驱动器 PCB 板是减小传导、辐射性电磁干扰最直观有效的手段，有时比减小干扰源更加有效。在功率驱动电路中具有比较明显的干扰源，主要集中在 di/dt 和 du/dt 较高的元件和 PCB 迹线上，最典型的设计规则是要减小高 di/dt 和 du/dt 处的导体面积及高频电流环路所包围的面积。另外，要注意电源、地线的设计，尽量保证电源及地平面良好的信号完整性。

驱动器的 PCB 板布局布线需要进行如下方面的考虑：

（1）PCB 板的选取与布局。在进行 PCB 设计的时候要首先考虑尺寸大小，尺寸不能太大，否则印制板走线比较长，阻抗就会增加，抗干扰能力则会下降，成本也会增加；尺寸也不能太小，否则散热不是很好，且相邻走线之间易互相影响。在确定尺寸后，就可以确定元件的位置，并依据器件的功能进行布局。此外，选取板的时候要考虑层数，合理的分层不仅可以降低走线的射频发射量，还可以提高系统的性能。目前的板多为多层板，多层板比较适合信号频率高、集成度高的应用场景，可以提高抗干扰能力。

PCB 板在元器件布置方面可以根据不同的电源电压来进行分区，也可以根据高低频来进行分区，将不同的模块进行分区可以获得较好的抗噪声能力，避免相互之间的干扰。而且各个区域之间必要的连线要尽量短，这是因为要充分考虑板的抗电磁干扰能力。布局时可以将核心元件放在板的中央，这样就会缩短各个器件之间的引线和连接。

驱动器印制板卡从上述方面考虑,选用抗干扰性好的 BGA 封装的控制芯片,并对敏感器件进行合理布局，电源电路与控制电路有效分开，防止 DC/DC 电源工作的高频干扰传导到控制电路。电路板卡采用 6 层设计，将器件层、电源层、地层和地层合理分开，有利于抗干扰性能的提升。

（2）PCB 板的布线与接地。低频电路中，信号的工作频率一般小于 1MHz，走线的电感很小可以忽略，所以主要考虑避免形成接地环路，因而应采用一点接地。当信号工作频率大于 10MHz 时，此时走线的电感效应不可忽视，要尽量避免走线的天线效应。所以要求走线尽量短，此时采用多点接地比较适合。当工作频率介于 1M～10MHz 时，如果接地线的长度小于特定波长的 1/20，则采用一点接地，否则就采用多点接地法。另外，多层板可以设置单独的地层，但是为了避免地层的信号线跨越分割地而产生的问题，地层最好分区不分层。

多层电路板布线时，相邻的两层之间采取井字形布线结构；最外层的导线或器件离电路板边缘要留有不少于 2mm 的距离，有利于板卡的固定和防止阻抗值的变化；尽量使导线细和短，这有利于抗干扰特性；尽量避免大面积的闭合环路，可以增强磁场抗扰度的能力；还要避免走线的不连续性，既不要突然改变走线的宽度，也不要突然拐角。

驱动器印制板卡从上述方面考虑，板卡信号的最高工作频率介于 1M～10MHz 之间，接地线采用多点接地方式。驱动板卡 6 层功能划分如下：1—器件层、2—地层、3—信号层、4—电源层、5—地层、6—器件+地层。驱动器对顶层器件做合理布局，尽量保证器件间连线较短，尤其高频信号线。把连线较长的线路放置于信号层，信号层作为最内层，板卡的顶部和底部分别包裹地层，防止干扰传递到信号层。多地层可以防止强干扰源从顶层或底层穿透整个板卡，大大降低干扰源在板卡产生的干扰。

（3）电源电路设计。对于 IGBT 驱动器的 DC/DC 电源，因采用推挽设计方式，可提高磁芯利用率。为防止磁芯在长时间直流偏执条件下引起的磁饱和，PCB 布线设计时应注意：推挽的 PUSH 和 PULL 设计要平衡，DC–CAP 到 MOSFET 形成的环路要尽量小，减小 EMI；MOSFET 的源极到地的走线要尽量短。电源端口要增加防过冲及浪涌吸收回路，以及防反接电路。

晶振布线要远离 IGBT 驱动电路及板边，尽可能地接近 FPGA 放置，防止驱动电路对晶振输出高速时钟信号的影响。FPGA 电路需要多路电源输入。为优化开机时的电流拖曳，防止锁死和永久性的电路损坏，同时也为了防止开机接通时的毛刺干扰和降低开机接通的功耗，这些电源输入必须具有精确的上电序列及正确的电压变化率。不同电源平面之间不相互重叠。

除上述驱动器设计要求外，在 PCB 板卡设计方面还需要遵循以下通用设计原则：

1）PCB 的基板材料应具有足够的机械强度、耐热性、耐腐蚀性和绝缘性能。同时，应根据应用场景选取合适的表面处理方式和导电材料，以提高电路板的电气性能和防腐蚀能力。

2）电路板的布局和布线应尽可能简单、紧凑和规整，减少信号跨越、串扰和冷焊等问题。此外，还应对高频、高速和高压设备进行特殊布线，以确保信号质量和防止电磁干扰。

3）控制 PCB 厚度。过厚或过薄的 PCB 板都容易导致不良效果。因此，在确定 PCB 板厚度时，应根据厚度和柔性之间的权衡选择适当的厚度，以确保机械结构的稳定性，保证电路板上元器件的焊接质量。

4）敷铜的设计应考虑好接地和电源的导线及过孔的位置，避免信号间干扰，铜箔之间的距离要足够大，相互隔离。此外，还需要控制敷铜时的盲孔和应力分布，以防死角或疏漏导致短路或断路的发生。

5）在器件布置方面，与其他逻辑电路一样，应把相互有关的器件尽量放得靠近些，这样可以获得较好的抗噪声效果。产生噪声的器件、小电流电路、大电流电路等应尽量远离逻辑电路，如有可能，应另做电路板。

6）适量的通孔。通孔在电路板内部起到固定元器件、传递信号等作用，但过多的通孔可能会降低电路板的结构强度和抗振性能。因此，在设计 PCB 时，通孔数量和位置应尽可能简单明了，避免减弱电路板强度和影响电气性能。

5.8 软件可靠性技术

软件可靠性设计是在软件开发过程中考虑和实施的一系列策略和技术，旨在确保软件系统在各种情况下都能正常运行，并且能够正确地完成其预期功能。

数字型 IGBT 驱动器大多采用可编程数字芯片作为核心控制保护逻辑芯片，由于驱动器在直流输电等领域中需要全年不停电运行，而极小的程序运行错误往往会造成故障误判或控制失效，严重时甚至影响装置运行。因此，电力领域中对驱动器软件的可靠性要求极高，需要进行针对性的可靠性设计和验证。驱动软件的可靠性设计可以采取以下措施：

（1）软件代码设计需遵循设计规范化、标准化原则，尽可能把复杂的系统问题化解为简单明确的小任务。

（2）在软件设计阶段，将驱动器软件代码按照功能的不同进行清晰的功能划分，并进行模块化设计，模块之间的接口应清晰独立，每个功能模块应独立开发与测试，并利于后续功能扩展和维护。

（3）软件设计中宜采用分层结构，并且顶层模块不应包含除模块调用和内部连接外的其他复杂逻辑代码，提升程序的可读性和可综合性。

（4）对于接收到的上层控制单元控制指令等异步时钟域信号，以及内部模块间传递的时钟敏感型信号，要进行合理的信号同步处理，满足信号传递快速性的同时，防止出现亚稳态状态，造成程序处理错误。

（5）对于保护监测等重要功能模块，宜采取冗余设计，通过在软件模块及硬件电路中增加冗余设计，确保核心控制保护功能的准确性。

（6）软件设计人员应定期校核软件代码，删除其中重复或不必要的代码。降低程序复杂度，便于后期维护。

（7）对于采用复杂编码协议的驱动程序，应设计完整的数据校核机制，采用奇偶校验、循环冗余校验（CRC）等校验措施，确保数据传输的可靠性。

在软件测试阶段，除了进行单元模块测试、软件集成测试、异常流程测试和边界测试等内部测试流程，为充分验证驱动器软件设计的全面性和可靠性，一般需要在具备相关资质的第三方检测机构对驱动器软件进行评测。软件测试基本框架如图 5-14 所示。目前通用的软件测试标准包括 GB/T 25000.10—2016《系统与软件工程系统与软件质量要求与评价 第 10 部分：系统与软件质量模型》、GB/T 25000.51—2016《系统与软件工程系统与软件质量要求与评价 第 51 部分：就绪可用软件产品（RMSP）的质量要求与测试细则》、GB/T 33781—2017《可编程逻辑器件软件开发通用要求》、GB/T 33784—2017《可编程逻辑器件软件文档编制规范》、GB/T 33783—2017《可编程逻辑器件软件测试指南》等。

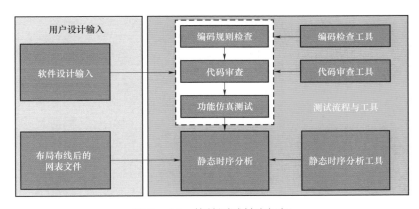

图 5-14　软件测试基本框架

以下列举具备相关资质，能够满足驱动器软件可靠性测试需求的第三方检测机构：

（1）北京京航计算通讯研究所飞航软件评测中心。中国航天科工集团公司下属的具有相关资质的独立第三方软件评测机构，是国内最早从事军用高可靠性软件测试业务的专业机构之一，承担了多项重大武器装备的第三方软件测试与评价任务。

（2）无锡市软件评测中心。该中心可开展项目验收测试、软件产品登记测试、质量确认测试、软件开发过程测试，检测能力范围涵盖软件产品的功能性、性能效率、可靠性、易用性、维护性、可移植性、兼容性、信息安全性、用户文档集等。

（3）上海市软件评测中心。该中心是国内最早开展第三方评测的专业机构之一，是第一批通过中国合格评定国家认可委员会实验室认可的检测实验室（CNASNo.L0256），可进行软件功能性、合规性等性能测试。

6 驱动器试验及测试

驱动器试验主要用于验证电路设计、PCB 制造、元器件选型及加工焊接等各个环节的正确性。通过全方位的测试能够有效甄别 IGBT 驱动器存在的软硬件缺陷及整体性能的差异与不足，为驱动器的定型生产提供技术保障。驱动器试验主要包括功能试验、动态特性试验、保护特性试验、环境试验和电磁兼容试验，从电气性能、环境可靠性和抗电磁干扰方面对驱动器进行全面的试验验证。

功能试验主要验证驱动器板卡的自身质量和设计功能，通过关键的参数及功能快速证明驱动电路设计是否正确，功能是否齐全。

动态特性试验主要验证驱动器控制 IGBT 器件开通与关断的效果和质量，通过精准调节可以使得 IGBT 器件工作在最优的开通和关断过程，保障器件工作在安全应力范围内。

保护特性试验主要验证在故障或者器件应力超限状态下，驱动器对 IGBT 器件的保护能力，保障器件不发生过电压、过电流等应力失效。

可靠性试验和电磁兼容试验主要按照 GB/T 2423 和 GB/T 17626 等相关系列标准对应的试验方法和等级执行。

6.1 功　能　试　验

6.1.1 功耗测试

驱动器功率损耗分为静态功率损耗和动态功率损耗。测试均在额定供电条件下进行，通过驱动器供电电源电压和电流来计算驱动器功率损耗。

（1）静态功率损耗。驱动器不连接 IGBT 器件或等效负载，通过电源对驱动器提供额定电压后，由电源输出的电压和电流的乘积计算静态功率损耗，测量电路如图 6-1 所示。以白鹤滩混合直流工程中 4500V/3000A（ABB）器件的驱动器为例，驱动器静态功率损耗测量电压约为14.99V，电流约为0.12A，计算静态功率损耗约为1.8W。

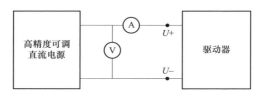

图6-1 驱动器静态功率损耗测量电路

（2）动态功率损耗。驱动器连接IGBT器件或者等效负载，脉冲发生器给驱动器提供频率为1kHz的触发脉冲信号。待驱动器运行稳定后，同样利用供电电源输出的电压和电流乘积计算功率损耗，测量电路如图6-2所示。以白鹤滩混合直流工程中 4500V/3000A（ABB）器件的驱动器为例，驱动器动态功率损耗测量电压约为14.99V，电流约为0.16A，计算动态功率损耗约为2.4W。

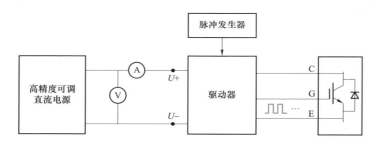

图6-2 驱动器动态功率损耗测量电路

6.1.2 栅极输出电压测试

驱动器在空载或者带载的状态下，脉冲发生器给驱动器提供单脉冲或者双脉冲触发信号，电压测量装置（如示波器）检测驱动器输出的开通电压和关断电压幅值，一般与设定的电压值偏差不高于±3%，测试电路如图6-3（a）所示。白鹤滩混合直流工程中4500V/3000A（ABB）器件驱动器输出的开通和关断电压波形如图6-3（b）所示，IGBT驱动输出的开通电压为14.8V，关断电压为-15.2V。

6.1.3 开通关断功能测试

正常供电条件下，驱动器与IGBT器件正确可靠连接，脉冲发生器给驱动器提供正常的触发脉冲信号（可为单脉冲或群脉冲信号），示波器检测IGBT器件栅极电压波形和驱动器的应答回报信号。

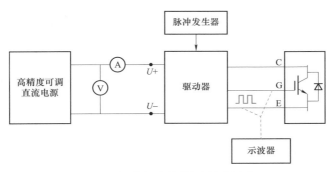

(a) 驱动器输出开通和关断电压测量电路

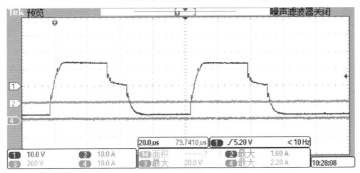

(b) 驱动器输出开通和关断电压波形

图 6-3 驱动器栅极输出测试电路及波形

开通时刻，IGBT 器件正常进入开通过程，且在 IGBT 栅极电压上升沿滞后时间 t_1，检测到开通应答回报信号；关断时刻，IGBT 器件正常进入关断过程，且在 IGBT 栅极电压下降沿滞后时间 t_2，检测到关断应答回报信号。信号形式、脉冲宽度和滞后时间 t_1 和 t_2 可根据工程要求确定。渝鄂直流背靠背联网工程开通和关断应答回报脉冲如图 6-4 所示。

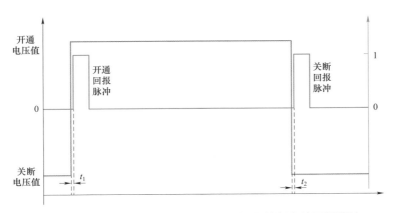

图 6-4 渝鄂直流背靠背联网工程开通和关断应答回报脉冲

6.1.4 软关断功能测试

在短路或过电流故障情况下，驱动器软关断电路自动增加关断电阻来减缓 IGBT 的关断速度，降低关断 di/dt，减小关断过电压尖峰，经过规定的软关时间后实现 IGBT 器件的安全关断。特别在短路情况下，IGBT 的峰值短路电流将增加到额定电流的 6～8 倍，并且电流回路也总是存在着寄生电感，所以必须要比正常工作时更长的时间把电流减小到零，以避免过高的电压尖峰给 IGBT 带来损害。

驱动器与 IGBT 器件正确连接，脉冲发生器给驱动器单脉冲或者双脉冲触发信号，示波器检测 IGBT 器件的栅极电压波形，制造集电极与发射极间开路，驱动器输出关断电压波形应为对应的软关断模式，测试电路如图 6−5（a）所示。与正常关断电压波形相比，软关断过程的时间较长，关断过电压尖峰得到有效抑制，一般不高于正常关断过电压尖峰。白鹤滩混合直流工程中 4500V/3000A（ABB）器件驱动器的软关断栅极电压波形如图 6−5（b）所示。

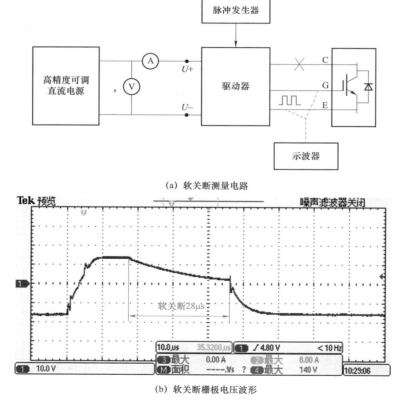

（a）软关断测量电路

（b）软关断栅极电压波形

图 6−5 软关断栅极电压测试电路及波形

6.1.5　故障保持和清除功能测试

　　驱动器故障保持是为故障分析提供便利。驱动器在不连接 IGBT 器件的情况下，脉冲发生器给驱动器提供 1kHz 的触发脉冲，制造过电流或短路故障（一般为集电极和发射极开路即可），测试电路同 6.1.4 软关断测试电路。故障指示灯亮，驱动器输出 IGBT 关断电压，向上层控制器上传故障信息，并保持故障状态。

　　当满足以下条件时，驱动器应清除故障信息，恢复正常可控状态。

　　（1）上级控制器下发驱动器故障清除命令。

　　（2）驱动器超过设定的故障状态保持时间。

6.1.6　过电流保护功能测试

　　驱动器不连接 IGBT 器件或等效负载，处于持续开通状态下，通过直流电压源在驱动器的集电极（C）与发射极（E）端之间施加可变电压，示波器监测驱动器输出的栅极电压与故障回报信号，测试电路如图 6-6（a）所示。

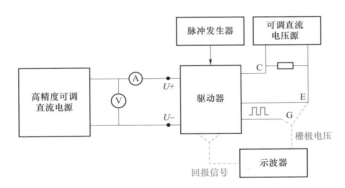

(a) 过电流保护功能测试电路

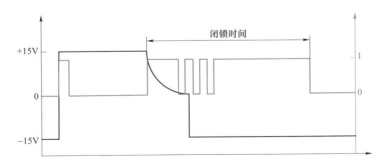

(b) 过电流保护功能回报信号

图 6-6　过电流保护功能测试电路及回报信号

调节直流电压源，使得输出电压从零逐渐增大，当驱动器的集电极与发射极之间电压不小于设定的过电流保护所对应的集电集—发射极电压值时，IGBT驱动器输出关断电压，进入软关断模式，并产生过电流故障回报信号。信号形式、脉冲宽度和滞后时间可根据工程要求确定，渝鄂直流背靠背联网工程过电流保护故障回报信号模式如图 6-6（b）所示。

6.1.7 退饱和短路保护功能测试

退保和短路保护功能测试方法同 6.1.6 的过电流保护功能测试方法相同，驱动器在关断时仍为软关断模式，但其回报信号不同。

6.1.8 di/dt短路保护功能测试

驱动器不连接 IGBT 器件或等效负载，处于持续开通状态下，通过直流电压源在驱动器的 di/dt 短路检测端口施加可变电压，示波器监测驱动器输出的栅极电压与故障回报信号，测试电路如图 6-7 所示。

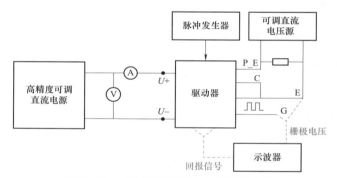

图 6-7 di/dt短路保护功能测试电路

调节直流电压源，使得输出电压从零逐渐增大，当电压大于 di/dt 短路保护值所对应的电压值时，IGBT 驱动器输出关断电压，进入软关断模式，并产生过电流故障回报信号。信号形式、脉冲宽度和滞后时间可根据工程要求确定，渝鄂直流背靠背联网工程 di/dt 保护故障回报信号模式参见过电流保护功能，可通过修改脉冲数量和宽窄度确定。

6.1.9 欠电压保护功能测试

IGBT 器件在低栅极电压下工作时，集电极通流能力降低严重，器件会快速进入放大区，这将导致通态压降迅速增大，热损耗增加，导致器件过热损坏。为了规避该类故障发生，必须满足 IGBT 器件的输出特性对栅极电压的要求，保证 IGBT 器件工作的通态压降低、通流能力强，符合最优化的应用需求。

欠电压保护功能测试方法是驱动器采用直流可调节电源供电，且输出常开通电压，IGBT 处于常开状态；然后向下调节直流电源供电电压，检测驱动器隔离变压器输出电压和驱动器输出电压，测试电路如图 6-8 所示。当隔离变压器输出电压低于设定的欠电压保护值时，驱动器输出电压应变化为关断电压，并回报故障信息。渝鄂直流背靠背联网工程欠电压保护故障回报信号模式参见过电流保护功能，可通过修改脉冲数量和宽窄度确定。

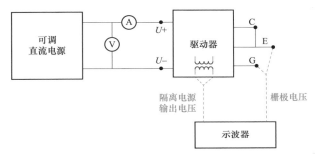

图 6-8　欠电压保护测试电路

6.1.10　过温保护功能测试

驱动器控制 IGBT 器件分别处于开通状态和关断状态条件下，加热装置持续对 IGBT 器件加热；当器件温度超过过温保护阈值时，驱动器应产生过温告警信号，并正确回报信息，如需关断 IGBT，应可靠关断。

6.1.11　脉冲间隔过窄保护功能测试

驱动器在正常输出关断电压状态下，信号发生器向驱动器输入双脉冲信号，逐渐调节两个脉冲间隔时间，示波器监测驱动器栅极输出电压波形。

试验中，当脉冲间隔时间低于保护设定值时，驱动器仅响应第一个触发脉冲，且输出正确的开通电压；当脉冲间隔时间高于设定保护值时，驱动器能够正确响应两个触发脉冲。

6.1.12　有源钳位保护功能测试

在 IGBT 驱动器集电极端子与发射极端子间，采用绝缘耐压仪器施加直流电压，设置漏电流超限值为 1mA，缓慢调节仪器输出电压，直至达到有源钳位保护动作值，绝缘耐压仪应告警。

6.1.13　接收通信异常保护测试

驱动器正常供电情况下，脉冲发生器给驱动器输入 1kHz 的触发脉冲信号，与驱动器连接的 IGBT 器件正常开通和关断，制造驱动器的异常输入脉冲信号（如输入信号虚接、脉冲变形等），驱动器应输出正常关断电压，保证 IGBT 处于关断状态，并正确回报故障。通信异常故障消失后，驱动器输出到 IGBT 栅极的开通和关断电压应恢复正常。

6.1.14 光强度测试

IGBT 驱动器的控制脉冲信号输入方式有电信号和光信号两种。若为光触发信号方式，还应对通信通道进行光强度测试，以保证驱动器与上层控制器的通信可靠。

驱动器的光发送器为常有光状态时，通信光纤的一端连接驱动器光发送器，另一端连接光功率测试仪，测试仪检测驱动器发出的光强度，一般直流工程用驱动器发送光功率不低于 −18dBm。

常见的光收发器包括 FC 型、SC 型、ST 型和 LC 型，驱动器选用光收发器主要考虑传输距离、通信频率、抗扰性能和经济性等，一般选用 FC 型和 ST 型，见图 6−9（a），针对 FC 型的收发器的驱动器测试如图 6−9（b）所示。

FC型收发器   ST型收发器

(a) 典型的FC型和ST型光收发器

(b) 驱动器FC型收发器光功率测试

图 6−9 典型的光收发器和光功率计测试

光功率测试仪的波长选取应满足驱动器与上层控制器的选型配置要求，柔性直流工程典型的应用光波长为 650μm 和 850μm。

6.1.15 隔离耐压测试

试验是为了检测 IGBT 驱动器输入与输出隔离耐受电压。试验中应分别短接驱动器供电电源输入端子、驱动器与 IGBT 接口所有端子，并采用精度不低于 2.5% 的绝缘耐压测试仪，在短接两端之间施加交流耐受电压（方均根值），持续时间 1min，要求无闪络放电，漏电流小于 1mA。试验电压由公式（6-1）计算确定。

$$U_{isol} = 2 \cdot U_{max} + 1000 \qquad (6-1)$$

式中：U_{isol} 为驱动器隔离测试电压，V；U_{max} 为 IGBT 集电极与发射极最大电压，V。

6.2 动态特性试验

为了评估所设计的 IGBT 驱动器在具体应用中与对应的 IGBT 器件的匹配情况，需要针对实际的功率模组对 IGBT 开关过程中的动态特性参数进行测量及优化，保证 IGBT 工作在电网装置应用需求的最佳状态。测试中需要重点关注表 6-1 所示的动态特性关键参数，且试验不应发生电压或电流过冲导致的 IGBT 器件损坏。

表 6-1　　　　　　　　　　　IGBT 动态特性关键参数

项目	特性参数	特征符号
IGBT 开通特性	开通延时	t_{don}
	上升时间	t_r
	开通时间	t_{on}
	开通损耗	E_{on}
	电流变化率	di_C/dt
	电流过冲峰值	I_{cm}
IGBT 关断特性	关断延时	t_{doff}
	下降时间	t_f
	关断时间	t_{off}
	关断损耗	E_{off}
	关断电压变化率	dU_{CE}/dt
	关断电压过冲峰值	U_{CE_max}

项目	特性参数	特征符号
二极管反向恢复特性	反向恢复电流	I_{rm}
	反向恢复电流变化率	$-di_F/dt$
	反向恢复损耗	E_{rec}
	反向恢复功率	P_{rm}

试验中测量设备的选用原则如下：

（1）电流测量设备。用于测量开关电流的瞬态过程时，要求测量设备带宽必须大于百兆赫兹；小电流具备足够的灵敏度，且大电流下不能发生饱和；电流测量设备不能为测量电路引入太大的阻抗；具备电气隔离能力。

（2）电压测量设备。试验中测量的电压有栅极—发射极电压 U_{GE} 和集电极—发射极电压 U_{CE}，前者电压仅有几十伏，后者电压高达数千伏。要求测量设备抗扰能力强、隔离耐压高、测量电压范围适中，避免发生设备测量过程中失真、击穿损坏或电压超限等。

（3）波形监视设备。可选用示波器或录波仪，要求设备具有足够高的带宽（一般不低于被测信号等效带宽的 5 倍），且上升时间必须比被测信号快 3～5 倍，以保证测量波形的真实性。

6.2.1 额定工况开关特性测试

电网装备多为感性负载，且电感量较大。较大的感性负载导致 IGBT 关断后负载电流一般不会迅速消失，而是通过 IGBT 反并联的二极管续流。如果在此时开通对侧的 IGBT 器件，将会出现二极管反向恢复的现象。因单脉冲无法实现二极管反向恢复过程，所以开关特性试验采用双脉冲测试电路，能够展现 IGBT 开关过程中的各种现象，对全面评估驱动控制 IGBT 的能力具有重要意义。

（1）测试原理及方法。高压直流电网中应用的功率模组主要有半桥结构和全桥结构，因此测试电路主要分为半桥测试电路和全桥测试电路两种（见图 6-10），两种电路测试原理基本相同，都是由被测 IGBT 模块和辅助 IGBT 模块形成一个半桥型的回路，通过双脉冲控制 IGBT 的开通和关断，完成动态特性测试。图 6-10（a）为典型的半桥双脉冲测试电路，图 6-10（b）为全桥模组测试电路，其中 T3 为常开状态，确保负载电抗器 L 连接在测试电路之内，且满足 T1 中二极管的续流通路。

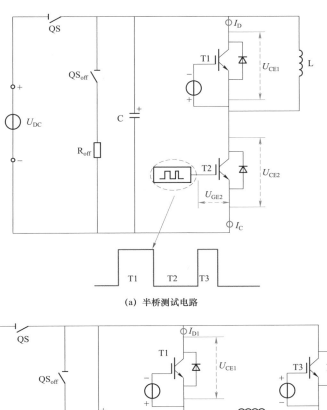

(a) 半桥测试电路

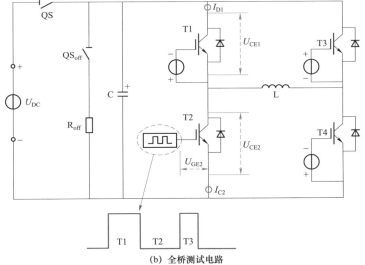

(b) 全桥测试电路

图 6-10　驱动器动态测试电路

　　驱动器适配 IGBT 的双脉冲试验典型波形如图 6-11 所示，分析其具体的开关动作过程如下：

　　1）在 t_0 时刻，IGBT 栅极接收到脉冲信号 T1，被测 IGBT 开始导通进入饱和状态，电容电压 U 施加在负载电抗器上，电流通过 L 线性上升，见图 6-12（a）。

　　2）在 t_1 时刻，被测 IGBT 关断，电流 I_C 将为 0，负载 L 的电流由对管的续

221

流二极管续流，且电流存在缓慢的衰减，见图 6-12（b），该时刻需要重点关注被测 IGBT 的集射极电压尖峰。

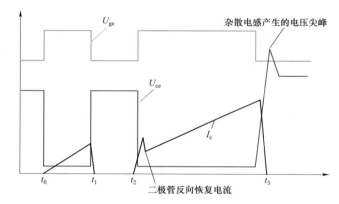

图 6-11　双脉冲试验典型波形

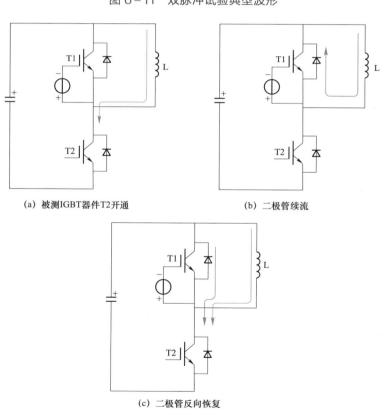

(a) 被测IGBT器件T2开通　　　　　　　(b) 二极管续流

(c) 二极管反向恢复

图 6-12　动态特性电流路径图

3）在 t_2 时刻，IGBT 栅极接收到第二个脉冲信号，被测 IGBT 再次导通，对管的 FWD 管进入反向恢复过程，被测 IGBT 同时流过负载电流和二极管反向恢复电流［见图 6－12（c）］，且在该时刻需要重点关注二极管反向恢复电流，该电流影响到开通过程的多个重要指标。

4）在 t_3 时刻，被测 IGBT 再次关断，由于回路杂散电感的存在，同样需要重点关注集射极关断电压尖峰。

（2）波形参数测量与分析。IGBT 动态波形参数的测量标准参见表 6－2。

表 6－2 参 数 测 量 标 准

器件	测量内容	测量标识
IGBT 器件	开通延时/t_{don}	0.1 倍 U_{GE}～0.1 倍 I_C
	上升时间/t_r	0.1 倍 I_C～0.9 倍 I_C
	开通电流变化率/di/dt	0.5 倍 I_C～$I_C + 0.5 I_{RM}$
	开通损耗/E_{on}	0.1 倍 U_{GE}～U_{CE}=0.02U_{DC} 面积
	开通电流尖峰/I_{cm}	开通电流最大峰值
	关断延时/t_{doff}	0.9 倍 U_{GE}～0.9 倍 I_C
	下降时间/t_f	0.9 倍 I_C～0.1 倍 I_C
	关断损耗/E_{off}	0.9 倍 U_{GE}～I_C=0.02I_C 面积
	关断电压尖峰/U_{CE_max}	关断时电压最大峰值
	关断电流/I_c	关断时刻电流最大值
二极管	FRD 反向恢复时间/t_{rr}	反向恢复电流大于 0 开始至 0.1 倍 I_{RM}
	FRD 反向恢复电流/I_{RM}	FRD 反向恢复电流最大值
	FRD 反向恢复电压/U_{RM}	FRD 反向恢复电压最大值
	FRD 反向恢复能量/E_{rec}	0.02 倍 I_{RM}～0.02 倍 I_{RM} 面积
	FRD 反向恢复功率/P_M	0.02 倍 I_{RM}～0.02 倍 I_{RM} 最大值
	FRD 反向恢复电流变化率/$-di_F/dt$	-0.5 倍 I_C～0.5 倍 I_C

驱动器控制 IGBT 的动态开关过程中的电压和电流波形如图 6－13 所示，开通和关断过程的波形分析如下。

关断过程分析简述：

1）阶段 1（t_0～t_1），在 $t=0$ 时刻，IGBT 开始关断，栅极通过 R_G 开始放电，U_{GE} 下降，导致沟道注入基区的电子数量变少，但是由于感性负载的存在，通过抽取 N 基区中多余的电子和空穴来抑制 I_C 的减小。

2）阶段 2（$t_1 \sim t_3$），在 t_1 时刻，基区内剩余电荷降为 0，耗尽区开始形成。在 U_{CE} 较小时，栅极电压维持在弥勒电压 U_{GP}（U_{GP} 的大小与栅极电阻 R_G 成正比），当 U_{CE} 超过一定限度时，栅极电压开始下降。

3）阶段 3（$t_3 \sim t_6$）在 t_3 时刻，U_{CE} 达到电路外加电压 U_{DC}，耗尽区不再展宽，此时集电极电路 I_C 迅速下降，由于 I_C 的下降在负载电感上感生一个负电压，此时 U_{CE} 过冲到最大值，感生电压使续流回路导通，负载电流转移到续流回路，IGBT 关断完成。

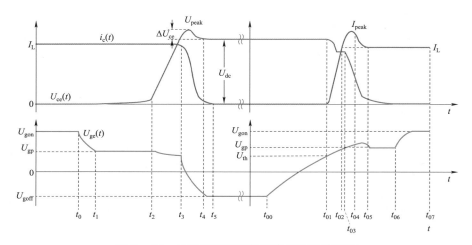

图 6-13　IGBT 开通和关断电压和电流波形

开通过程分析简述：

1）阶段 1（$t_{00} \sim t_{01}$）：在此阶段，栅极电流开始对栅电容 C_{GE} 充电，但是 $U_{GE} < U_{th}$，沟道未开启。

2）阶段 2（$t_{01} \sim t_{02}$）：在 t_1 时刻，$U_{GE} > U_{th}$，沟道开启，电子开始通过沟道注入到基区，同时集电极开始向基区内注入空穴，开始产生电流 I_C，此时 $I_C < I_L$，随着沟道开启程度的增加，I_C 逐渐增大。

3）阶段 3（$t_{02} \sim t_{03}$）：在 t_2 时刻，$I_C = I_L$，流过 FWD 的电流降低至 0，二极管内部载流子开始复合。

4）阶段 4（$t_{03} \sim t_{04}$）：FWD 内部载流子已经完成复合，FWD 两端电压开始上升，这导致 IGBT 两端的电压下降和栅极—集电极电容 C_{GC} 放电。此时 IGBT 电流 I_C 形成过冲，过冲的大小与 C_{GC} 大小有密切关系，C_{GC} 越大，I_C 过冲越大。

5）阶段 5（$t_{04} \sim t_{05}$）：在 t_4 时刻，U_{GE} 调整以适应 I_C 的过冲，在 t_5 时刻，二极管反向恢复完成，U_{GE} 将会略微下降，使 IGBT 可以承受负载电流 I_L。在此阶段，栅极—发射极电压 U_{GE} 保持恒定，栅极电流流入至电容 C_{GC}，集电极—发射极电压随着 C_{GC} 放电而下降。

6）阶段 6（$t_{06} \sim t_{07}$）：在 t_6 时刻，U_{CE} 下降到使 IGBT 进入饱和状态，栅极—发射极电压 U_{GE} 增加以维持 I_L，当 U_{CE} 衰减稳定后，稳定值即为饱和导通压降 U_{CEsat}，到此开通过程完全结束。

以 4500V/3000AIGBT 器件测试为例，上管 IGBT 处于闭锁，下管 IGBT 作为被试品，测试波形如图 6-14 所示。

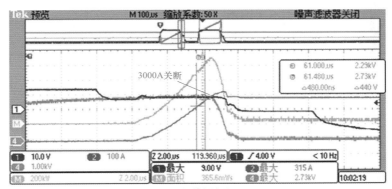

(a) 关断波形

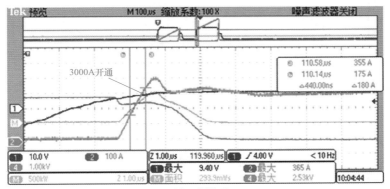

(b) 开通波形

图 6-14　IGBT 动态特性测试波形

6.2.2　2 倍额定电流开通和关断特性测试

该试验主要验证驱动器控制 IGBT 在 2 倍额定电流下的开通和关断的能力，确保在 1～2 倍额定电流运行条件下保证对 IGBT 控制的有效性和安全性。试验电路同动态特性试验电路，被试 IGBT 的触发脉冲既可以为双脉冲也可以为单脉冲。以 4500V/2000A 高压 IGBT 器件为例，驱动器能够可靠开通和关断 IGBT 的

2 倍电流，且保证关断尖峰足够小，不发生振荡，试验波形如图 6–15 所示。

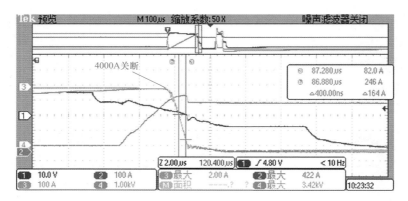

(a) 关断波形

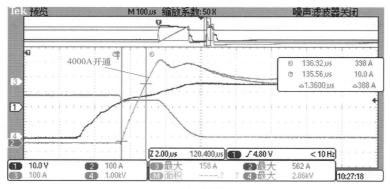

(b) 开通波形

图 6–15　2 倍额定电流开通和关断试验波形

6.3　保 护 特 性 试 验

　　高压 IGBT 器件是高电压和大电流电网电力电子装备的核心元件，装备在运行过程中，受工作环境、电热应力、运行特点等影响，会造成 IGBT 本身或相邻器件发生过电压或过电流故障，因此需要完善的保护措施保证 IGBT 器件不发生损坏或导致装置停运，这就需要对配置的驱动保护功能进行充分的试验验证。

　　目前针对 IGBT 器件过电压和过电流故障情况，驱动器主要设计了过电流保护、短路保护和过电压有源钳位保护，对 IGBT 进行无盲区快速检测与保护。IGBT 驱动器的故障保护功能配置电路原理如图 6–16 所示。

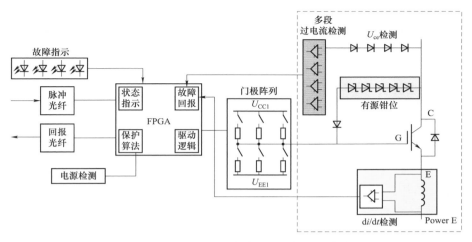

图 6-16 IGBT 驱动器的故障保护功能配置电路原理图

6.3.1 过电流保护测试

过电流保护是针对 IGBT 故障电流发展缓慢、电流变化率相对较小的过电流故障而设置的保护功能。试验电路采用 6.2.1 中的双脉冲试验电路，负载电抗器选择较大的电感值，当 IGBT 电流达到过电流故障阈值时，驱动器开始进行持续过电流判定，若在判定时间内，电流仍超过保护阈值，则判定为过电流故障真实，并进入软关断模式，可靠关断 IGBT。

以 4500V/3000A 器件为例，对于下管 T2 进行过电流保护测试，驱动器设置的过电流保护定值为 6000A（125℃）。由于试验在 25℃ 测试，根据 IGBT 的 U_{CE}—I_C 曲线与温度的关系，当电流达到 125℃/6000A 时，实际电流会超过 6000A。试验数据与波形见图 6-17，图中电流乘以系数 10。

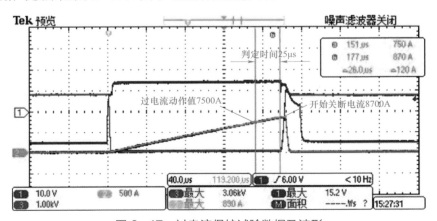

图 6-17 过电流保护试验数据及波形

试验测试中，驱动器采用单脉冲控制，实测过电流保护动作值为 7500A，判定 25μs 后并叠加 IGBT 关断延时，实际关断电流值达到 8900A，器件过电流接近 3 倍额定电流，驱动器可靠保护动作。

6.3.2　di/dt 保护测试

di/dt 保护是针对 IGBT 故障电流发展迅速、电流变化率较大的短路故障而设置的保护功能。试验电路见图 6-18，以下桥臂 T2 的 IGBT 为被测对象，上管 T1 被短接线短路（实现低电感值），当 IGBT 上升电流变化率达到保护阈值时，驱动器对 IGBT 栅极输出关断电压，并进入软关断模式，可靠关断 IGBT。

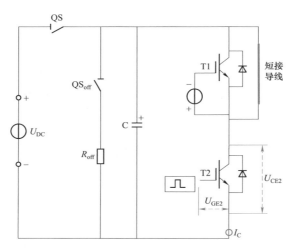

图 6-18　di/dt 试验测试电路

以 3300V/1500A 器件为例，对于下管 T2 进行过电流保护测试，驱动器设置的 di/dt 变化率保护定值约为 1000A/μs（125℃）。试验中，直流电压源对电容器 C 进行充电后，可靠断开隔离开关 QS，然后触发被测下管 T2 的 IGBT 开通，形成短路回路，试验数据及波形见图 6-19，图中电流乘以系数 10。驱动器在开通 4.98μs 后开始关断 IGBT，关断电压过冲仅有 206V，短路电流时间持续 5.7μs（即电流上升阶段电流幅值的 10% 至电流下降阶段幅值的 10% 所用的时间），满足器件可承受的 10μs 短路耐受能力。

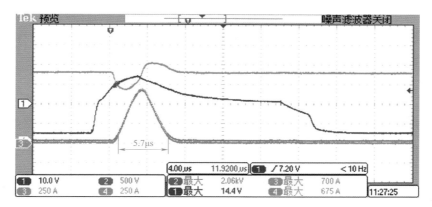

图 6-19 di/dt短路试验数据及波形

6.3.3 一类短路保护测试

本书描述的一类短路保护测试指的是 IGBT 发生短路后的退饱和保护测试（不含 di/dt 短路保护功能）。该试验也是针对 IGBT 故障电流快速发展的故障而设置的保护功能，试验电路同 di/dt 保护试验，当 IGBT 电流达到过电流故障阈值时，驱动器对 IGBT 栅极输出关断电压，并进入软关断模式，可靠关断 IGBT。

以 4500V/3000A 器件为例，对下管 T2 进行短路保护测试。试验中，直流电压源对电容器 C 进行充电后，可靠断开隔离开关 QS，然后触发被测下管 T2 的 IGBT 开通，形成短路回路，试验数据及波形见图 6-20，图中电流乘以系数 10。

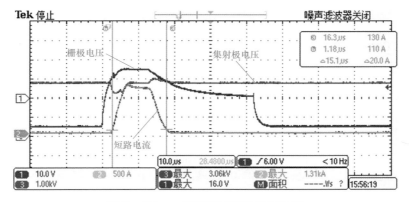

图 6-20 一类短路试验数据及波形

试验测试中，驱动器采用单脉冲控制，实测短路电流峰值为 13.1kA，退饱和电流为 12.1kA，保护电流持续时间约为 15.1μs（即电流上升阶段电流幅值的 10%至电流下降阶段幅值的 10%所用的时间），保护时间 12.7μs，驱动器可靠保护并关断 IGBT。

6.3.4 二类短路保护测试

二类短路保护是针对 IGBT 与 FWD 换流过程中所发生的短路故障而配置的保护功能。试验电路见图 6-21，以上桥臂 T1 的 IGBT 为被测对象，电容器 C1 产生的回路电流通过上管 FWD 对子模块电容器 C 进行充电，当充电电流达到试验值时，触发开关 QS1 闭合，形成被测 IGBT 与 QS1 的短路回路，当短路电流达到故障保护值后，驱动器对 IGBT 栅极输出关断电压，进入软关断模式，可靠关断 IGBT。该短路故障保护可以通过 Msat 退保和保护、di/dt 保护两种方式实现，依据驱动器所设置的保护类型而具体确定。

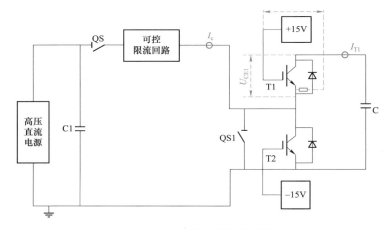

图 6-21 二类短路试验电路

以 4500V/3000A 器件为例，对上管 T1 的 IGBT 进行二类短路保护测试。试验中，通过高压直流电源对电容器 C1 进行充电，达到设定值后，可靠断开隔离开关 QS；触发可控限流回路开通（单项通流电路），形成电容器 C 的充电电流，当上管二极管的电流和电容器 C 的电压值均达到试验值时，触发开通开关 QS1，被试 IGBT 与 QS1 形成短路回路，试验数据及波形见图 6-22，图中电流乘以系数 10。

试验测试中，子模块电容器 C 的电压为 2200V、二极管续流为 1200A 的情况下，被测器件的短路电流峰值达到 16.9kA，退饱和电流为 12.5kA，短路电流时间约为 12.53μs，IGBT 器件在驱动器的保护下可靠耐受，未发生失效。

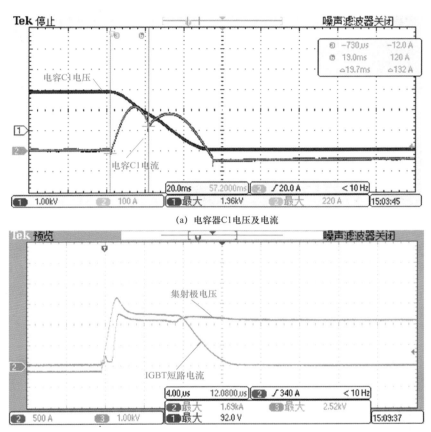

(a) 电容器C1电压及电流

(b) 被测IGBT的集射极电压与电流

图 6-22 二类电路试验数据及波形

6.3.5 有源钳位保护测试

由于换流通路存在杂散电感，当过高的 di/dt 存在时，会导致器件在关断时刻产生非常大的电压过冲，这将可能超过 IGBT 的击穿电压而损坏 IGBT 器件。有源钳位电路的目标是钳住 IGBT 的集电极电位，使其不要到达太高的水平，否则关断时产生的电压尖峰太高，会使 IGBT 承受击穿的风险。IGBT 在正常情况关断时会产生一定的电压尖峰，但是数值不会太高，但在变流器过载或者桥臂短路时，如果要关断管子，产生的电压尖峰则非常高，此时 IGBT 非常容易被损坏，所以有源钳位电路通常在故障状态下才会动作，或者说 IGBT 快接近安全工作区的边缘时会动作，正常时不会动作。

图 6-23 所示为最基本的有源钳位控制框图，由 TVS 管和普通快恢复二极管即可构成。

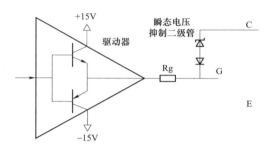

图 6-23   有源钳位控制框图

当集电极电位过高时，TVS 被击穿，有电流流进栅极，栅极电位得以抬升，从而使关断电流不至于过于陡峭，进而减小关断电压尖峰，以 3300V/1500A 器件为例，试验电路同 6.2.1 额定工况开关特性试验电路，驱动器可采用单脉冲或者双脉冲控制，有源钳位保护试验电压波形如图 6-24 所示。

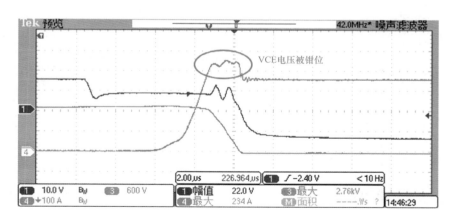

图 6-24   有源钳位保护试验电压波形

试验测试中，直流母线电压（即子模块电容器电压）为 2200V，单脉冲触发情况下，被测器件的关断电流达到 2340A，关断过电压被钳位在 2760V，IGBT 可靠关断，未发生失效。

6.3.6 直通短路故障

柔性直流输电工程中，考虑驱动误触发开通 IGBT，将会出现最严重的直通短路故障，因此为了验证该类故障下驱动的保护能力，需要针对此特殊要求进行试验。试验电路如图 6-21 所示，直流电源对 C1 充电后，打开开关 QS，上位机下发可控限流回路触发命令，同时开通 T1，C1 放电对子模块电容器 C 进行充电，当充至试验电压时，触发开通下管 T2，形成电容器 C 的短路，IGBT 检测到过电流可靠保护闭锁。

以渝鄂直流背靠背联网工程 3300V/1500A 的 IGBT 器件为例进行试验，试验可以分为两种方式：① 上、下管均具有过电流保护功能；② 上管具有过电流保护功能，下管无过电流保护功能，其控制逻辑分别如图 6-25（a）和图 6-25（b）所示。

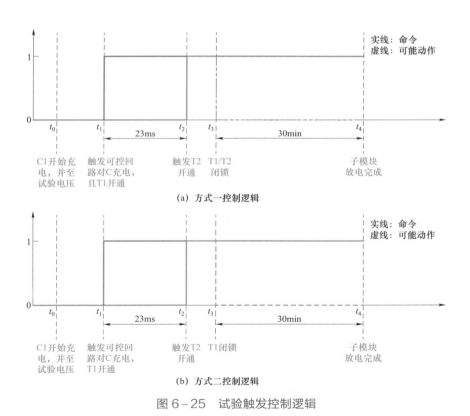

(a) 方式一控制逻辑

(b) 方式二控制逻辑

图 6-25　试验触发控制逻辑

在试验中方式一与方式二的控制模式下，驱动均能正确保护，并闭锁 IGBT

器件。方式一的试验测试波形及回报信息如图 6-26 所示，且上、下管 IGBT 驱动器均因检测到过高的 di/dt 而上报短路电流故障；方式二的试验测试波形及回报信息如图 6-27 所示，由于下管没有过电流及短路功能，故仅有上管上报短路电流故障。图 6-26 和图 6-27 中示波器通道说明见表 6-3。

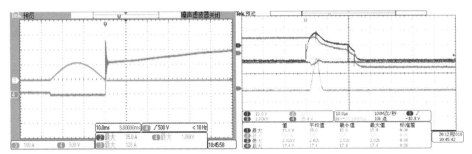

(a) 上、下管均有保护功能试验波形

(b) 故障回报信息

图 6-26 上、下管均有过电流保护功能试验

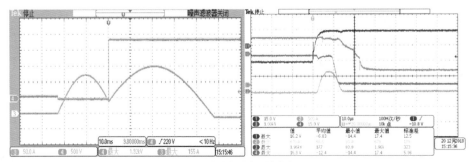

(a) 上管有保护功能试验波形

图 6-27 上管有过电流保护功能试验（一）

(b) 故障回报信息

图 6-27 上管有过电流保护功能试验（二）

表 6-3   示 波 器 通 道 说 明

示波器 1	示波器 2
CH3：负载电流 I_2（×10）	CH1：T2 栅极电压 U_{GE2}
CH4：T1 集射极电压 U_{CE1}	CH2：T1 电流 I_1（×10）
	CH3：T2 集射极电压 U_{CE2}
	CH4：T1 栅极电压 U_{GE1}

综上试验结果，IGBT 误触发开通后，使得子模块电容器通过上、下管形成直通短路，则 IGBT 驱动器都会因过电流（或短路）保护快速闭锁，不会造成 IGBT 爆炸失效。

6.4 环 境 试 验

极限条件下的环境试验，其目的是为了在短时间极端环境应力条件下验证驱动器的硬件选型及降额设计是否满足可靠性及寿命要求，查找设计是否存在短板，以及所用的器件批次是否存在问题。结合大功率 IGBT 驱动器的应用环境，形成可靠性环境试验项目，见表 6-4。

表 6-4   驱动器可靠性试验项目

序号	试验项目	参照标准
1	高温试验	GB/T 2423.2—2008
2	低温试验	GB/T 2423.1—2008
3	温度变化试验	GB/T 2423.22—2012
4	交变湿热试验	GB/T 2423.4—2008

序号	试验项目	参照标准
5	正弦振动试验	GB/T 2423.10—2019
6	自由跌落试验	GB/T 2423.7—2018
7	盐雾试验	GB/T 2423.17—2008
8	长霉试验	GB/T 2423.16—2022
9	寿命试验	—

6.4.1 高温试验

按照 GB/T 2423.2—2008 中 5.3 规定的试验执行。试验分为高温不带电过程和高温带电过程两个程序，带电过程中要求驱动器带电运行正常、无任何故障及异常情况的判定为合格。

（1）高温不带电过程。温度为 85℃，持续保温 72h。

（2）高温带电过程。温度 70℃，持续带电保温 2h。

6.4.2 低温试验

按照 GB/T 2423.1—2008 中 5.3 规定的试验执行。试验分为低温不带电过程和低温带电过程两个程序，带电过程中要求驱动器带电运行正常、无任何故障及异常情况的判定为合格。

（1）低温不带电过程。温度为 −40℃，持续保温 72h。

（2）低温带电过程。温度为 −5℃，持续带电保温 2h。

6.4.3 温度变化试验

按照 GB/T 2423.22—2012 中第 8 章规定的试验进行，试验结束后测试驱动器功能应正常。试验条件如下：

（1）温度变化速率为（5±1）K/min。

（2）储存环境试验温度 −40～+85℃，高低温极限下各停留 30min，不加电，循环 12 次。

（3）工作环境试验温度 −5～+70℃，高低温极限下各停留 30min，加电，循环 10 次，高低温极限温度时应进行通信、误码等基本功能测试。

6.4.4 交变湿热试验

按照 GB/T 2423.4—2008 中 7.3 规定的试验程序执行。试验条件如下：

（1）温度变化范围 25～60℃。

（2）相对湿度 95%±5%，试验最后阶段允许湿度降低至 90%。

（3）高温维持 12h，低温维持 12h，每 24h 一个循环，共进行 10 个循环。

（4）试验结束后，常温环境下恢复 2h，进行电气动能测试应正常。

6.4.5 正弦振动试验

按照 GB/T 2423.10—2019 中 8.2 规定的试验程序执行。试验条件如下：

（1）频率范围 5～150Hz，加速度 2g。

（2）$X/Y/Z$ 每个方向进行 2h。

（3）试验结束后需要进行电性能测试，要求驱动器功能正常。

6.4.6 自由跌落试验

按照 GB/T 2423.7—2018 中 5.2 规定的自由跌落方法 1 执行。试品预先在包装盒之内，跌落高度 1.0m，规定的姿态下跌落 2 次。

驱动器外观应无严重损伤，各项功能正常。

6.4.7 盐雾试验

（1）海基（海边）。按照 GB/T 2423.17—2008 中第 6 章规定的试验条件执行。

1）盐雾浓度（5±1）%，温度（35±2）℃。

2）暴露环境中，雾化沉积溶液用 80cm^2 器皿收集，平均每小时收集 1～2mL，收集时间不低于 16h，连续喷雾 48h。

3）常温恢复 1h 后进行带电测试，驱动器功能应正常。

（2）海上平台。按照 GB/T 2423.17—2008 中第 7 章规定的方法进行，试验结果应满足 ISO 12944－2：2007 规定的 C4 级，超出该文件规定时协商确定。

6.4.8 长霉试验

按照 GB/T 2423.16—2022 第 5 章规定的试验方法 1 进行，试验温度（29±1）℃，相对湿度 90%～100%；保持时间为 28 天。

6.4.9 寿命试验

该试验的目的是确定驱动板在高温条件下工作一段时间后，高温对驱动器的电气和机械性能的影响，从而对其质量做出评定。

70℃环境温度下，驱动器在额定工作电压、额定负载工况下进行 IGBT 开通和关断动作，开关频率为 1kHz，试验持续进行 1000h。试验中，IGBT 驱动器应无故障；试验后，IGBT 驱动器的各项功能应正常。

6.5　电磁兼容试验

IGBT 驱动器电磁兼容能力应满足换流阀设计要求，不受换流阀工作产生的电场和磁场干扰，能够可靠控制和保护 IGBT 器件安全运行，其试验项目见表 6-5。

表6-5　　　　　　　　IGBT 驱动器电磁兼容试验项目

序号	试验项目	参照标准
1	静电放电抗扰度试验	GB/T 17626.2—2018
2	射频电磁场辐射抗扰度试验	GB/T 17626.3—2023
3	电快速瞬变脉冲群抗扰度试验	GB/T 17626.4—2018
4	浪涌（冲击）抗扰度试验	GB/T 17626.5—2019
5	射频场感应传导骚扰抗扰度试验	GB/T 17626.6—2017
6	工频磁场抗扰度试验	GB/T 17626.8—2006
7	脉冲电磁场抗扰度试验	GB/T 17626.9—2011
8	阻尼振荡磁场抗扰度试验	GB/T 17626.10—2017
9	振铃波抗扰度试验	GB/T 17626.12—2023
10	阻尼振荡波抗扰度试验	GB/T 17626.18—2016
11	抗电磁骚扰试验	GB/T 33348—2016

6.5.1　静电放电抗扰度试验

按照 GB/T 17626.2—2018 第 8 章规定的方法进行，试验等级不低于 4 级。即接触放电不低于 ±8kV，空气放电不低于 ±15kV，间隔时间 1s，施加 10 次，施加位置为驱动器每个端子。

6.5.2　射频电磁场辐射抗扰度试验

按照 GB/T 17626.3—2023 第 8 章规定的方法进行，试验等级不低于 4 级，磁场强度应不低于 30V/m。扫频范围 80M～3000MHz，点频重点监视 80、160、380、450、800、900MHz。测试距离 3m，幅度调制 80%，步进 1%，驻留时间 1s。

试验采取平行、垂直试验方向进行，水平含正面和侧面两面，试验接线框图见图 6-28（a），试验现场布置见图 6-28（b）。

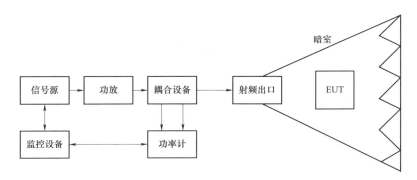

（a）试验接线框图

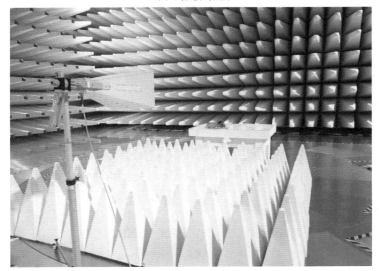

（b）试验现场布置图

图 6-28　射频电磁场辐射抗扰度试验

6.5.3　电快速瞬变脉冲群抗扰度试验

按照 GB/T 17626.4—2018 第 8 章规定的方法进行，频率应不低于 5 kHz，电源端口试验等级为 4 级，试验电压±4kV；若存在高压信号端口应适当提高抗扰度等级，选择试验等级应大于 4 级，对应电压等级也可适当提高。测试点一般为供电电源口，驱动 CE 端子。试验接线框图见图 6-29。

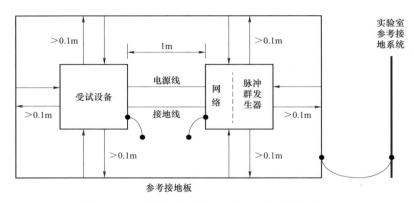

图 6-29　电快速瞬变脉冲群抗扰度试验接线框图

6.5.4　浪涌冲击抗扰度试验

按照 GB/T 17626.5—2019 第 8 章规定的方法进行，电源端口只进行差模试验，浪涌采用正极性和负极性，试验电压 0.5～1.0kV，正、负极性各 5 次；其他端口选用 3 级标准，差模电压 1kV，共模电压 2kV。试验接线框图见图 6-30。

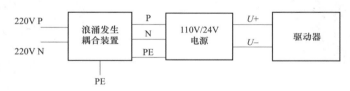

图 6-30　浪涌冲击抗扰度试验接线框图

6.5.5　射频场感应传导骚扰抗扰度试验

按照 GB/T 17626.6—2017 第 8 章规定的方法进行，频率范围 150～80MHz，强度电压 20V，步进 1%，驻留时间 1s，由供电端耦合进入。试验接线框图见图 6-31。

图 6-31　射频场感应传导骚扰抗扰度试验接线框图

6.5.6 工频磁场抗扰度试验

按照 GB/T 17626.8—2006 第 8 章规定的方法进行，试验等级为 5 级，磁场强度 1000A/m（3 s 短时），磁场强度 100 A/m（持续）。试验接线框图见图 6−32。

6.5.7 脉冲磁场抗扰度试验

按照 GB/T 17626.9—2011 第 8 章规定的方法进行，脉冲磁场等级不低于 5 级，磁场强度 1000A/m，X、Y、Z 3 个轴向，每个轴向正反各 5 次，测试时间 20s。

6.5.8 阻尼振荡磁场抗扰度试验

按照 GB/T 17626.10—2017 第 8 章规定的方法进行，等级不低于 5 级，磁场强度不低于 100 A/m，振荡频率为 100k、1MHz，持续时间 2s，3 个轴向。

6.5.9 阻尼振荡波抗扰度试验

按照 GB/T 17626.18—2016 第 8 章规定的方法进行，阻尼振荡波试验等级强度不低于 3 级。

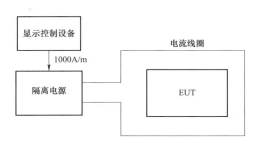

图 6−32 工频磁场抗扰度试验接线框图

6.5.10 振铃波抗扰度试验

按照 GB/T 17626.12—2023 第 8 章规定的方法进行，振铃波试验等级强度不低于 4 级。

6.5.11 抗电磁骚扰试验

按照 GB/T 33348—2016 第 12 章规定的方法进行，试验要求驱动器应运行正常，不应出现故障误报和控制失效等异常问题。

6.6 功 率 运 行 试 验

功率运行试验主要考核 IGBT 驱动器在换流器的实际运行条件下对 IGBT 器件的控制调控能力，以及对 IGBT 开关动作产生的电磁干扰的抗扰能力。

6.6.1 柔性直流换流阀稳态试验

（1）单级子模块运行试验。采用单级子模块进行试验，由于仅有一个投切电压，考虑试验的可实施性，故采用提高试验电路中 IGBT 开关频率的方式进行等效试验。虽然载波频率越高，负载电流越接近于正弦波，但是载波频率过高，会大大超过实际工况中 IGBT 的最高开关频率（约 300Hz），从而影响试验的等效性，因此折中考虑将 IGBT 使用 PWM 波的载波频率提高至 1kHz 左右。同时利用电感、电容的谐振能产生大电流的特性，设计了如图 6－33 所示的高压谐振试验电路（单级子模块稳态运行试验电路），该电路具有不增加直流侧大电容、对电源容量要求较低、电路简单、控制简单易实现等优点。

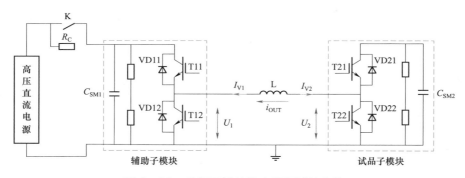

图 6－33　单级子模块稳态运行试验电路

负载 L 两边分别有两个高压子模块，左边为辅助子模块，右边为试品子模块。均工作在 SPWM 状态，两个子模块对称 IGBT 的 SPWM 载波相差为 180°。这样，理论上单极子模块稳态运行试验电路相当于一个特殊的 STATCOM。负载电感两端的电压 U_1、U_2 为两个双极性的 PWM 波形的电压，二者之差即施加在负载电感上的电压 U_L，是一个单极性的 PWM 电压，这样的电压作用在电感上，会在电感上产生标准的电流正弦波，U_L 电压和电流仿真波形如图 6－34 所示。

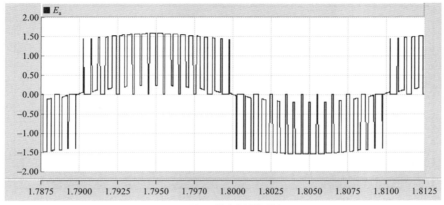

(a) U_L仿真电压波形图

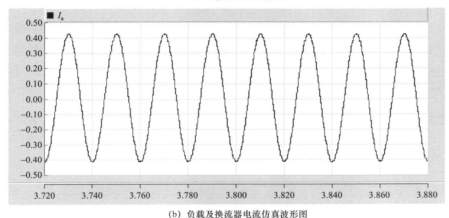

(b) 负载及换流器电流仿真波形图

图6-34 试验电路理论仿真波形图

试验中，驱动器在1kHz的开关频率下控制IGBT器件开通和关断，能够正确模拟IGBT器件被控制时的电压和电流瞬态切换，可以实现对电压和电流应力的验证，同时IGBT和二极管的开关切换使得电路可以模拟二者间换流过程产生的开通时刻的电流尖峰。

试验负载电流呈完整正弦波，当电流由负载电抗的左侧流向右侧时，被试子模块下管IGBT为开通状态时，电容器电压不变化；当下管IGBT处于关断状态，电流流过上管二极管对电容进行充电。电流反向时，当上管IGBT处于开通状态时，试品子模块电容器放电；当上管IGBT处于关断时，电流流进下管FWD形成回路，故子模块电容电压为充放电的持续波动状态，输出端口也为波动的PWM波形（电容电压波动所致），稳态运行波形如图6-35所示。

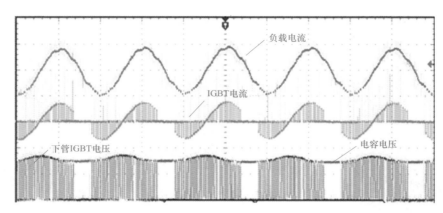

图 6-35　稳态运行试验波形

（2）多级子模块运行试验。MMC 阀桥臂电流包含直流分量和交流分量，每个周期桥臂电容会经历充电和放电过程，充电和放电能量平衡，使得桥臂电容电压稳定在工作电压，但是仍有一定的波动，分析表明桥臂电压波动主要为二倍频分量，在三相 MMC 中形成负序二倍频环流，因此需要设计出具备二倍频电流可调节的多级子模块稳态运行试验电路。

1）电路拓扑。结合 MMC 阀的电气应力分析及其可等效为可控电压源的特点，MMC 阀组件稳态运行试验电路拓扑如图 6-36 所示。

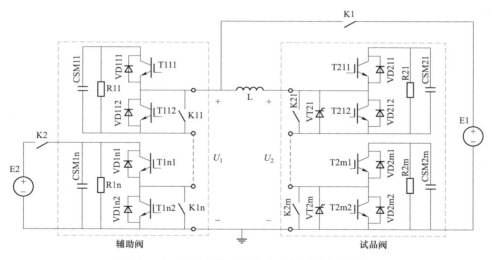

图 6-36　MMC 阀组件稳态运行试验电路拓扑

电路主要由试品阀和辅助阀、充电电源 E1、补能电源 E2、负载电感 L 组成。辅助阀和试品阀分别为含子模块级数为 n 和 m 的阀组件。充电电源 E1 用于电路稳态运行之前对试品阀子模块电容预充电，充电完毕后，E1 退出电路。补能电源 E2 用于补充电路稳态运行时的有功损耗。

辅助阀级数 n 可以与试品阀相同也可以不同，即 $n=m$ 或者 $n \neq m$。试品阀为实际工程中的一个或多个阀组件，结合装置的控制策略及对阀组件输出电压的精度要求，试品阀和辅助阀级数一般最好不少于 10。

2）能量分析。根据阀组件电压应力分析，上述电路拓扑中辅助阀和试品阀在电路稳态运行时均可等效为一个可控交流电压源和一个直流电压源串联组成的复合电源，因此得到图 6-37 所示的试验电路稳态运行时等值电路。

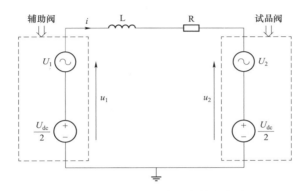

图 6-37 试验电路稳态等值电路

图 6-38 中，u_1、u_2 分别为辅助阀和试品阀两端的电压；U_1、U_2 分别为二者交流电压源电压幅值；$\dfrac{U_{dc}}{2}$ 为直流电压源电压，期望输出的波形如图 6-38 所示。

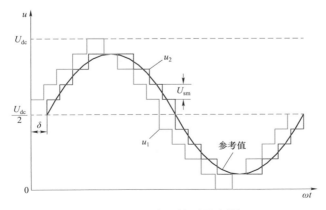

图 6-38 电压波形示意图

245

因此，理想状况下，u_1、u_2 的时域解析表达式为

$$\begin{cases} u_1(t) = \dfrac{1}{2}U_{dc} - \sqrt{2} \cdot U_1 \cdot \sin(\omega t) \\ u_2(t) = \dfrac{1}{2}U_{dc} - \sqrt{2} \cdot U_2 \cdot \sin(\omega t - \delta) \end{cases} \quad (6-2)$$

式中：δ 为 u_1 和 u_2 的相位差；ω 为基波角频率；t 为时间。假设回路电流 i 的直流偏置为 I_{dc}，交流成分 i_{ac} 幅值为 I_{ac}（有效值），相位角为 φ，则其时域解析表达式为

$$i(t) = I_{dc} + \sqrt{2} \cdot I_{ac} \cdot \sin(\omega t + \varphi) \quad (6-3)$$

辅助阀和试品阀的充电功率为

$$\begin{cases} p_1(t) = u_1(t) \cdot i(t) \\ p_2(t) = u_2(t) \cdot [-i(t)] \end{cases} \quad (6-4)$$

将式（6−2）、式（6−3）代入式（6−4）得

$$\begin{cases} \begin{aligned} p_1(t) &= \left[\frac{1}{2}U_{dc} - \sqrt{2}U_1\sin(\omega t)\right] \cdot \left[I_{dc} + \sqrt{2}I_{ac}\sin(\omega t + \varphi)\right] \\ &= \frac{1}{2}U_{dc}I_{dc}\left[1 - \frac{2\sqrt{2}U_1}{U_{dc}}\sin(\omega t)\right] \cdot \left[1 + \frac{\sqrt{2}I_{ac}}{I_{dc}}\sin(\omega t + \varphi)\right] \\ &= \frac{1}{2}U_{dc}I_{dc}\left[1 - \lambda_1\sin(\omega t)\right] \cdot \left[1 + k_I\sin(\omega t + \varphi)\right] \\ &= \frac{1}{2}U_{dc}I_{dc}\left[C_1 + A_1(\omega t) + B_1(2\omega t)\right] \end{aligned} \\ \begin{aligned} p_2(t) &= -\left[\frac{1}{2}U_{dc} - \sqrt{2}U_1\sin(\omega t - \delta)\right] \cdot \left[I_{dc} + \sqrt{2}I_{ac}\sin(\omega t + \varphi)\right] \\ &= -\frac{1}{2}U_{dc}I_{dc}\left[1 - \frac{2\sqrt{2}U_2}{U_{dc}}\sin(\omega t - \delta)\right] \cdot \left[1 + \frac{\sqrt{2}I_{ac}}{I_{dc}}\sin(\omega t + \varphi)\right] \\ &= -\frac{1}{2}U_{dc}I_{dc}\left[1 - \lambda_2\sin(\omega t - \delta)\right] \cdot \left[1 + k_I\sin(\omega t + \varphi)\right] \\ &= \frac{1}{2}U_{dc}I_{dc}\left[C_2 + A_2(\omega t) + B_2(2\omega t)\right] \end{aligned} \end{cases} \quad (6-5)$$

其中

$$\begin{cases} C_1 = 1 - \dfrac{1}{2}\lambda_1 k_I\cos\varphi, \quad C_2 = -1 + \dfrac{1}{2}\lambda_2 k_I\cos(\varphi + \delta) \\ A_1(\omega t) = -\lambda_1\sin(\omega t) + k_I\sin(\omega t + \varphi), \quad A_2(\omega t) = \lambda_2\sin(\omega t - \delta) - k_I\sin(\omega t + \varphi) \\ B_1(2\omega t) = \dfrac{1}{2}\lambda_1 k_I\cos(2\omega t + \varphi), \quad B_2(2\omega t) = -\dfrac{1}{2}\lambda_2 k_I\cos(2\omega t + \varphi - \delta) \end{cases}$$

$$(6-6)$$

$\lambda_1 = \dfrac{2\sqrt{2}U_1}{U_{dc}}$、$\lambda_2 = \dfrac{2\sqrt{2}U_2}{U_{dc}}$ 分别定义为辅助阀、试品阀的电压调制比，

$k_1 = \dfrac{\sqrt{2}I_{ac}}{I_{dc}}$ 定义为回路电流比例系数。

分析式（6-5）、式（6-6）可知辅助阀和试品阀充电功率的直流分量为

$$\begin{cases} P_{1\_dc} = \dfrac{1}{2}U_{dc}I_{dc} - V_1 I_{ac}\cos\varphi \\ P_{2\_dc} = -\dfrac{1}{2}U_{dc}I_{dc} + V_2 I_{ac}\cos(\varphi+\delta) \end{cases} \tag{6-7}$$

辅助阀和试品阀总的充电功率为

$$p(t) = p_1(t) + p_2(t) = \dfrac{1}{2}U_{dc}I_{dc}\left[C + A(\omega t) + B(2\omega t)\right] \tag{6-8}$$

其中

$$\begin{aligned} &C = C_1 + C_2 = -\dfrac{1}{2}\lambda_1 k_1 \cos\varphi + \dfrac{1}{2}\lambda_2 k_1 \cos(\varphi+\delta) \\ &A(\omega t) = A_1(\omega t) + A_2(\omega t) = -\lambda_1 \sin(\omega t) + \lambda_2 \sin(\omega t - \delta) \\ &B(2\omega t) = B_1(2\omega t) + B_2(2\omega t) \end{aligned} \tag{6-9}$$

式（6-7）、式（6-8）、式（6-9）计算过程中的重点注意事项如下：

a. 当交流源传递的有功功率与直流源传递的有功相互抵消时，辅助阀和试品阀的充电功率在周期内积分为零。

b. 在 a. 满足的条件下，辅助阀和试品阀的充电功率之和在任意时刻保持直流分量为 0，如果两者之间交换等量有功，充电功率总和在周期内积分为 0，从而保证每个子模块电容电压平均值保持不变。

c. 辅助阀和试品阀以 2 倍基频频率交换无功功率。

3）运行原理。直流源传输的有功与交流源传输的有功相互抵消，并且辅助阀与试品阀两者之间交换等量的有功，使得子模块电容电压的充电功率在周期内积分为零，那么回路电流 i 中将会产生直流分量。因此，回路各参数须满足如下关系式

$$\dfrac{U_1 U_2}{X}\sin\delta = P = \dfrac{1}{2}U_{dc}I_{dc} \tag{6-10}$$

式中：P 为两个试品阀所交换的直流功率，电抗值 $X = \omega L \gg R$，R 可忽略不计，此时，对应的回路电流交流分量 I_{ac} 根据 L 的伏-安特性有

$$\left|\frac{U_1\angle\delta-U_2}{jX}\right|=I_{ac} \qquad (6-11)$$

若将试品阀的电压幅值 U_2 表示为

$$U_2=\lambda_2\cdot\frac{U_{dc}/2}{\sqrt{2}} \qquad (6-12)$$

λ_2 称为试品阀的调制比，则将式（6-10）~式（6-12）联立可得

$$U_1=\frac{\sqrt{2}I_{dc}X}{\lambda_2\cdot\sin\delta} \qquad (6-13)$$

$$\delta=\text{arccot}\left(\pm\sqrt{\frac{I_{ac}^2}{I_{dc}^2}\cdot\frac{\lambda_2^2}{2}-1}+\frac{\lambda_2^2 U_{dc}}{4XI_{dc}}\right) \qquad (6-14)$$

式（6-14）中，由于 $\sqrt{\frac{I_{ac}^2}{I_{dc}^2}\cdot\frac{\lambda_2^2}{2}-1}\geq0$，因此 $\lambda_2\geq\frac{\sqrt{2}}{k}$，其中 $k=\frac{I_{ac}}{I_{dc}}$。因此，由式（6-13）、式（6-14）可知，负载电抗值 X 选定后，调节 U_1、U_2 和相位差 δ 即可改变回路电流 i 的交流分量 I_{ac} 和直流分量 I_{dc} 的大小。

4）试验测试。按照上述试验电路，以张北柔性直流电网试验示范工程±500kV/3000MW 换流阀 MMC 功率子模块（12 托 12）进行试验测试，其试验参数详见表 6-6，试验波形如图 6-39 所示。

表 6-6　　　　　±500kV/3000MW 换流阀对托平台试验参数

序号	项目	参数
1	阀端间电压（kV）	27.5
2	桥臂电流峰值 I_p（A）	3760
3	桥臂电流有效值 I_{rms}（A）	2256
4	SM 充电额定电压 U_{SM}（kV）	2.3
5	SM 输出峰值电压 U_p（kV）	2.74
6	IGBT 开关频率（Hz）	50~100
7	持续时间（min）	60

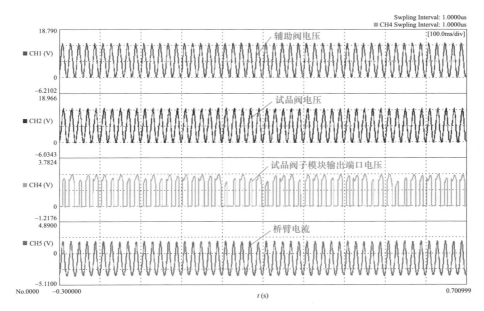

图6-39　12托12运行试验波形

6.6.2　高压直流断路器试验

试验主要是为了检验断路器整体性能是否满足设计要求，验证各组件耐受电气应力是否在设计允许范围之内，其试验对象包含快速开关、主支路全桥模块、转移支路全桥模块及避雷器。在试验中，需要在设计要求的时间内完成主支路全桥模块最大值电流分断，快速开关分断和转移支路全桥模块最大值电流分断，并创造与实际等效的暂态恢复过电压和电压上升率。

高压直流断路器试验电路如图6-40所示，由充电电源、电容器C、电抗器L、高压开关K3和50kV样机试品构成，在试验回路和断路器主支路上装有电流互感器TA1、TA2检测电流。充电电源将电容充电至设定电压，触发火花间隙开始对试品试验，通过选定适当电感参数，控制故障电流上升率，通过控制断路器动作时序，实现对其分断电流和暂态恢复电压及该过程中电压上升率的复现和耐受能力的测试。

（1）额定及短路电流开断试验。

1）试验目的。直流断路器电流开断试验包含最大短路电流分断试验和额定电流分断试验，主要是为了检验直流断路器在电网系统故障工况下分断电流的能力，验证直流断路器整体分断性能及断路器整体控制保护单元设计正确性。

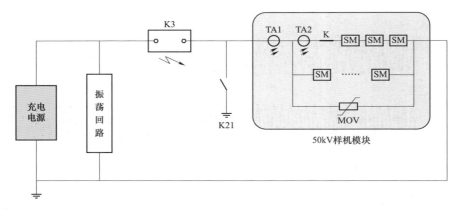

图 6-40　高压直流断路器试验电路

2）试验方法。该试验针对断路器整机开展，主支路快速机械开关处于闭合状态，电流开断试验原理如图 6-41 所示。试品测控系统应采用与工程现场一致的控制策略，能检测各 IGBT 器件的状态，并能可靠回报报警信息。

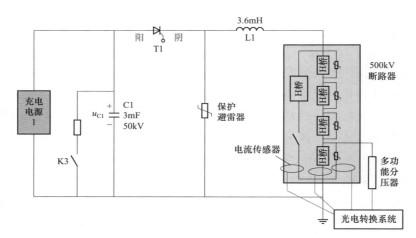

图 6-41　额定及短路电流开断试验原理图

a. 试验中应检测主支路、转移支路及耗能回路的电流，保证直流断路器供能、主电路连接及状态正常。

b. 启动电磁供能系统和主支路水冷系统。

c. 使用 ±110kV 直流耐压装置对谐振电容器组进行充电，24 并 8 串连接（3mF），电感选为 3.6mH，电压升高至 5kV。

d. 触通 V6 阀（T1），同时给直流断路器发送触发命令，引入大电流，电流峰值额定电流 4.5kA，波形如图 6-42 所示。

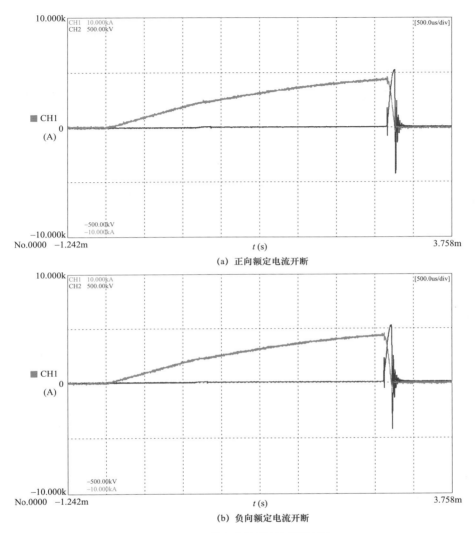

(a) 正向额定电流开断

(b) 负向额定电流开断

图 6-42 额定电流开关试验波形

　　e. 试验电流达到 25kA 时（触发 V6 后延时约 0.6ms），发送断路器分断命令，断路器按照内部顺序动作逻辑完成试验电流的分断，波形如图 6-43 所示。

　　f. 试验完成后闭合 K3，泄放谐振电容能量，两次试验应间隔 5～10min。

　　（2）额定电流关合试验。

　　1）试验目的。额定电流关合试验，主要是为了检验直流断路器关合性能及断路器整体控制保护单元设计正确性。

　　2）试验方法。该试验针对断路器整机开展，该试验采用晶闸管阀合成试验装置大电流源完成，试验原理及接线方式如图 6-44 所示。

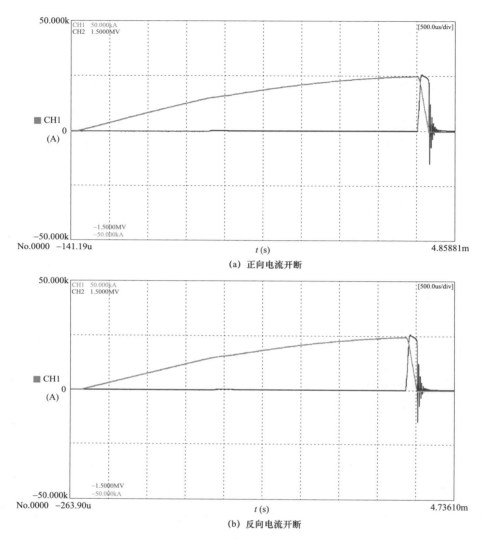

(a) 正向电流开断

(b) 反向电流开断

图 6-43　短路电流开断试验波形

试品测控系统应采用与工程现场一致的控制策略，能检测各 IGBT 器件的状态，并能可靠回报报警信息。若监测到 IGBT 损坏，则应向试验控制系统发送报警信号，试验控制系统则立即向大电流源发送闭锁跳闸命令。

a. 试验中应检测主支路、转移支路及试验回路的电流，大电流源设置为恒流输出运行模式，主支路快速机械开关处于断开状态。

b. 启动电磁供能系统。

c. 启动主支路水冷系统。

d. 触通辅助通流回路，并逐步提高大电流源输出电流至 4.5kA，试验波形如

图 6-45 所示。

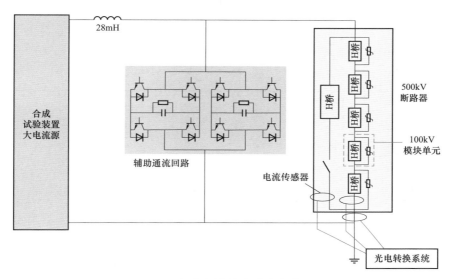

图 6-44 额定电流关合试验方法原理图

e. 同时发送闭锁辅助通流回路命令及断路器关合命令，断路器按照内部顺序动作逻辑完成试验电流的关合。

f. 逐步降低电流至零，试验结束。

g. 若试验过程中出现 IGBT 损坏，则向大电流源发送闭锁跳闸命令。

h. 试验后检查断路器是否出现损坏。

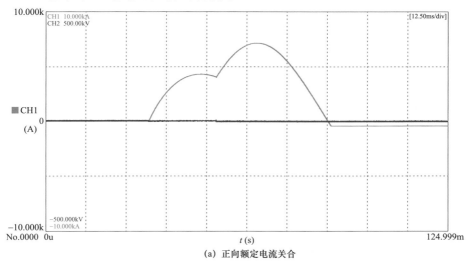

(a) 正向额定电流关合

图 6-45 额定电流关合试验波形（一）

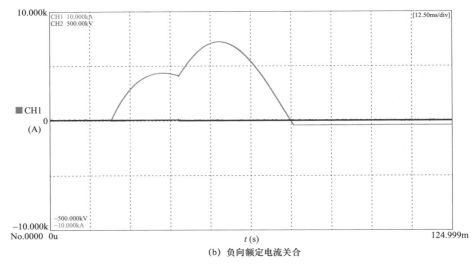

（b）负向额定电流关合

图 6-45　额定电流关合试验波形（二）

断路器在额定电流 4.5kA 下的关合时间为 21ms 左右，且动作逻辑正确，满足 500kV 断路器的应用要求。

（3）短路电流关合试验。

1）试验目的。短路电流关合试验，主要是为了检验直流断路器合闸于故障线路上耐受及快速分断性能。

2）试验方法。该试验针对断路器整机开展，短路电流关合试验原理如图 6-46 所示。试品测控系统应采用与工程现场一致的控制策略，能检测各

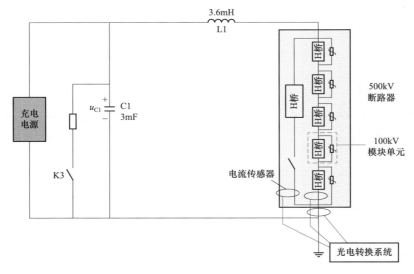

图 6-46　短路电流关合试验原理图

IGBT 器件的状态，并能可靠回报报警信息。试验测控系统应具备延时一定时间对断路器补发开断信号的功能，防止断路器未自启动时流过断路器电流过高造成损坏。

a. 试验中应检测主支路、转移支路及试验回路的电流，一级 H 桥电容两端电压，主支路快速机械开关处于断开状态。

b. 启动电磁供能系统。

c. 启动主支路水冷系统。

d. 使用 ±110kV 直流耐压装置对谐振电容器组进行充电，24 并 16 串连接（3mF），电感为 3.6mH，电压升高至 10kV。

e. 给直流断路器发送关合命令，引入大电流，电流峰值为 6.8kA，达到断路器自启动电流值，断路器按照内部顺序动作逻辑完成试验电流的分断。

f. 试验完成后闭合 K3，泄放谐振电容能量，检查断路器是否出现损坏。

（4）短路电流开断—重合—开断试验。

1）试验目的。短路电流开断—重合—开断试验主要是为了检验直流断路器在系统故障工况下分断电流的能力，验证直流断路器整体分断性能及断路器整体控制保护单元设计正确性。

2）试验方法。该试验针对断路器整机开展，短路电流开断—重合—开断试验原理如图 6-47 所示。试品测控系统应采用与工程现场一致的控制策略，能检测各 IGBT 器件的状态，并能可靠回报报警信息。

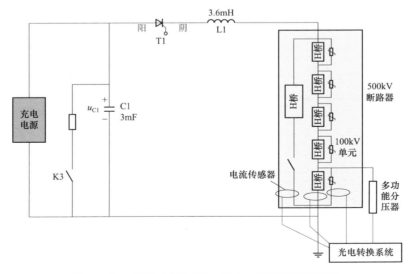

图 6-47　短路电流开断—重合—开断试验原理图

a. 试验中应检测主支路、转移支路及耗能回路的电流，100kV 单元及其中一级 H 桥电容两端电压，试验时需闭合冗余 H 桥的旁路开关，主支路快速机械开关处于闭合状态。

b. 启动电磁供能系统和主支路水冷系统。

c. 使用 ±110kV 直流耐压装置对谐振电容器组进行充电，24 并 8 串连接（3mF），电感选为 3.6 mH，电压升高至 45kV。

d. 触通 V6 阀（T1），同时给直流断路器发送触发命令，引入大电流，电流峰值为 25kA。

e. 试验电流达到 7kA 时（触发 V6 后延时约 0.6ms）发送断路器分断命令，断路器按照内部顺序动作逻辑完成试验电流的分断，波形如图 6-48 所示。

f. 延时 300ms 后，第二次触发 T1，同时发送断路器闭合指令。

g. 电流源输出达到断路器自启动电流值，断路器按照内部顺序动作逻辑完成试验电流的分断。

h. 试验完成后闭合 K3，泄放谐振电容能量，试验后检查断路器是否出现损坏。

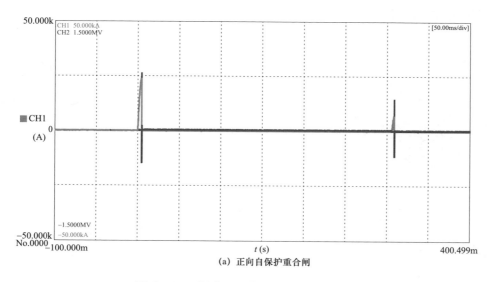

（a）正向自保护重合闸

图 6-48　断路器重合闸试验波形（一）

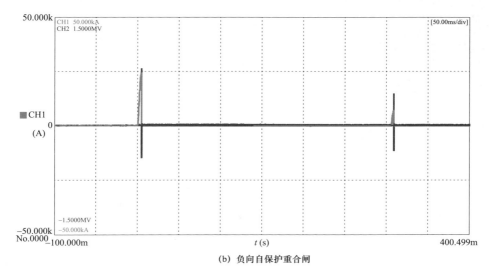

(b) 负向自保护重合闸

图 6-48　断路器重合闸试验波形（二）

7 大功率 IGBT 驱动器应用案例

针对柔性直流输电换流阀、直流断路器、风电三电平变流器及牵引传动、供电系统中的 IGBT 驱动器应用情况及特点进行了介绍，同时对高压直流工程中驱动器发生的实际问题进行了列举和逐项原因分析。

7.1 柔性直流输电换流阀驱动器案例

7.1.1 换流阀功率组件

柔性直流输电技术突出了全控型电力电子器件、电压源换流器和脉冲调制三大技术特点，解决了常规直流输电技术的诸多固有瓶颈，成为新能源并网、孤岛供电、交流系统异步互联、分布式发电并网和多端直流输电等领域发展应用的最佳技术路径。直流换流阀作为柔性直流输电系统的核心设备，能够实现交流电与直流电的转换，并灵活控制电压、电流、无功功率和有功功率的输出与输入。

目前工程应用较多的是半桥型模块化多电平换流器，柔性直流换流阀由 6 个桥臂构成，换流阀拓扑如图 7-1 所示，每个桥臂由一个柔性直流换流阀和一个阀电抗器串联而成。数个 IGBT 元件及相应的辅助电路通过串联或并联组成一个子模块，多个子模块级联成为一个完整的柔性直流换流阀。子模块是柔性直流换流阀的一个阀级，功能上等效为一个可控电压源，整个换流阀中所有子模块按照一定的规则有序输出，实现交直流转换，柔性直流换流阀电气连接如图 7-2 所示。

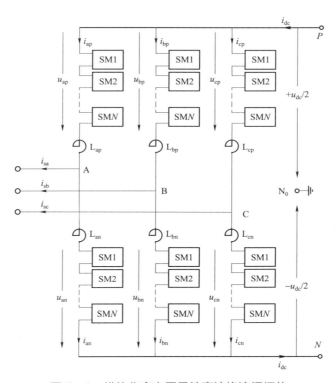

图 7-1 模块化多电平柔性直流换流阀拓扑

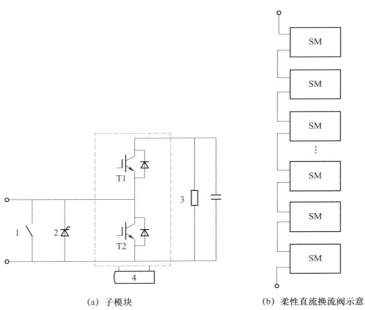

(a) 子模块　　　　　　　(b) 柔性直流换流阀示意

图 7-2 柔性直流换流阀电气连接

1—旁路开关；2—短路保护晶闸管；3—均压电阻；4—中央逻辑控制单元

以渝鄂直流背靠背联网工程为例，每个换流器包含 6 个桥臂，每个桥臂有 540 个半桥子模块，每个子模块内部有 2 个 IGBT 器件（含 2 个独立的驱动器），如图 7-3 所示；另外，在 IGBT 控制方面，阀基控制器通过系统整体控制要求，向子模块功率单元控制器下发控制命令，IGBT 驱动器将控制命令转化为 IGBT 可响应的栅极控制电压，以实现阀基控制器的整体调控，并对 IGBT 进行监测与保护，确保系统运行的正确性。

(a) 渝鄂直流背靠背联网工程柔性直流换流阀

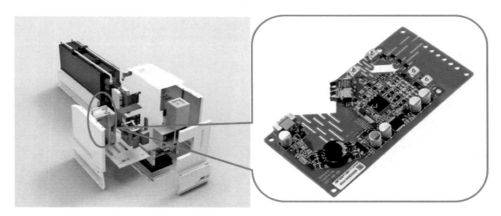

(b) 渝鄂直流背靠背联网工程 IGBT 驱动器

图 7-3 渝鄂直流背靠背联网工程换流阀及 IGBT 驱动器

7.1.2 柔性直流换流阀驱动器技术要求

渝鄂直流背靠背联网工程要求 IGBT 驱动器具备如下基本功能：

（1）可靠稳定地控制 IGBT 的开通和关断，开关过程中严禁发生振荡。

（2）提供 IGBT 模块过电流保护（U_{sat} 过电流保护和 di/dt 过电流保护）和驱动故障保护（栅极欠电压保护、输入光脉冲异常保护和间隔脉冲宽度过窄保护）。

（3）提供 IGBT 驱动单元工作状态监视与回报功能。

（4）提供 IGBT 过电流、短路、驱动故障、有源钳位等不同类型的故障保护及回报功能。

（5）驱动器涂覆前应确保 PCB 表面洁净，三防漆（聚氨酯或丙烯酸类）应涂 2 遍以上，厚度为 30～50μm。

（6）驱动器开放空间最大温升不超过 25℃，封闭空间最大温升不超过 30℃。

针对 IGBT 驱动器提出的具体技术参数如表 7-1 所示。

表 7-1　　　　　　　　　　IGBT 驱动器基本技术参数

参数	要求	备注
电气特性		
驱动器供电电压范围	13～17V	—
驱动器开通额定电压	14.8～15.4V	—
驱动器关断额定电压	-15.4～14.8V	—
单通道驱动器消耗功率（输入电压为 15V±0.1V）	≤2.0W/片	静态功耗，无负载
	≤2.5W/片	静态功耗，带额定负载
	≤3.0W/片	动态功耗（1kHz），无负载
	≤3.5W/片	动态功耗（1kHz），带额定负载，具体值可根据 IGBT 型号调整
IGBT 开关频率范围	0～1kHz	—
驱动器隔离耐受电压	≥10kV DC	耐受时间：1min
集射极额定工作电压	≤2300V	
集射极最高工作电压	2600V	
集射极最大允许峰值电压	3000V	各种工况下，IGBT 的集射极关断电压不超过该值
集射极耐受电压值	3300V	
输出光强度范围	-14～-8dBm	
栅极开通电阻范围	1～10Ω	最终参数按照工程实际情况确定
栅极关断电阻范围	1～10Ω	最终参数按照工程实际情况确定
开通/关断消抖时间	1000±100 ns	—
延迟时间	<1000 ns	不包括消抖时间
机械特性		
结构尺寸	<145×90×30mm	与 IGBT 机械尺寸配合良好，且不影响其他设备，固定孔位尺寸按甲方要求确定
PCB 板厚	2.0mm±5%	执行 IPC-6012C 的 3 级品标准
驱动器供电电源接口	MSTBA2.5/2-G-5.08-RN 和 FKC2.5/2-ST-5.08-RF 配套提供	保证接口与引线连接牢固可靠
光收发器	HFBR-1521ETZ HFBR-2521ETZ	

参数	要求	备注
保护性能		
驱动器输出欠电压保护值范围	10～12.0V	IGBT 导通后，若栅极供电电压降至该保护值，IGBT 闭锁，并回报驱动器故障信号
驱动器输出过电压保护动作值范围	具体范围，需根据甲方的要求设定	抑制栅极电压尖峰造成的栅极过电压击穿
有源钳位动作电压值	2800V±100V	—
U_{sat} 过电流/短路保护值	3000～3500A（100℃）	IGBT 电流达到对应的保护电流值时，驱动器能够立即闭锁 IGBT 触发脉冲，并回报过电流故障信号
di/dt 短路保护值范围	600～1000A/μs	IGBT 在正常开通换流过程不出现误保护动作情况，提供对应的 di/dt 保护值及对应 U_{Ee} 电压值
闭锁回报信号	长期有光	
脉冲间隔宽度	<50μs，报驱动故障	两次栅极脉冲的间隔不得小于该值

7.2 直流断路器驱动器案例

7.2.1 直流断路器功率组件

高压直流断路器是实现直流负荷、短路电流关合和开断的新型高端电力装备，能够实现多端柔性直流输电及直流电网直流故障的快速隔离和清除，保障柔性直流输电系统的可靠性、经济性和灵活性，是构建柔性直流输电网络及发展能源互联的关键设备。500kV 高压直流断路器及其拓扑如图 7-4 所示。

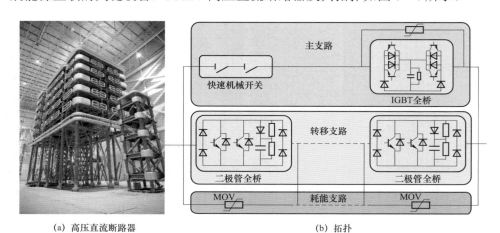

(a) 高压直流断路器　　　　　(b) 拓扑

图 7-4 500kV 高压直流断路器及其拓扑

图 7-5 为 500kV 高压直流断路器功率组件。由 IGBT 和机械开关共同构成的混合式直流断路器兼备机械式断路器良好的静态特性及固态式断路器无弧快速分断的动态特性，具有运行损耗低、分断时间短等优点，适用于直流输电的网络化应用。在国内，高压直流断路器在舟山±200kV 五端柔性直流输电工程（简称舟山工程）和张北柔性直流电网试验示范工程中得以应用，成为世界应用高压直流断路器的先例。

图 7-5　500kV 高压直流断路器功率组件

高压直流断路器中的 IGBT 驱动器需要从电源模块取能，接收子模块中央控制器的指令，对 IGBT 进行可靠开通和关断，并在故障时及时采取有效的保护动作。出于小型化和可靠性提升的考虑，可将驱动器、电源模块及子模块中央控制器集成为一体。断路器需在系统故障时开断数十千安的直流电流，在现有 IGBT 模块单体电流能力不足的情况下，需并联使用，也就对驱动器提出了并联均流控制的要求。同时，为提升子模块状态监测能力，驱动器还需要实时采集子模块电气物理量，将子模块状态量和采集数据通过光纤通信回报至上层控制系统。图 7-6 为 500kV 高压直流断路器驱动器。

图 7-6　500kV 高压直流断路器驱动器

7.2.2　直流断路器驱动器技术要求

直流断路器是新型直流电网装备，不同厂家的 IGBT 驱动器技术要求不尽相同，下文以张北柔性直流电网试验示范工程的康保换流站直流断路器驱动器为例进行介绍。

（1）基本功能（见表 7-2）。

表 7-2　　　　　　　　500kV 高压直流断路器驱动器基本功能

组成部分	基本功能
供电电源部分	将磁环输入的电流转换为板卡内部所需的供电电压，并配置相应的过电压保护
控制保护部分	1）与上层控制器进行串行通信； 2）提供断路器子模块内 IGBT 的驱动脉冲； 3）提供 IGBT 和 IGBT 驱动板卡的故障保护； 4）具备冗余开通支路，实现冗余保护功能； 5）提供 IGBT 与 IGBT 驱动板卡的工作状态监控与回报； 6）驱动器和上层控制器之间回报信号的编码方式可以定制
驱动部分	1）可靠稳定地控制 IGBT 的开通和关断； 2）保证并联两路 IGBT 驱动信号的一致性

（2）技术参数（见表 7-3）。

表 7-3　　　　　　　　500kV 高压直流断路器驱动器技术参数

参数	最小值	典型值	最大值	单位
集射极电压	—	4500	—	V
隔离电压（U_{ACRMS}，50Hz/1min）	15000	—	—	V
供电交流电流有效值	0.4	0.6	1	A
供电交流电流频率	50	—	1000	Hz
栅极驱动电压	—	+19	—	V
最大开关频率	—	100	—	kHz
软关断时间	—	15	—	μs
开通延时时间	—	2	—	μs
关断延迟时间	—	6	—	μs
关断过电压	200	300	400	V
工作环境温度	-40	—	+85	℃

7.3 三电平变流器驱动器案例

7.3.1 概述

三电平驱动板适用于 EconoDUAL™（简称 ED3）封装尺寸的风电变流器 IGBT 模块组合形成的四并联 ANPC 拓扑类型桥臂的驱动和保护。该驱动采用 6 路独立的 PWM 通道，分别控制 ANPC 的 T1/T2/T3/T4/T5/T6 的 IGBT 开关。同时，该驱动板采用直接焊接固定在 IGBT 模块的辅助端子上连接形式。四并联 ANPC 单桥臂拓扑结构图如图 7-7 所示。

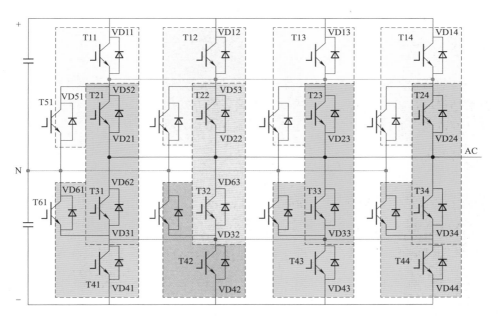

图 7-7 四并联 ANPC 单桥臂拓扑结构

整体驱动板由驱动核心板和驱动栅极适配板组成，板卡共 3 块，其中，驱动核心板 1 块，用于产生 T1~T6 的触发控制及保护逻辑；T1、T4、T5、T6 共用一块栅极适配板，T2 和 T3 共用一块栅极适配板，并配备驱动信号线缆。

7.3.2 驱动电源拓扑结构

电源采用开环隔离推挽式电源拓扑。电源通过 3 路推挽、6 路输出的方式为驱动器设计供电电源。每路推挽电源分为两路隔离电源输出。按照三电平内部 6 个 IGBT 的分布，假设三路电源的输出分别为 A1、A2，B1、B2，C1、C2，那么 A1 和 A2 分别对应 T1 和 T5；B1 和 B2 分别对应 T2 和 T3；C1 和 C2 分别对应 T4 和 T6。驱动板级电源拓扑设计方案如图 7-8 所示。

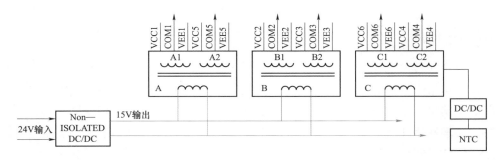

图 7-8　驱动板级电源拓扑设计方案

7.3.3　NTC 采样方案

驱动器包含温度检测及上传电路。驱动板采集测量 T1~T6 并联 4 个模块选取最高温度，将测量的温度信号以频率编码的方式送给上位机控制器，设计采样温度范围内 NTC 电阻对应输出频率传递函数满足如下关系

$$F_{out}=\left(0.1+\frac{8\times R_{ntc}}{15+11.5\times R_{ntc}}\right)\times32.768 \qquad (7-1)$$

式中：F_{out} 为频率，kHz；R_{ntc} 为 NTC 阻值，kΩ。

NTC 温度采集转换电路如图 7-9 所示。

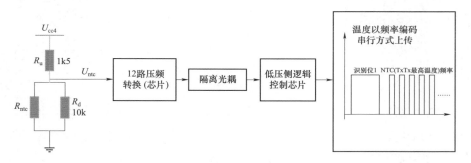

图 7-9　NTC 温度采集转换电路

7.3.4　T2/T3 管分级关断设计方案

T2/T3 管的换流回路较长，杂感较大，导致每次关断都会面临关断尖峰过高

的风险。为抑制关断过程中的尖峰电压，驱动电路采用可变栅极电阻阵列，在关断过程中，使用不同关断电阻，优化关断过程，从而抑制关断尖峰。

7.3.5 驱动器保护方案

驱动器集成了短路保护、欠电压保护、开关时序保护及窄脉冲抑制保护功能。

IGBT 驱动器通过检测 IGBT 开通期间的集射级压降 U_{CE} 来判定 IGBT 是否处于短路状态。集射级导通压降通过二极管串联来检测。当 U_{CE} 导通压降超过比较器设定阈值达到固定的连判时间时，IGBT 驱动器判定 IGBT 发生了短路故障，将故障信号反馈给顶层控制系统，同时对 IGBT 实施先关外管再关内管的控制策略。

针对一次侧 24V 供电，将采用一次侧欠电压功能设计。一次侧供电欠电压保护值为 22V。二次侧将产生对应 +15V/−15V 驱动电压。对于开通关断电压，驱动分别设置保护阈值 +12V/−12V 进行保护。驱动器判定发生欠电压故障后，会将故障信号反馈至顶层保护系统，并将按照先关外管再关内管的顺序关断 IGBT。

具备任意情况下先关外管后关内管逻辑保护功能。

IGBT 驱动器具备窄脉冲抑制功能，如果检测到脉冲宽度小于某个预设值时候，驱动器将滤除窄脉冲，不上报故障信息；但如果检测到连续若干个上升或者下降沿的时间间隔小于某个预设值时，则判定为存在脉冲异常，上报故障信息，并将按照先关外管再关内管的顺序关断 IGBT。

7.3.6 DB25 接口

驱动板和变流控制器之间采用 DB25 接口进行连接，见图 7−10。驱动核板上采用直针 DB25 公头，引脚定义见表 7−4。

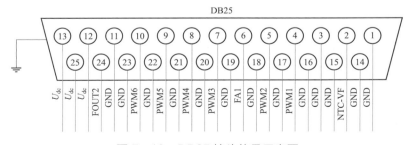

图 7−10　DB25 接头信号示意图

表 7-4 DB25 端子定义

引脚	命名	注释	引脚	命名	注释
1	GND	一次侧电源地	14	GND	一次侧电源地
2	FOUT1	频率输出 NTC 温度	15	GND	一次侧电源地
3	GND	一次侧电源地	16	GND	一次侧电源地
4	PWM1	T1 PWM 输入信号	17	GND	一次侧电源地
5	PWM2	T2 PWM 输入信号	18	GND	一次侧电源地
6	FA1	驱动板故障输出信号	19	GND	一次侧电源地
7	PWM3	T3 PWM 输入信号	20	GND	一次侧电源地
8	PWM4	T4 PWM 输入信号	21	GND	一次侧电源地
9	PWM5	T5 PWM 输入信号	22	GND	一次侧电源地
10	PWM6	T6 PWM 输入信号	23	GND	一次侧电源地
11	GND	一次侧电源地	24	FOUT2	版本与故障编码
12	U_{dc}	一次侧 + 24V 电源	25	U_{dc}	一次侧 +24V 电源
13	U_{dc}	一次侧 + 24V 电源			

7.3.7 驱动器电气参数

驱动板的 FIT 率需要低于 100（每工作 10^9h，平均失效 100 次），满足 25 年的寿命设计。电气性能要求见表 7-5。

表 7-5 电气性能要求

参数	符号	最小值	典型值	最大值	单位	说明
供电电源	U_{cc}	23.5	24	24.5	V	—
欠电压保护	U_{TH}	15.8	18.8	21.8	V	—
供电功率	P_{in}		22	24	W	驱动输入功率
输入阻抗	R_{in}	1	10		kΩ	信号电压 15V
开通电压	U_{GE_ON}	14.5	15	15.5	V	输出开通信号时，GE 之间的电压
关断电压	U_{GE_OFF}		−10	−15	V	$P = 0W$
			−9	−15	V	$P = 4W$
空载电流	I_{cc}		33	420	mA	空载 24V 输入电流
满载电流	I_{cr}		700	1000	mA	满载 24V 输入电流
故障输出电流	I_{SOX}	20	500		mA	故障状态下的输出电流

参数	符号	最小值	典型值	最大值	单位	说明
信号输入电流	I_{IN}		10		mA	信号电压 15V
栅极驱动峰值电流	峰值输出电流	±15	±30		A	I_{peak}
单通道栅极输出功率	P_{drive}	4			W	环境温度≤85℃
		3.5			W	环境温度≥85℃
开关频率	F_{op}	1	3.0	3.6	kHz	驱动器的工作频率
开通延时	$T_{pd\ on}$		180	1200	ns	开通信号传输延时
关断延时	$T_{pd\ off}$		180	1000	ns	关断信号传输延时
并联 IGBT 驱动信号的一致性	T_{jitter}		±10	±25	ns	信号传输延时误差
局部放电退出电压 PD	$U_{extinction}$	2420			V	一次侧到二次侧，二次侧到二次侧
驱动内部 DC 转换效率	$E_{fficiency}$	80			%	驱动内部 DC
耦合电容	C_{io}			23	pF	驱动内部耦合电容
死区时间			5		μs	—
短路检测时间			6	8.5	μs	检测到 IGBT 短路
保护响应时间	T_R			500	ns	DC＞500V
保护锁定时间	T_{BLOCK}	30	120	150	ms	T1/T2/T3/T4
故障传输延时	T_{fault}			450	ns	驱动器检测到故障，到故障输出端 SOX 输出低电平信号的时间
电压应力	U_{CEpeak}			1650	V	$U_{dc}=2420V$，$I_c=550A$ 的芯片电压应力
静态均流度				5	%	四并联的均流度
绝缘测试电压（50Hz/1S）	U_{test}	4000			V	一次侧到二次侧
		4000			V	二次侧到二次侧

7.4 其 他 应 用

除了以上介绍的这些领域，在轨道交通牵引传动及供电系统方面也应用到大功率 IGBT 模块，也需要用到相应的 IGBT 驱动器。

7.4.1 牵引传动系统上的应用

轨道交通车辆常见的形式包括高铁、地铁及轻轨三种，如图 7－11 所示。

(a) 高铁　　　　　　　　　　(b) 地铁　　　　　　　　　　(c) 轻轨

图 7－11　轨道交通常见的三种形式

近年来轨道交通装备成为闪亮的"中国名片"，其中牵引传动系统是轨道交通车辆的核心装备，而不同电压、不同电流等级的 IGBT 器件在牵引传动系统中得到了广泛的应用。

图 7－12 为高速动车的牵引传动系统示意图，25kV 的单相交流电通过受电弓引入到车载牵引变压器，通过四象限变流器之后整流成直流，然后经过牵引变流器变成电压和频率可调的交流电，驱动牵引电机，进而将电能转化成机械

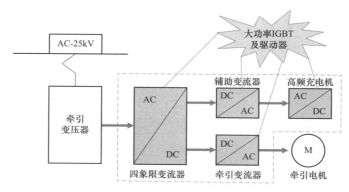

图 7－12　高速动车的牵引传动系统示意图

能，带动列车高速运行，目前我国自主研发的复兴号 CR450 动车组最高时速可达 450km/h。

与高速动车的牵引传动系统不同，地铁和轻轨的牵引传动系统，直接从直流电网取电，其示意图如图 7-13 所示。从图 7-13 可以看出，轨道交通车辆牵引传动系统需要用到大量的 DC/AC、AC/DC 变流器，大功率 IGBT 及相应的驱动器是其核心。

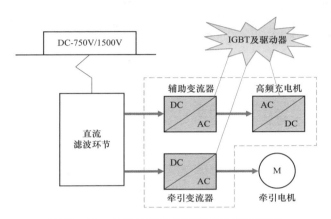

图 7-13　地铁和轻轨牵引传动系统示意图

我国牵引传动系统直流母线的电压多采用 1500V 的制式，额定电压 3300V 的 IGBT 模块在轨道交通牵引系统上应用得较多。图 7-14 为 CJ5 混合动力动车上的牵引变流器单元及相应的 IGBT 模块和驱动器，该牵引变流器采用三相全桥拓扑电路，由 6 个 IGBT 模块组成，其主要的技术参数如表 7-6 所示。

表 7-6　　　　　CJ5 混合动力动车牵引变流器主要技术参数

中间直流环节电压	1650V
输出电压范围	三相 0～1404V
输出基波频率范围	0～200Hz
额定输出电流	400A
变流器效率（额定功率下）	不小于 0.96
冷却方式	强迫风冷

根据牵引系统一般的设计要求，其采用的 IGBT 型号是 FZ1500R33HE3，额定电压 3300V、额定电流 1500A。驱动器型号是 1SP0635V。

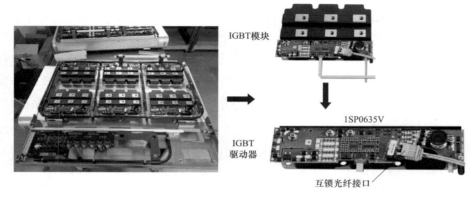

图 7-14　动车牵引变流器 IGBT 单元及驱动器

7.4.2　牵引供电系统上的应用

近年来我国城市轨道交通运营里程稳步攀升，我国城市轨道运营里程数全球第一，远超德国、俄罗斯、美国等发达国家。而且我国在建或规划的地铁线路有很多，未来计划把城市轨道交通占公共交通比例提高到 50%以上，城轨牵引供电拥有很大的市场。

以往城轨牵引供电多采用二极管不控整流的方式，并配有电阻吸收装置，目前基于大功率智能 IGBT 模块研制的中压能馈吸收装置克服了电阻吸收装置的种种缺点，得到广泛应用，随着大功率 IGBT 可靠性不断被认可，未来城轨牵引供电可以完全采用基于 IGBT 的 PWM 整流装置，相应的 IGBT 驱动器也会得到大量应用。图 7-15 所示为地铁牵引供电由二极管整流升级为 IGBT 可控整流形式。

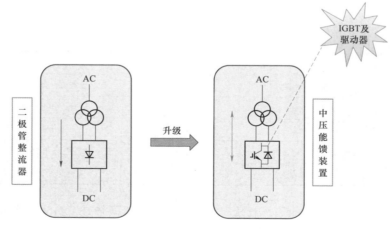

图 7-15　地铁牵引供电由二极管整流升级为 IGBT 可控整流形式

以北京地铁 14 号线为例，其牵引供电系统采用中压能馈装置组成，如图 7-16 所示，主要技术参数如表 7-7 所示。

变压器   低压开关柜   变流器柜

图 7-16   北京地铁 14 号线牵引供电系统

表 7-7   北京地铁 14 号线中压能馈装置主要技术参数

额定直流电压	1500V
额定功率	2000kW（30s/120s）
功率因数	＞0.99
系统效率	＞97%
冷却方式	强迫风冷

根据轨道交通相关要求，该装置采用目前世界上最先进的功率集成技术，实现 IGBT 功率器件，与驱动器、散热器，以及电压、电流、温度等传感器的高度集成，并配备弹性压接技术和无基板技术，大大提高系统可靠性。

其采用的 IGBT 智能功率模块型号是 SKiiP 2414GB17E4-4DUL，额定电压 1700V、额定电流 2400A，如图 7-17 所示。值得一提的是，该驱动器将普通驱动器、电流传感器、电压传感器、温度传感器及总线通信技术结合在一起，节省了空间，使用和维护维修更加便捷，而且驱动更加智能化，方便后续的软件升级和功能扩展。

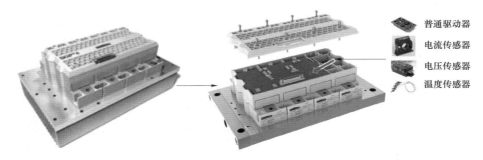

图 7-17　地铁牵引供电装置用 IGBT 模块及驱动器

7.5　高压直流工程驱动器发生问题分析

自 2011 年始，国内已经投运 10 多个柔性直流工程，关键器件与核心组件已经实现自主化，尤其是 IGBT 驱动器，通过技术突破已经完全实现产品替代或技术超越。但在整个国内柔性直流发展过程中，无论是国外进口产品还是自主研制产品均存在一些问题。

7.5.1　PCB 板卡隔离开槽不合理

国内某工程初期采用国外进口的 Inpower 数字驱动器。子模块安装完成进行功能测试时，经常发生过电流故障。通过拆解检查分析，发现驱动器与 IGBT 集电极连接端子焊接的二极管焊点开裂，导致检测的集电极和发射极电压为高值，判定为过电流故障。分析原因为设计上只充分考虑了电气隔离，忽略了机械强度，导致 TVS 焊接点处的开槽密度大，PCB 板卡强度不足，在安装过程中受扭力极易引起 TVS 焊点开裂，如图 7-18 所示。

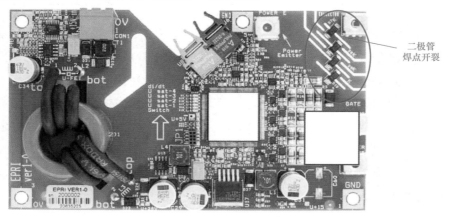

图 7-18　驱动器隔离开槽不合理

7.5.2 驱动器元件失效

（1）光头耐高温性能差。国内某工程中采用的国外进口数字驱动器，在换流阀运行过程中出现了数量较多的 IGBT 驱动器过电流故障。检查测试整个电路不存在电路设计问题，考虑驱动器的可靠性，在分析中开展了高温测试。

试验在温箱中进行，将驱动器连接到 IGBT 上，如图 7-19 所示，确保驱动器可以正常工作，然后放入温箱中加热。子模块中控器给定触发信号，使用示波器测量 IGBT 门极驱动信号 U_{GE}，确定驱动器的接收光头在高温条件下的接收信号是否正常；使用中控器上的故障指示灯检测驱动器的反馈信号，确定驱动器的反馈光头在高温条件下是否会出现光信号误报的现象。

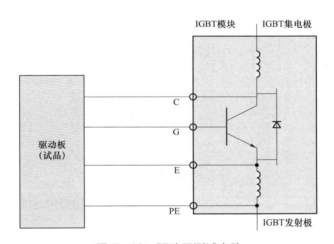

图 7-19 驱动器测试电路

测试中，驱动器正常供电后，温箱温度设置为 80℃，子模块中控器产生 1kHz、占空比为 50% 的方波触发信号发送给驱动器。对多组过电流故障的驱动器进行高温测试，测试中发现驱动器输出信号异常，如图 7-20 所示，图 7-20（a）为正常驱动信号，图 7-20（b）和图 7-20（c）为异常驱动信号。

因此初步明确驱动器在长期高温下工作会出现输出信号异常的现象，通过高温、常温、信号源等多项试验，排除了驱动器损坏、子模块控器发波异常等情况，最终判定驱动器不能长时间工作在高温环境下，高温环境下驱动器光头出现故障，导致中控器接收到错误的故障信号或驱动器输出异常的驱动信号，造成子模块上报驱动故障或过电流故障。其根本原因为驱动器所选光头耐高温性能差，容易误发光而产生错误信号。

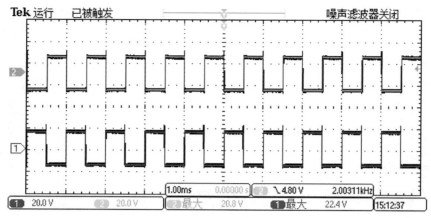

(a) 驱动器正常运行时驱动信号波形

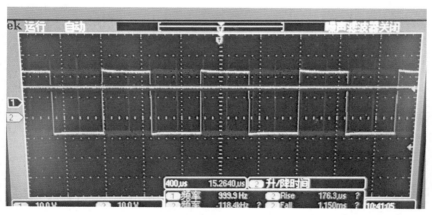

(b) 驱动信号异常波形 (高电平)

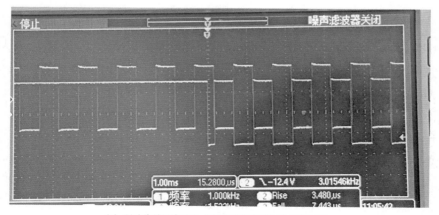

(c) 驱动信号异常波形 (高电平和正常波形交替出现)

图 7-20　驱动器试验测试信号

（2）供电输入端短路失效。国内某工程子模块在运行过程中，上报驱动故障，子模块旁路保护动作，未影响系统运行。检修期拆卸子模块后，检测为取能电源 15V 输出被拉低，驱动器板卡输入端短路。经过逐层测试分析，判定为驱动器 15V 输入端的支撑电容器和共模电感损坏短路（见图 7−21），造成驱动输入端短路，无法正常供电工作，根本原因为电容器在出厂后受到外力作用导致电容器内部氧化膜受损而短路失效，如图 7−22 所示。

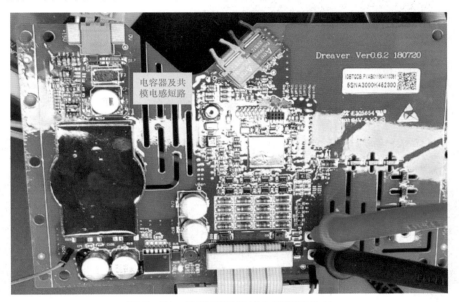

图 7−21　驱动器供电输入端短路失效

图 7−22　电容器应力受损

（3）电源芯片损坏。国内某工程采用的进口驱动器，在运行中上报驱动器故障，检修时发现驱动器供电电源隔离芯片损坏（见图 7−23）。经过专业机构拆解分析，发现该芯片的栅极金属条位置呈现纵向电压击穿形貌（见图 7−24），极大可能为静电损伤。

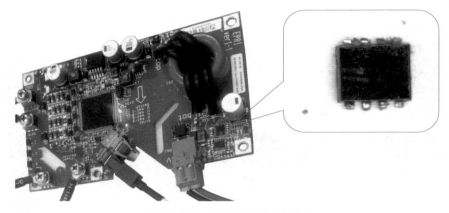

图 7-23　电源隔离芯片损坏

 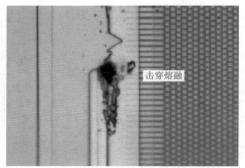

(a) 损坏电源芯片去除焊料后形貌　　　　　(b) 图 (a) 芯片去层厚熔融位置形貌

图 7-24　芯片内部击穿损坏点

7.5.3　驱动器板卡抗电磁干扰弱

国内某直流断路器工程中全部采用国外进口驱动器，在系统单极接地故障过程中，直流断路器发生大量 IGBT 驱动器故障。

驱动器故障判定依据为 IGBT 驱动器通过检测 IGBT 的 CE 极间导通压降判断是否发生 IGBT 过电流，并发出相应告警。当导通压降对应电流超过 10kA 时，上报 IGBT 过电流预警，当导通压降对应电流超过 11kA 时上报驱动故障，驱动器故障和过电流预警具体含义如图 7-25 所示。故障过程中负极直流断路器最大电流 2175A，正极最大电流 2052A，且均流经主支路，转移支路无电流流过，即上报驱动故障的 IGBT 无电流流过，因此，子模块报驱动故障不是真的发生了 IGBT 过电流，而是发生了误报。

图 7-25 IGBT 驱动故障和过电流预警具体含义

单极接地过程中，负极断路器阀塔整体电位快速抬升，对于阀塔上的二次板卡相当于发生了地电位抬升，产生强烈的共模干扰。根据负极接地时负极电压的幅值、频率和信号串扰的路径，干扰信号类似于振铃波电磁干扰，其振荡频率主要集中在 0~20kHz，其中低频段 0~1kHz 的频率为主要频段，而在 1.5kH 在和 2.5kHz 为典型频率，尤其是在 2.5kHz 为主要特征频率（见图 7-26）。快速上升的瞬态振铃波可以激发直流断路器阀塔内部分布电容效应，该振荡共模干扰经过直流断路器分布电容和杂散电感网络进行分压，导致检测回路收到干扰，从而使得高电位驱动板卡产生误检和误报。

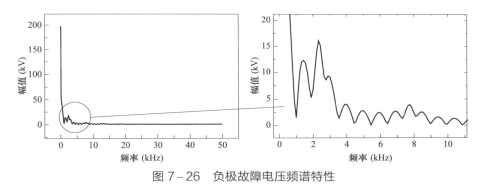

图 7-26 负极故障电压频谱特性

考虑到 IGBT 处于导通状态，且无电流流过，认为 IGBT 的 C、E 极处于同一电位，并跟随负极电压发生跳变。E 极测量回路对地电容简化为 C_1、C_C+C_E 和 C_P 相串联；C 极测量回路对地电容较小，忽略不计，得到仿真电路如图 7-27 所示。

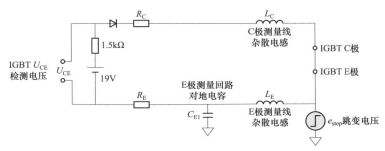

图 7-27 阀塔电位跳变干扰对 IGBT 检测端口电压变化仿真电路

该参数下的仿真结果如图 7–28 所示。在驱动板的 C、E 电压检测端口出现高频振荡电压，电压峰值约为 20V，达到了故障电压阈值。

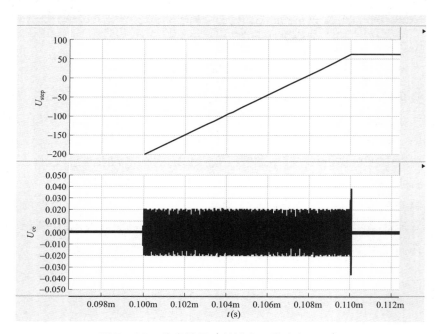

图 7–28　仿真结果（共模电压跳变和 U_{CE}）

综上所述，通过建立共模干扰的简化模型，对共模干扰引起 IGBT 检测电压升高的机理进行了分析。单极接地引起的直流断路器阀塔电位跳变，对于阀塔上的二次板卡产生共模干扰，会造成电压检测的异常。

参 考 文 献

［1］ 耿程飞. 大功率 IGBT 变流装置电磁瞬态分析及智能驱动研究［D］. 北京：中国矿业大学，2018.

［2］ 唐新灵，张朋，陈中圆，等. 高压大功率压接型 IGBT 器件封装技术研究综述［J］. 中国电机工程学报，2019，39（12）：3622－3638.

［3］ LUO H，CHEN Y，SUN P，et al. Junction Temperature extraction approach with turn-off delay time for high-voltage high-power IGBT modules［J］. IEEE Transactions on Power Electronics，2016，31（7）：5122－5132.

［4］ FILSECKER F，ALVAREZ R，BERNET S. Comparison of 4.5kVpress-pack IGBTs and IGCTs for medium-voltage converters［J］. IEEE Transactions on Industrial Electronics，2013，60（02）：440－449.

［5］ 蔡旭，陈根，周党生，等. 海上风电变流器研究现状与展望［J］. 全球能源互联网，2019，2（02）：102－115.

［6］ BLAABJERG F，LISERRE M，MA K. Power electronics converters for wind turbine systems［J］. IEEE Transactions on Industry Applications. 2012，48（02）：708－719.

［7］ 李文斌，任永军. HXD2B 电力机车主变流器工作原理浅析［J］. 电子世界，2018（09）：98.

［8］ JOCHEN H，CHRISTOPH L，MICHAEL L，et al. Intelligent gate drivers for future power converters［J］. IEEE Transactions on Power Electronics，2022，37（03）：3484－3503.

［9］ 彭程，李学宝，范迦羽，等. 压接型 IGBT 器件内部杂散电感差异对瞬态电流分布影响规律研究［J］. 电工技术学报，2023，38（11）：2850－2860.

［10］ 杨媛，文阳. 大功率 IGBT 驱动与保护技术［M］. 北京：科学出版社，2018.

［11］ 许路. 中高压大功率 IGBT 驱动技术研究［D］. 合肥：合肥工业大学，2019.

［12］ 吴登昊. 高压快恢复二极管设计与研究［D］. 成都：电子科技大学，2022.

［13］ 陈材，裴雪军，陈宇，等. 基于开关瞬态过程分析的大容量变换器杂散参数抽取方法［J］. 中国电机工程学报，2011，31（21）：40－47.

［14］ 罗皓泽，陈忠，杨为，等. 压接式 IGBT 和晶闸管器件失效模式与机理研究综述［J］. 中国电力，2023，56（05）：137－152.

［15］ 马晋，王富珍，王彩琳. IGBT 失效机理与特征分析［J］. 电力电子技术，2014，48（03）：71－73，76.

[16] 王延浩，邓二平，黄永章. 功率器件高温高湿高压反偏测试研究综述［J］. 中国电力，2020，53（12）：18 − 29.

[17] 李标俊，向权舟，姚传涛，等. 柔直换流阀损耗解析计算及其误差分析［J］. 中国电力，2022，55（04）：78 − 84.

[18] 乔江，张成民，任文生，等. 一种简单的功率单元损耗及结温数值计算方法［J］. 微电机，2019，52（09）：88 − 91，107.

[19] ABRAHAM I. PRESSMAN, KEITH BILLINGS, TAYLOR MOREY. 开关电源设计（第三版）［M］. 北京：电子工业出版社，2010.

[20] KEITH BILLINGS, TAYLOR MOREY. 精通开关电源（第三版）［M］. 北京：人民邮电出版社，2020.

[21] BYONGJO HYON, JOON-SUNG PARK, JIN-HONG KIM. The active gate driver for switching loss reduction of inverter［J］. 2020 IEEE Energy Conversion Congress and Exposition（ECCE），2020. 10：2219 − 2223.

[22] YANG WEN, YUAN YANG. A di/dt and du/dt feedback-based digital gate driver for smart switching of IGBT modules［C］. 2017 Sixth Asia-Pacific Conference on Antennas and Propagation（APCAP），2017. 10.

[23] YANICK LOBSIGER, JOHANN W. KOLAR. Closed-loop di/dt and du/dt IGBT gate driver［J］. IEEE Transactions On Power Electronics，2015，6：3402 − 3416.

[24] 宁红英，孙旭霞，杨媛. 一种基于 dic/dt 反馈控制的大功率 IGBT 驱动保护方法［J］. 电工技术学报，2015，30（05）：33 − 41.

[25] 杨媛，文阳，李国玉. 大功率 IGBT 模块及驱动电路综述［J］. 高电压技术，2018，44（10）：3207 − 3220.

[26] 谷宇，张东来，贺长龙，等. 一种可变门极电阻的大功率 IGBT 驱动［J］. 测控技术，2016，35（03）：136 − 139，144.

[27] 凌亚涛，赵争鸣，姬世奇. 基于主动栅极驱动的 IGBT 开关特性自调节控制研究［J］. 电工技术学报，2021，36（12）：2482 − 2494.

[28] 舒露. 大功率 IGBT 电流型闭环有源门极驱动关键技术研究［D］. 杭州：浙江大学，2018.

[29] 雷明. 大功率 IGBT 智能控制策略的研究［D］. 武汉：华中科技大学，2013.

[30] WEIWEI HE, XIAOGUANG WU. An advanced gate driver solution powered by inductive magnetic coupling for press-pack IGBT［C］. 2020 4th International Conference on HVDC（HVDC），2020，11：923 − 927.

［31］ 付华光. 基于 di/dt 的 IGBT 驱动保护及监测电路设计［D］. 西安：西安理工大学，2018.

［32］ 王亮亮，杨媛，高勇. 基于两级 di/dt 检测 IGBT 模块短路策略［J］. 电子技术应用，2016，42（06）：49-51，58.

［33］ 冯源. 大功率 IGBT 抑制开关尖峰驱动设计优化［D］. 北京：中国矿业大学，2022.

［34］ 刘海红，杨媛，刘海锋. 大功率 IGBT 驱动保护方法研究进展综述［J］. 电子设计工程，2015，23（07）：104-106，110.

［35］ 于飞，朱炯. 数字 IGBT 驱动保护电路设计［J］. 电测与仪表，2014，51（10）：116-119.

［36］ 黄俊. IGBT 能耗优化及开启特性的研究［D］. 北京：电子科技大学，2019.

［37］ 将梦轩. 新型大功率绝缘栅双极晶体管的设计与试验研究［D］. 长沙：湖南大学，2016.

［38］ 杨旭，葛兴来，柴育恒. 一种基于反向串联稳压二极管钳位的 IGBT 导通压降在线监测电路［J］. 中国电机工程学报，2022，42（12）：4547-4561.

［39］ 张兴耀. IGBT 智能功率模块的驱动保护研究［D］. 杭州：浙江大学，2016.

［40］ 王建鑫. 大功率 IGBT 驱动电路研究［D］. 合肥：合肥工业大学，2020.

［41］ 康劲松，宋隆俊. IGBT 驱动有源钳位电路的研究［J］. 电源学报，2014（04）：52-56，61.

［42］ 田超. 智能高频大功率门极驱动技术研究［D］. 北京：北京交通大学，2019.

［43］ Y. REN，X. YANG，F. ZHANG，et al. A compact gate control and voltage-balancing circuit for series-connected SiC mOSFETs and its application in a DC breaker［J］. IEEE Transactions on Industrial Electronics，2017，64（10）：8299-8309.

［44］ R. WITHANAGE，N. SHAMMAS. Series connection of insulated gate bipolar transistors（IGBTs）［J］. IEEE Transactions on Power Electronics，2012，27（4）：2204-2212.

［45］ 宁大龙，同向前，李侠，等. IGBT 串联器件门极 RCD 有源均压电路. 电工技术学报，2013，28（02）：192-198.

［46］ F. ZHANG，X. YANG，Y. REN，et al. A hybrid active gate drive for switching loss reduction and voltage balancing of series-connected IGBTs［J］. IEEE Transactions on Power Electronics，2017，32（10）：7469-7481.

［47］ 邹格. 压接型 IGBT 串联有源电压控制优化研究［D］. 北京：华北电力大学，2016.

［48］ K. SASAGAWA，Y. ABE，K. MATSMSE. Voltage-balancing method for IGBTs connected in series［J］. IEEE Transactions on Industry Applications，2004，40（04）：1025-1030.

［49］ 王涛. 功率器件串联的驱动延时均压控制及短路特性研究［D］. 武汉：华中科技大学，
2022.

［50］ 福尔克，郝康普，韩金刚. IGBT 模块：技术、驱动和应用［M］. 北京：机械工业出版
社，2016.

［51］ 郭振铎，郭炳，赵凯. 电子元器件降额设计研究［J］. 电子技术与软件工程. 2016（01）：
257－258.

［52］ 张世欣，高进，石晓郁. 印制电路板的热设计和热分析［J］. 现代电子技术. 2007（18）：
189－192.

［53］ 冯相霖. 三电平逆变器中 IGBT 驱动保护电路设计的可靠性研究［J］. 科技与企
业. 2012（07）：182.

［54］ 郎君. 大功率 IGBT 模块电磁干扰特性研究［D］. 北京：中国矿业大学，2020.

［55］ 潘溯. GaN 驱动可靠性增强技术研究［D］. 成都：电子科技大学，2019.

［56］ 刘泽洪、郭贤珊. 高压大容量柔性直流换流阀可靠性提升关键技术研究与工程应用
［J］. 电网技术，2020，44（09）：3604－3613.

［57］ 王琦，刘磊，崔翔. HVDC 换流站二次系统暂态电磁骚扰的测量与计算［J］. 南方电网
技术，2008，6（03）：22－25.

［58］ 许博. 超高压柔性直流换流站电磁骚扰分析与 PCB 抗扰度研究［D］. 北京：华北电力
大学，2018.

［59］ 汤广福. 基于电压源型换流器的高压直流输电技术［M］. 北京：中国电力出版社，2010.

［60］ 杨媛，文阳. 大功率 IGBT 驱动与保护技术［M］. 北京：科学出版社，2018.

［61］ ROHNER S，BERNET S，HILLER M，etc. Modelling，simulation and analysis of a modular
multilevel converter for medium voltage applications［C］. Proceedings of IEEE International
Conference on Industrial Technology（ICIT）. Viña del Mar Chile：Institute of Electrical and
Electronics Engineers，2010：775－782.

［62］ 刘钟淇. 基于模块化多电平换流器的轻型直流输电系统研究［D］. 北京：清华大学，
2010.

［63］ 罗湘，汤广福，查鲲鹏，等. 电压源换流器高压直流输电换流阀的试验方法［J］. 电网
技术，2010，34（05）：25－29.

［64］ 丁冠军. 面向 VSC－HVDC 的电压源型换流器主电路拓扑及其调制策略研究［D］. 合
肥：合肥工业大学，2009.

［65］ 殷冠贤，胡兆庆，谢晔源，等. 柔性直流换流阀改进运行试验方法［J］. 电力系统自动
化，2020，44（22）：168－175.

[66] 冯静波，吕铮，邓卫华，等. 柔性直流换流阀 IGBT 过电流失效研究 [J]. 中国电力，2021，54（01）：70 - 77.

[67] 高冲，贺之渊，王秀环，等. 厦门±320kV 柔性直流输电工程等效试验技术 [J]. 智能电网，2016，4（03）：257 - 262.

[68] 周万迪，贺之渊，李弥智，等. 模块级联多端口混合式直流断路器研究 [J]. 中国电机工程学报，2023，43（11）：4355 - 4366.

[69] 杨兵建，张迪，林志光，等. 500kV 混合式高压直流断路器控制保护及其动模试验 [J]. 高电压技术，2020，46（10）：3440 - 3450.

[70] 吕玮，王文杰，方太勋，等. 混合式高压直流断路器试验技术 [J]. 高电压技术，2018，44（05）：1685 - 1691.

[71] 才利存，常忠廷，张坤，等. 用于 VSC - HVDC 的混合式高压直流断路器运行试验方法 [J]. 电力建设，2017，38（08）：10 - 16.

索　引

2 倍额定电流开通和关断试验
波形 …………………………… 226
2 倍额定电流开通和关断特性
测试 …………………………… 225
500kV 高压直流断路器功率
组件 …………………………… 263
500kV 高压直流断路器及其
拓扑 …………………………… 262
500kV 高压直流断路器驱动器 … 263
500kV 高压直流断路器驱动器基本
功能 …………………………… 264
500kV 高压直流断路器驱动器技术
参数 …………………………… 264
BJT ……………………………… 1
CCM …………………………… 117
CRM …………………………… 117
DB25 接口 …………………… 267
DBC …………………………… 6
DCM …………………………… 117
d*i*/d*t* 保护测试 …………… 228
d*i*/d*t* 短路保护 …………… 143
d*i*/d*t* 短路保护功能测试 …… 216
FWD …………………………… 6
FWD 的特征参数 …………… 60
FWD 反向恢复损耗 ………… 73
GTO …………………………… 6

GTR ……………………………… 42
I2C 协议方案 ………………… 162
IEGT …………………………… 7
IGBT …………………………… 1
IGBT 半桥拓扑结构 ………… 80
IGBT 导通与关断电流波形 … 109
IGBT 的应用领域 …………… 2
IGBT 等效原理图 …………… 2
IGBT 动态热阻曲线 ………… 77
IGBT 动态特性 ……………… 48
IGBT 动态特性关键参数 …… 219
IGBT 短路波形图 …………… 60
IGBT 关断参数示意图 ……… 59
IGBT 关断过程波形 ………… 129
IGBT 管压降检测方法 ……… 140
IGBT 集电极隔离爬距设计 … 189
IGBT 静态特性 ……………… 46
IGBT 开通参数示意图 ……… 58
IGBT 开通过程波形 ………… 129
IGBT 模块串联 ……………… 167
IGBT 模块封装参数 ………… 62
IGBT 模块极限参数 ………… 53
IGBT 模块其他参数 ………… 63
IGBT 模块损耗组成 ………… 69
IGBT 模块特征参数 ………… 56
IGBT 模拟驱动技术 ………… 21
IGBT 内部寄生电容分布结构图 … 48

IGBT 内部结构图 · · · · · · · · · · · · · · · · · · · 46

IGBT 驱动器 · 20

IGBT 驱动器电磁兼容试验

　　项目 · 238

IGBT 驱动器功能示意图 · · · · · · · · · · 20

IGBT 驱动器基本技术参数 · · · · · · · 261

IGBT 驱动器技术路线 · · · · · · · · · · · · 21

IGBT 驱动器未来发展趋势 · · · · · · · 31

IGBT 失效浴盆曲线 · · · · · · · · · · · · · · · 83

IGBT 输出特性曲线 · · · · · · · · · · · · · · · 47

IGBT 数字驱动技术 · · · · · · · · · · · · · · · 21

IGBT 数字型驱动器功能框图 · · · · · · 98

IGBT 转移特性 · · · · · · · · · · · · · · · · · · · 46

IGBT 转移特性曲线 · · · · · · · · · · · · · · · 47

MMC · 36

MOSFET · 1

NPT · 2

NTC · 152

NTC 采样方案 · · · · · · · · · · · · · · · · · · · 266

NTC 温度采集转换电路 · · · · · · · · · · 266

PCB 板 · 206

PT · 2

PWM · 70

PWM 逆变器输出电流波形 · · · · · · · 71

PWM 逆变器损耗计算 · · · · · · · · · · · · 70

SM · 36

SOA · 9

SPT · 2

SPWM · 70

T2/T3 管分级关断设计方案 · · · · · · · 266

TM · 117

UART 通信方案 · · · · · · · · · · · · · · · · · · 162

A

安全工作区 · 9

B

半桥变换器 · 125

半桥式隔离电源 · · · · · · · · · · · · · · · · · 125

半桥式隔离电源拓扑结构 · · · · · · · · 125

半桥型模块化多电平换流器 · · · · · · 258

饱和区 · 47

编码回报 · 159

标准协议回报 · · · · · · · · · · · · · · · · · · · 161

并联 IGBT 饱和电流差的分布

　　概率图 · · · · · · · · · · · · · · · · · · · 176

并联 IGBT 饱和电压差的分布

　　概率图 · · · · · · · · · · · · · · · · · · · 175

并联模块的线性模型 · · · · · · · · · · · · 174

不连续导通模式 · · · · · · · · · · · · · · · · · 117

不同结温下并联模块的关断

　　曲线 · 184

C

超动态安全工作区 · · · · · · · · · · · · · · · 89

穿通 · 2

D

大功率 IGBT 模块内部温度分布

　　模型 · 152

单驱动串联方案 · · · · · · · · · · · · · · · · · 170

单相全桥逆变器主电路拓扑

　　结构 ················70

导热垫 ················201

导热硅脂 ················201

低温烧结技术 ················7

低温试验 ················236

典型传输特性 ················64

典型输出特性 ················65

典型通态特性 ················64

电磁兼容性 ················202

电快速瞬变脉冲群抗扰度

　　试验 ················239

电力晶闸管 ················42

电流型驱动的栅极电压和电流

　　波形 ················134

电流型驱动方案 ················134

电气失效 ················84

电容隔离 ················102

电容隔离 IGBT 驱动芯片 ················103

电压钳位 ················187

动态均流 ················177

动态均压 ················169

动态有源钳位测试波形 ················149

多电压独立驱动电路 ················133

多电压共用栅极电阻驱动电路 ··· 133

多段式退饱和保护 ················141

E

额定工况开关特性测试 ··········220

额外电流注入方案 ················172

二极管 ················42

二极管 $I-U$ 特性曲线 ················43

二极管导通时的电流和电压

　　波形图 ················45

二极管电流和电压变化简图 ········44

二极管动态特性 ················43

二极管反偏安全工作区内反向恢复

　　电流与反向恢复电压的函数

　　关系 ················67

二极管反向恢复损耗与二极管电流

　　变化率的函数关系 ················67

二极管反向恢复损耗与二极管正向

　　电流的函数关系 ················67

二极管关断参数定义 ················61

二极管静态特性 ················43

二极管正向电流与正向电压的函数

　　关系 ················68

二类电路试验数据及波形 ········231

二类短路保护测试 ················230

二类短路试验电路 ················230

F

阀值电压 ················46

反激式变压器 ················117

反激式隔离电源 ················116

反激式换流器 ················117

反馈控制方案 ················171

放大区 ················47

非穿通 ················2

风机变流器 ················38

风机变流器拓扑类型 ················39

封装形式 ················6

腐蚀性气体腐蚀 ················96

G

高温和高湿腐蚀·······················94

高温试验·····························236

高压直流断路器试验···············249

高压直流断路器试验电路·········250

隔离技术对比·······················104

隔离耐压测试·······················219

工频磁场抗扰度试验···············241

功耗测试·····························211

故障保持和清除功能测试·········215

故障软关断控制····················153

关断过程·······························51

关断过程电压尖峰抑制技术·······131

关断时刻反偏安全工作区集电极

　峰值电流与集电极电流的比值

　与集电极—发射极电压对应的

　函数关系···························67

关断损耗·······························73

管压降检测电路····················139

光电耦合隔离························99

光电耦合应用电路··················100

光强度测试···························218

光纤传输·····························103

国内驱动技术发展现状············27

国外驱动技术发展现状············21

过电流·································86

过电流保护测试····················227

过电流保护功能测试···············215

过电压·································84

过渡模式·····························117

过孔散热效果························199

过温·································87

过温保护·····························152

过温保护电路························153

过温保护功能测试··················217

H

焊接型 IGBT 模块结构剖面·········6

焊接型 IGBT·························6

焊接型高压 IGBT 模块外观与内部

　电路图······························42

环境原因失效························94

换流阀功率组件····················258

换流器拓扑结构图··················37

J

机械失效·······························91

即插即用式安装····················164

降低关断负载的缓冲电路·········169

降额设计·····························189

交变湿热试验························236

接收通信异常保护测试···········217

金属氧化物半导体场效应晶体管····1

静电放电抗扰度试验···············238

静态均流·····························174

静态均压·····························168

具有不同发射极阻抗的 IGBT 模块

　开关曲线···························178

具有不同开通电压的 IGBT 模块

　开关曲线···························183

具有不同延时的 IGBT 模块开关
曲线 ·················· 181
具有共模扼流圈的 IGBT 并联
简化图 ·················· 180

K

开关频率与集电极电流的函数
关系 ··················66
开关频率与栅极电阻的函数
关系 ··················66
开关损耗 ··················68，71
开关损耗与集电极电流的函数
关系 ··················65
开关损耗与栅极电阻的函数
关系 ··················65
开关最小脉冲抑制 ········· 156
开通关断功能测试 ········· 212
开通过程 ··················49
开通阶段反向恢复电流抑制
技术 ·················· 130
开通损耗 ··················73
抗电磁骚扰试验 ··········· 243
可关断晶闸管 ············· 6

L

浪涌冲击抗扰度试验 ·········· 240
连接方式对结温的影响 ········· 199
连续导通模式 ·············· 117
两个 IGBT 模块并联的简化图 ····· 178
临界导通模式 ·············· 117

M

脉冲变压器 ·············· 101
脉冲磁场抗扰度试验 ········· 242
脉冲间隔过窄保护功能测试 ······ 217
脉冲宽度回报 ·············· 158
曼彻斯特编码形式方案 ········· 163
模块化多电平换流器 ········· 36
模块化多电平柔性直流换流阀
拓扑 ·················· 259
模拟驱动器 ·············· 97
某种 IGBT 在开启状态下的饱和
电压分布概率图 ··········· 175

P

疲劳失效 ··················91
平均损耗热传导计算 ········· 74

Q

器件电压单闭环方案 ········· 172
牵引变流器 ··············· 40
欠电压保护功能测试 ········· 216
驱动板级电源拓扑设计方案 ······ 266
驱动电流计算 ·············· 114
驱动电压对 IGBT 开关特性的
影响 ·················· 106
驱动电压要求 ·············· 106
驱动电源 ··········· 115，186
驱动电源拓扑结构 ··········· 265
驱动功率计算 ·············· 114
驱动器 ··················97

驱动器保护方案…………………… 267

驱动器保护类别……………………157

驱动器电磁防护方法…………… 204

驱动器电磁环境分析…………… 202

驱动器电气参数………………… 268

驱动器隔离要求………………… 115

驱动器可靠性试验项目………… 235

驱动器热仿真…………………… 196

驱动器热控制设计……………… 197

驱动器热设计…………………… 194

驱动器试验………………………211

驱动器通信接口………………… 158

驱动器硬件绝缘爬距设计……… 187

驱动器杂散参数示意…………… 203

R

热传导 …………………………… 195

热传输 …………………………… 195

热对流 …………………………… 195

热分析 …………………………… 195

热辐射 …………………………… 196

热控制 …………………………… 197

热路 ……………………………… 74

热敏电阻 ………………………… 152

热设计 …………………………… 194

热应力 …………………………… 194

热阻 ……………………………… 74

热阻等效电路…………………… 75

热阻与时间的函数关系………… 68

冗余电源方案…………………… 192

冗余技术 ………………………… 191

冗余驱动支路…………………… 193

柔性直流工程子模块 IGBT 驱动板

拓扑示意图………………… 116

柔性直流换流阀电气连接……… 259

柔性直流换流阀驱动器技术

要求……………………… 260

柔性直流换流阀稳态试验……… 242

柔性直流输电……………………36

软穿通 ……………………………2

软关断策略实现原理…………… 154

软关断功能测试………………… 214

软件可靠性设计………………… 208

S

三相全桥逆变器主电路拓扑

结构………………………70

散热器参数………………………74

筛选测试 ………………………… 191

栅极电荷计算…………………… 112

栅极电压与栅极电荷的函数

关系………………………66

栅极电阻投切控制……………… 128

栅极电阻选择…………………… 108

栅极多电平控制………………… 132

栅极多电平驱动控制方案……… 132

栅极过电压保护………………… 149

栅极开通及关断电流波形……… 111

栅极欠电压保护………………… 150

栅极欠电压保护动作波形……… 152

栅极驱动 ………………………… 105

栅极驱动电阻矩阵……………… 128

栅极驱动控制方式 ·················· 126

栅极驱动延时均压控制方案 ······· 173

栅极输出电压测试 ················· 212

栅极同步变压器方案 ·············· 173

栅极有源钳位方案 ················· 171

栅极杂散电感 ····················· 107

栅极杂散电感影响 ················· 107

栅极注入增强型晶体管 ·············· 7

栅极阻容特性 ····················· 105

上管 ······························79

射频场感应传导骚扰抗扰度
试验 ·························· 240

射频电磁场辐射抗扰度试验 ······· 238

使用共模扼流圈时具有不同发射
极阻抗的 IGBT 模块开启曲线 ··· 180

试验触发控制逻辑 ················· 233

适配板卡隔离爬距设计 ············ 189

寿命试验 ························· 237

输出脉宽调制 ·····················70

输出特性 ·························47

输入电容与集电极—发射极电压的
函数关系 ······················ 66

数字驱动器 ························97

数字式 IGBT 驱动 ················· 188

双极型晶体管 ······················ 1

瞬变损耗热传导计算 ··············76

死区时间 ·························79

死区时间验证电路 ················82

四并联 ANPC 单桥臂拓扑
结构 ·························· 265

损耗 ······························ 68

损耗类型 ·························· 68

T

通态损耗 ····················· 68，71

铜键合技术 ························ 6

推挽式隔离电源 ················· 123

推挽式隔离电源拓扑结构 ········· 123

退饱和短路保护功能测试 ········· 216

W

未来驱动器的基本功能 ············ 32

未来驱动器的智能化趋势 ·········· 33

温度变化试验 ···················· 236

X

下管 ···························· 79

续流二极管 ························ 6

Y

压接型 IGBT ······················ 6

压接型 IGBT 内部组成示意图 ······· 7

盐雾试验 ························ 237

一类短路保护测试 ··············· 229

一类短路试验数据及波形 ········· 229

异常脉冲抑制 ··················· 155

引线式安装 ····················· 165

应力失效 ······················· 92

有源钳位保护 ··················· 146

有源钳位保护测试 ··············· 231

有源钳位保护功能测试 ··········· 217

有源钳位保护试验电压波形 …… 232

有源钳位控制框图 …………… 232

有源钳位原理图 ……………… 148

宇宙射线 ……………………… 94

浴盆曲线 ……………………… 82

Z

杂散电感 ……………………… 77

窄脉冲抑制 …………………… 155

长霉试验 ……………………… 237

振铃波抗扰度试验 …………… 241

正激式隔离电源 ……………… 120

正激式隔离电源拓扑结构 …… 120

正弦脉宽调制 ………………… 70

正弦振动试验 ………………… 237

直流断路器功率组件 ………… 262

直流断路器驱动器技术要求 …… 264

直流斩波电路示意图 ………… 69

直流斩波电路损耗计算 ……… 69

直通短路故障 ………………… 233

智能驱动器分类处理策略 …… 158

子模块 ………………………… 36

自由跌落试验 ………………… 237

阻尼振荡波抗扰度试验 ……… 241

阻尼振荡磁场抗扰度试验 …… 241